Kurt Buchinger
Monika Klinkhammer

Beratungskompetenz

Supervision, Coaching, Organisationsberatung

Verlag W. Kohlhammer

1. Auflage 2007

Alle Rechte vorbehalten
© 2007 W. Kohlhammer GmbH Stuttgart
Umschlag: Gestaltungskonzept Peter Horlacher
Gesamtherstellung:
W. Kohlhammer Druckerei GmbH + Co. KG, Stuttgart
Printed in Germany

ISBN 978-3-17-019102-0

Inhalt

1 Einleitung... 9

2 Supervision, Coaching und Organisationsberatung:
  Geschichte, Entwicklungen und aktuelle Trends 12

  2.1 Entwicklung der Supervision und ihr Bezug zu Coaching
  und Organisationsberatung 12

  2.2 Entstehung und Verbreitung der Supervision im Kontext
  reflexiver Professionen.............................. 16

  2.3 Gründe für die zunehmende Nachfrage nach Supervision
  und Coaching...................................... 23

  2.4 Die wirtschaftliche Bedeutung von Supervision 25

3 Qualitätsmanagement: Zur Professionalität von Supervision
  und Coaching.. 26

  3.1 Supervision und Coaching – was ist das?................... 26

  3.2 Gibt es Unterschiede zwischen Supervision und Coaching?....... 28

  3.3 Besonderheiten supervisionsfähiger Tätigkeiten 32

  3.4 Welche zentralen Kompetenzen brauchen Supervisoren?......... 35

  3.5 Die „Haltung" des Supervisors: Ressourcenorientierung
  versus Defizitorientierung 37

  3.6 Qualitätskriterien von Supervision und Coaching.............. 39
    3.6.1 Prinzip der durchgängigen Arbeitsbezogenheit
  der Supervision.................................. 39
    3.6.2 Berücksichtigung der Eigendynamik der Person 40
    3.6.3 Berücksichtigung der Eigendynamik der beruflichen
  Tätigkeit des Kunden.............................. 40
    3.6.4 Berücksichtigung der Eigendynamik der beruflichen
  Interaktion 42
    3.6.5 Berücksichtigung der Eigendynamik der Organisation 43
    3.6.6 Wahrnehmung der Interdependenz der verschiedenen
  Aspekte und Prinzipien und Umgang damit............. 44
    3.6.7 Multiprofessionelle Kooperation...................... 46

3.6.8 Themenkompetenz: mit den Veränderungen
der Arbeitswelt verbundene neue Themen 48

3.7 Wer ist Klient bzw. Kunde von Supervision und Coaching? 52

3.8 Wie finde ich einen guten Supervisor oder Coach? 52

3.9 Rahmenbedingungen erfolgreicher Supervision
und erfolgreichen Coachings: Kontrakt und Setting 55

3.10 Supervision und ihre Grenzen. 58

4 Institution und Organisation im Wandel 62

4.1 „Entinstitutionalisierung" und ihre Folgen für Personen
und soziale Systeme. 62
4.1.1 Entinstitutionalisierung – zum Begriffsverständnis 62
4.1.2 Die Dynamik der traditionellen Form
der Institutionalisierung und ihr Preis: Widerspruchsfreiheit
und die Rückkehr des Widerspruchs 65
4.1.3 Traditionelle Institution und Entinstitutionalisierung –
eine Gegenüberstellung 67
4.1.4 Entinstitutionalisierung als Prozess des Übergangs
zur Bildung neuer Institutionen 69

4.2 Organisation und die Expertise des Nicht-Wissens 71
4.2.1 Was heißt Expertise des Nicht-Wissens? 71
4.2.2 Expertise des Nicht-Wissens und die Veränderung
der Organisationen 74
4.2.3 Fazit zur Expertise des Nicht-Wissens 91

4.3 Organisationsbewusstheit – eine neue Anforderung an Manager . . . 92
4.3.1 Organisationsbewusstheit? 92
4.3.2 Organisation und Familie: ein wichtiger Unterschied 93
4.3.3 Von der Schwierigkeit, in Strukturen zu denken 95
4.3.4 Organisationsbewusstsein als psychohygienischer Faktor . . . 98

4.4 Supervision in Wirtschaftsunternehmen 101
4.4.1 Wie ist die Supervision in die Wirtschaft gelangt? 102
4.4.2 Anforderungen an Supervision in Wirtschaftsunternehmen . . 110
4.4.3 Die Funktionen der Supervision in Wirtschaftsunternehmen . 111

4.5 Teamsupervision – Supervision in Organisationen 113
4.5.1 Die Alternative Fallsupervision – Teamsupervision
(und der „institutionelle Faktor") 114
4.5.2 Teamsupervision – Supervision in Organisationen
und erforderliche Kompetenzen 120
4.5.3 Zur methodischen Besonderheit (systemisch orientierten
Vorgehens) in der Teamsupervision 123

5   Verhältnis der Supervision und ihres Gegenstandes
    zu Methoden und „Schulen" 125

    5.1   Psychoanalytisch und/oder systemisch –
          ist ein Schulbezug der Supervision angemessen? 125

    5.2   Zum Verhältnis des Gegenstandes von Supervision
          und ihrer Methoden 127

    5.3   Die Bedeutung psychoanalytischer Konzepte in Supervision
          und Coaching 128

    5.4   Vom Nutzen systemischen Denkens für die Supervision 131

    5.5   Der Stellenwert der neuen Verfahren für die supervisorische
          Identität: Dialog, Systemaufstellung, Mediation 134
          5.5.1   Die Bedeutung der sozialen Systeme in diesen Verfahren. ... 134
          5.5.2   Die Bedeutung der Selbstorganisation der jeweiligen
                  sozialen Systeme in den drei Verfahren 136
          5.5.3   Die Bedeutung der Expertise des Nicht-Wissens
                  in den drei Verfahren. 136

6   Ethische und politische Dimensionen in der Beratung
    als Fundament des professionellen Selbstverständnisses 138

    6.1   Dimensionen der Ethik in der Beratung. 138
          6.1.1   Das ethisch Gute und die Rede davon. 138
          6.1.2   Der Siegeszug des relativ Guten und das Unbehagen
                  daran – oder Ethik in den Professionen 140
          6.1.3   Was ist das Gute (an) der Beratung? 142
          6.1.4   Was ist das Gute in der Beratung? 147
          6.1.5   Wie geht man mit in der Beratung auftauchenden
                  ethischen Fragen um? 149

    6.2   Zur politischen Dimension der Beratung. 150

7   Identität als thematische Herausforderung für Supervision
    und Coaching 156

    7.1   Zum Identitätsthema in der sozialpsychologischen Literatur 156

    7.2   Identität in Bewegung 162

    7.3   Identität in der Supervision 174

8   Geschlecht, Geschlechterverhältnisse und Genderkompetenz 181

    8.1   Hintergründe und theoretische Aspekte. 181

    8.2   Gender und Beratungspraxis 184

    8.3   Geschlecht und Geschlechterverhältnisse
        in den verschiedenen Ebenen der Beratung 186

Literatur 191

Über die Autoren. 198

Personenverzeichnis. 199

Stichwortverzeichnis 202

1 Einleitung

Im Lauf der letzten Jahrzehnte habe ich (Kurt Buchinger) in vielen verschiedenen Beiträgen die Professionalisierung der Supervision dokumentiert und dabei immer wieder auch meine Erfahrungen als Hochschullehrer, Ausbilder, Lehrsupervisor und Organisationsberater einbezogen. Das vorliegende Buch stellt eine – auf Grundlage dieser Publikationen in dieser Form noch nicht existierende – aktualisierte Zusammenstellung der Entwicklungsgeschichte, Grenzen, Nachbarschaften und Professionalität von Supervision und Coaching auch in Bezug zur Organisationsberatung dar.

Beratende Tätigkeit ist in den letzten Jahren in Bewegung geraten. Im Lauf ihrer Professionalisierung haben sich ihre Anwendungsgebiete, Qualitätsstandards und Methoden ebenso wie die Nachfrage deutlich erweitert. Gelegentlich möchte man sich fragen, ob es nicht eine modische Tendenz gibt, alles, was im Rahmen beraterischer Tätigkeit nur möglich ist, dem Coaching und der Supervision zuzuordnen.

Damit hängt zusammen, dass sie sich nicht nur immer klarer als hoch differenzierte und komplexe Methode professioneller Selbstreflexion bestimmten beruflichen Handelns etablieren, sondern sich immer kecker als eigener Beruf ausgeben, den man in eigenständiger Praxis als hauptberuflicher Coach und Supervisor anbietet und ausübt.

Dementsprechend entstehen Berufsverbände, die es sich zur Aufgabe machen, professionelle Standards für die Ausübung von Coaching und Supervision festzulegen und zu kontrollieren, und die darüber hinaus bemüht sind, der Supervision neue Tätigkeitsfelder zu erschließen. Das alles geschieht in einer aggressiven Rührigkeit, die mehr an wirtschaftlichen Wettbewerb in einem heiß umkämpften Beratungsmarkt erinnert, als an die von professioneller Sorgfalt getragene Bemühung um die Fundierung, methodische und wissenschaftliche Absicherung bzw. Weiterentwicklung und Ausdifferenzierung einer Beratungsform.

Immerhin, da das alles mit Erfolg und der entsprechenden Resonanz im Feld geschieht und in dieser Bewegung kein Ende abzusehen ist, muss es einem Bedarf entsprechen oder zumindest entgegenkommen – einem Bedarf, der sich laufend ausweitet und ausdifferenziert. Die explodierenden Ausbildungsangebote, die Feineinstellungen der Beratungsformen, die Abgrenzungs- und Integrationsbemühungen würden sonst ins Leere gehen.

Anhand einer Skizzierung der Entwicklung, welche die Supervision – auch in ihrer Relation zu Coaching, Organisationsberatung und im Kontext reflexiver Professionen – in den letzten Jahrzehnten genommen hat, werden in **Kapitel 2** Hintergründe für den Boom von Supervision und Coaching aufgezeigt und einige Vermutungen über ihre Zukunft angestellt.

In **Kapitel 3** werden die Professionalität und Standards von Supervision und Coaching umrissen sowie Kriterien für deren Qualität und Qualitätsmanagement beschrieben. Es erfolgt hierzu einleitend eine definitorische Eingrenzung. Zudem beleuchten wir die Besonderheiten der Beratungsformen, gehen auf die erforderlichen Kompetenzen – auch auf die relative neue Themenkompetenz – ein und benennen Kriterien für die erfolgreiche Suche nach einem Supervisor oder Coach[1]. Ergänzt wird dies durch die Darstellung der Rahmenbedingungen von Kontrakt und Setting sowie die Grenzen von Supervision und Coaching.

Der Fokus in **Kapitel 4** ist auf die Institution und Organisation im Wandel gerichtet. Wir gehen zunächst auf den Prozess der Entinstitutionalisierung ein, der weitreichende Konsequenzen für die Beratung hat. Dann beschreiben wir verschiedene Phasen der Krise und Entwicklung von Organisation sowie die daraus resultierende Notwendigkeit zu einer veränderten Beratungshaltung und einem anderen Führungsverständnis: die Expertise des Nicht-Wissens. Dieses eher organisations- und beratungstheoretisch angesiedelte Kapitel hat höchste Relevanz für die Beratungspraxis. Denn die organisatorischen Entwicklungen wirken sich direkt auf Supervision, Coaching und Organisationsberatung aus. Sie verlangen, insbesondere von Berater/innen und Führungskräften, neue Kompetenzen und ein geändertes Organisationsbewusstsein. Am Beispiel von Coaching in Wirtschaftsunternehmen werden die genannten Prozesse für ein Beratungsfeld konkretisiert und die entsprechenden Anforderungen an und Funktionen von Supervision und Coaching eingegrenzt. Welche Relevanz der Wandel in Organisationen für Supervision und Coaching hat, wird anhand der Teamsupervision verdeutlicht.

Im **5. Kapitel** wird das Verhältnis von Supervision und Coaching zu Methoden und Schulen erörtert. Dabei werden Nachbarschaften und Grenzen im Hinblick auf die Ausleihe der Methoden aus anderen Beratungsformen und „Schulen" geklärt. Die Professionalität von Supervision und Coaching wird auch durch die schulenübergreifende Methodenvielfalt markiert. Die Bedeutung einzelner Schulen für Supervision und Coaching wird an den Beispielen der psychoanalytischen Konzepte und des systemischen Denkens veranschaulicht. Nebenbei werden Fragen des methodischen Vorgehens angesprochen sowie die Bedeutung der neuen Verfahren Dialog, Systemaufstellung und Mediation thematisiert.

Die Beratung von Menschen und sozialen Systemen verlangt die Entwicklung eines professionellen Selbstverständnisses und entsprechender Haltungen. Dabei treten Fragen in den Vordergrund, um die es im **6. Kapitel** geht: Was ist das Gute in und an Beratung? Was will Beratung bewirken? Ist Beratung politisch?

Im **7. Kapitel** wird Identität als thematische Herausforderung für Supervision und Coaching beleuchtet. Die Bedeutung von Identität im Kontext von beruflicher Tätigkeit wird zum einen begrifflich und thematisch skizziert. Des Weiteren wird auf die Bedeutung von Identität für die Supervision und für Supervisor/innen eingegangen.

Im **8. und letzten Kapitel** wird der Fokus auf Geschlecht, Geschlechterverhältnisse und Genderkompetenz und deren Bedeutung in der Beratungspraxis gelegt. Es wird auf theoretische Aspekte ebenso eingegangen wie begründet, inwiefern

---

1 Wir verwenden in der Regel aus stilistischen und lesetechnischen Gründen die in unserer patriarchalisch geprägten Sprache übliche männliche Form eines Wortes, meinen damit jedoch dort, wo es Sinn macht, immer beide Geschlechter. Um daran zu erinnern, wählen wir an den wenigen Stellen, wo es den Lesefluss nicht stört, die männliche und weibliche Form.

dieses relativ neue Thema in der Supervision, im Coaching und in der Organisationsberatung der Wahrnehmung und Berücksichtigung bedarf.

Wir haben in dem vorliegenden Buch also viele Themen miteinander verbunden bzw. bis dato kaum sichtbare Verbindungslinien gezogen. Leitziel ist es, die Professionalität von Supervision, Coaching und Organisationsberatung aus verschiedenen Perspektiven zu beleuchten und Meilensteine und Wegweiser für Qualität und Qualitätsmanagement zu setzen.

Thematische Überschneidungen und Wiederholungen von Grundgedanken sind aufgrund der Entstehungsgeschichte des Buches unvermeidbar. Wir hoffen, dass dies durch die jeweils verschiedenen Perspektiven der einzelnen Kapitel weniger stört als bereichert. Zudem sind wir der Auffassung, dass Wiederholungen oft zu Unrecht als schlichte Redundanz bezeichnet und abgewertet werden: Erst die wiederholte Einsicht hat Auswirkungen auf das Verhalten (Corssen 2004).

Das Buch hat den Charakter eines Grundlagenwerkes und spricht Studierende, Ausbildungskandidat/innen und Forschende gleichermaßen an wie Personalentwickler/innen und Berater/innen.

Für uns beide war die Auswahl, Zusammenstellung und Überarbeitung der Texte eine Bereicherung.

Ich (Kurt Buchinger) hätte es ohne Frau Klinkhammer nicht geschafft, meine Texte in einen derart sinnvoll gegliederten Gesamtzusammenhang zu stellen, habe durch die Gespräche mit ihr viel Anregung zum Weiterdenken erhalten, die Kooperation genossen und bin sehr dankbar für die viele Arbeit, die sie investiert hat.

Ich (Monika Klinkhammer) wertschätze sehr die Vielfalt der in den letzten beiden Dekaden von Kurt Buchinger entwickelten Gedankengebäude, Konzepte und thematischen Schwerpunkte zu Supervision, Coaching und Organisationsberatung. Mir hat das Zusammenstellen, Überdenken und das gemeinsame Überarbeiten viele neue Einsichten vermittelt und viel Freude bereitet.

2 Supervision, Coaching und Organisationsberatung: Geschichte, Entwicklungen und aktuelle Trends[1]

2.1 Entwicklung der Supervision und ihr Bezug zu Coaching und Organisationsberatung[2]

Wenn man eine Entwicklungslinie der Supervision zeichnen will, seitdem sie begonnen hat, sich als professionelle Methode zu etablieren, und dabei den Bezug zu Coaching und Organisationsberatung beleuchten möchte, so könnte man das wie folgt versuchen:

1. In den Blick geraten als eine professionelle Methode beruflicher Selbstreflexion ist Supervision im Zusammenhang mit der Entwicklung der sozialen Arbeit – weg von einer amtlich hierarchisch kontrollierenden Tätigkeit hin zu einer beratenden Profession. Und zwar hat sie zunächst als Ausbildungserfordernis deshalb Aktualität erlangt, weil mit diesem Wechsel des Schwerpunktes der Sozialarbeit die Arbeit mit den Klienten zum sensiblen Gegenstand methodisch-beraterischer Beziehungsgestaltung geworden ist, worauf später noch einmal differenzierter eingegangen wird. Vor allem die Reflexion eigener Persönlichkeitsanteile des Sozialarbeiters in der Gestaltung der beruflichen Beziehung, aber auch die Frage nach anschlussfähigen Interventionen in seiner Arbeit mit der Klientel verlangten, analog zu psychotherapeutischer Tätigkeit, der intensiveren Reflexion. Dementsprechend war die Orientierung an den verschiedenen Schulen der Psychotherapie in diesem Entwicklungsstadium der Supervision vorrangig, und sie widmete sich vor allem der Eigendynamik der Beziehung, aus der dieses berufliche Handeln in der Sozialarbeit bestand. Interessant ist in diesem Zusammenhang, dass Bemühungen um die Professionalisierung der Supervision (noch lange nicht als eigenständiger Beruf, der seine Leistungen am freien Markt anbietet, wohl aber als Beratungsform, die einer eigenen Ausbildung bedarf) zunächst nur im Rahmen der Sozialarbeit zustande kamen – nicht im Bereich anderer Beratungsformen, zu deren Ausbildungserfordernissen immer schon die berufliche Arbeit des Kandidaten unter Supervision gehörte. (Weder in der psychotherapeutischen noch in der gruppendynamischen oder sonst einer beraterischen Ausbildung, zu der Arbeit unter Supervision gehört, wird von den Ausbildern eine Ausbildung in Supervision verlangt. Es ist zu vermuten, dass ein solches Erfordernis in der Supervisionsausbil-

---

1 Grundlage dieses Kapitels siehe Buchinger (1997a, 1998c).
2 Zur Geschichte der Team-Supervision siehe auch Kapitel 4.5.

dung nur deshalb erfüllt wird, weil die Ausbilder, fast möchte man sagen: zufällig, in der Supervision ihrer Ausbildungskandidaten die Methode anwenden, mit der sie auch außerhalb der Ausbildung professionell arbeiten – was wiederum einige Verwirrung über die Stellung und Methode der Lehrsupervision erzeugt. Dieser Sachverhalt wirft aber auch Fragen bezüglich des Einsatzes von Supervision in den therapeutischen und beraterischen Disziplinen zu Zwecken der Ausbildung auf – Fragen hinsichtlich der Kriterien der Professionalität z. B. eines Lehrtherapeuten, Lehrtrainers, Lehrberaters, dessen Kandidaten unter seiner Supervision arbeiten.)

Die Orientierung der Supervision an der Beziehungsdynamik und den subjektiven Anteilen des Sozialarbeiters, dementsprechend die Nähe zur Psychotherapie, haften der Supervision immer wieder auch dann an, wenn sich andere Aspekte der in ihr angestellten Reflexion beruflichen Handelns in den Vordergrund stellen. Und das geschah relativ bald und geschieht seither mit rasant zunehmender Tendenz. Denn schon mit der Geburtsstunde der Supervision als professioneller Beratung, also mit der genannten Professionalisierung in der sozialen Arbeit, gewinnt eine andere Dimension an Bedeutung, die hoch reflexionsanfällig ist: der entstehende Rollenwiderspruch zwischen amtlicher Kontrolltätigkeit und Beratung, den es vor der Professionalisierung der Sozialarbeit nicht in der Weise gegeben hatte und von dem auch die meisten anderen (vor allem die primär beratenden) Berufe zu dieser Zeit verschont waren. Das wird uns sogleich noch beschäftigen.

2. Dieser Rollenwiderspruch erschwert die Ausübung der nun in ihrer Qualität als beraterische Tätigkeit mit einem neuen, professionellen Profil versehenen sozialen Arbeit. Gerade unter dieser für den Berufsstand attraktiven, weil sein Image als Profession aufwertenden Perspektive erscheint die Institution, in deren Rahmen die Arbeit meist ausgeübt wurde und die für den Rollenwiderspruch verantwortlich zeichnet, als Hindernis. Diese Sicht wird durch den Fokus der neuen Professionalität, in deren Zentrum die hilfreiche Gestaltung von Beziehungen steht, noch verstärkt. Dass der Rollenwiderspruch gerade erst durch die Entwicklung der neuen Professionalität entstanden ist, braucht dabei nicht aufzufallen und fällt umso weniger auf, je mehr man in den nun professionell geschärften Kategorien der Beziehungsgestaltung zu denken und zu sehen gelernt hat. Umso mehr wird auch der Rollenwiderspruch als Hindernis für die korrekte Ausübung der beruflichen Arbeit angesehen werden, und die Supervision wird nahe liegender, aber unsinnigerweise versuchen, an seiner Beseitigung mitzuarbeiten. Somit treten zwei neue Momente zur Supervision als Ausbildungserfordernis hinzu, die in weiterer Folge zu völlig neuen Arbeitsformen und -gebieten der Supervision führen.

3. Erstens wird deutlich, dass sie auch über die Ausbildung hinaus, nämlich zur Bearbeitung von den Alltag begleitenden Arbeitsschwierigkeiten sinnvolle Anwendung finden kann. Das war schon in ihrer ursprünglichen Fallorientierung naheliegend, denn die genannte Professionalisierung machte die Sozialarbeit zu einer selbstreflexiven beruflichen Tätigkeit, in der ein labiles Verhältnis von Tun und Reflektieren-im-Tun, von Drinnen-Sein und Draußen-Sein, von Engagement und Distanzierung aufrechterhalten bzw. immer wieder hergestellt werden muss, auch über das Ausbildungserfordernis hinaus. Zu diesem Zweck ist es sinnvoll und in vielen Berufen mit vergleichbarer Problematik üblich geworden, Supervision als berufsbegleitende Maßnahme in Anspruch zu nehmen. Der nun auftretende bzw. sich verschärfende Rollenwiderspruch zwischen amtlich-kontrollierender und so-

zialarbeiterisch beratender Funktion verlangt eine solche, nicht bloß auf die Ausbildungssituation bezogene supervisorische Reflexion umso mehr, als er nicht durch methodische Unkenntnis, berufliche Unaufmerksamkeit oder sonst eine in der Person des Professionellen liegende Tendenz ausgelöst und daher behoben werden muss, sondern als er mit der genannten Professionalisierung des Berufs mitgeliefert wurde als Dauergast der Arbeit. Damit ist auch schon eine weitere Differenzierung im Einsatz von Supervision jenseits der Ausbildung angelegt. Sie dient nicht nur der Behebung von Arbeitshindernissen, sondern auch der Reflexion und dem Bewusstmachen unaufhebbarer Widersprüche und Arbeitshindernisse, die aus anderen Logiken als derjenigen der Beziehungsdynamik kommen. Doch das kann in der genannten Situation noch nicht so recht auffallen bzw. der methodischen Aufmerksamkeit zugeführt werden.

Es kann daher zweitens nicht ausbleiben, dass Supervision beginnt, sich mit der Institution zu befassen. Sie geht damit über ihren primären Fokus, der auf der Reflexion der Arbeitsbeziehung des Sozialarbeiters liegt, hinaus, bleibt aber dennoch bei ihrem primären Arbeitsziel, der Ermöglichung, Erhaltung und Wiederherstellung einer professionell gestalteten Beziehung des Sozialarbeiters zum Klienten. Zunächst wird die Supervision versuchen, diesem strukturell neuen Fokus mit ihren professionellen Mitteln, die dafür nicht geschaffen sind, beizukommen. Sie kann mit ihren zunächst nur aus der Psychotherapie geborgten Mitteln den Rollenwiderspruch, um den es dabei vorwiegend geht, nicht als unvermeidliche Folge der Ausdifferenzierung von beruflichen Aufgaben sehen, sie kann die Organisation mit ihren institutionellen Festlegungen nur als System von förderlichen und hinderlichen Beziehungen sehen und wird daran arbeiten, die Störfaktoren in den Griff zu bekommen, in dem Sinn, dass sie versucht, sie möglichst klein zu halten bzw. auszuschalten. Was natürlich nicht gelingt.

Die Supervision der internen Kommunikation in den Institutionen der Sozialarbeit, die mit den Rollenwidersprüchen an Bedeutung gewinnt, gesellt sich neben die Supervision als Ausbildungserfordernis und als unmittelbar berufsbegleitende Maßnahme. Beide Male ist Gegenstand der Supervision die Reflexion von Arbeitsbeziehungen, mit der Zielsetzung, sie professioneller zu gestalten. Das eine Mal geht es um die Arbeitsbeziehung zum Klienten, das andere Mal um diejenige zu Kollegen und Vorgesetzten in ihrer Bedeutung für und ihrer Auswirkung auf die Beziehung zum Klienten. Um den inhaltlichen Unterschied deutlich zu machen, beginnt man zwischen Fall- und Teamsupervision zu unterscheiden, behandelt aber (entsprechend der damals herrschenden gruppendynamischen Ideologie) das Team so, als wäre es eine allein aus der Eigendynamik sozialer Prozesse in direkter Interaktion verstehbare Gruppe.[3] Damit hatte man tatsächlich den institutionellen Aspekt (den vermeintlichen Störfaktor) ausgeschaltet, dies allerdings in einer Art und Weise, die der Bearbeitung der zugrunde liegenden Fragestellung nicht gerecht werden konnte. Denn das Team, um dessen interne Arbeitsbeziehungen es in der Supervision nun gehen sollte, war nicht einfach eine ausschließlich nach gruppendynamischen Gesichtspunkten zu verstehende Gruppe, sondern Teil einer Organisation, die interne Kommunikation also nicht bloß bestimmt durch Parameter der Gruppendynamik, sondern ebenso durch die viel weniger leicht fassbaren der Organisation und deren interner Dynamik, zu der die institutionell festgelegten

---

3 Siehe hierzu ausführlicher auch Kapitel 4.5.

Aufgaben der Organisation und die mit deren Aufteilung und Ausdifferenzierung verbundenen Rollenkonflikte und -widersprüche gehören.

Man merkte bald, dass mit dieser Supervisionsarbeit die Bewältigung bzw. Behebung der Rollenwidersprüche – denn man entdeckte ihrer mehrere – nicht gelang, entwickelte ein Bewusstsein für die Differenz, um die es ging (zwischen Interaktionsdynamik und Institution bzw. Organisation), verfügte jedoch noch nicht über das professionelle Handwerkszeug, mit dem es gelingen konnte, diese Differenz in der Supervision zu meistern, und beließ es daher bei verbalen Forderungen, in der Teamsupervision doch den sog. institutionellen Faktor mehr zu berücksichtigen.

4. Hier begann sich erst allmählich und durch eine eigenartige verschränkte Entwicklung in Supervision und Organisationsberatung etwas zu verändern. Dass dabei zwischen beiden Methoden eine engere Beziehung entstand und seither vorhanden ist, lässt sich heute an den vielen Verbindungen von Supervision und Organisationsberatung ablesen. Auf der einen Seite entdeckten die Organisationsberater die Supervision als eine für ihre Tätigkeit brauchbare und immer brauchbarer werdende Methode der Beratung; sie adaptierten sie für ihren Gebrauch in Organisationen, boten und bieten sie immer noch in maßgeschneiderten Beratungssettings als eine von mehreren, in einem Gesamtkonzept aufeinander abgestimmten Methoden an, behaupten gelegentlich, dass das, was als Supervision in Organisationen angeboten wird, ohnehin eine Methode der Organisationsberatung sei, und nennen die Methode dort, wo sie selbst den eher personenorientierten Zugang der Supervision im Management in den Vordergrund stellen, „Coaching". Interessanterweise nehmen die großen Organisationsberatungsprojekte in ähnlichem Maß ab, in dem Supervision und Coaching in der Organisationsberaterzunft zunehmen.

Auf der anderen Seite wird Supervision in Organisationen immer mehr nachgefragt, und es werden Anstrengungen unternommen, der Eigendynamik organisatorischer Prozesse in der Supervision methodisch Rechnung zu tragen. Entsprechend gehen die Angebote an Teamsupervision zurück. Man spricht weniger vom ominösen institutionellen Faktor, sondern versucht, aus den wahrnehmbaren Phänomenen beruflicher Interaktion die organisatorischen Probleme zu erschließen, genau zu diagnostizieren und in ihrer Eigengesetzlichkeit zu verstehen.

Ebenso nimmt die Tendenz unter Supervisoren ab, Widersprüche und Ungereimtheiten, die in der supervidierten Arbeit vorgelegt werden, allein durch Verbesserung der beruflichen Interaktion und durch Bearbeitung personenbezogener Fragestellungen aus der Welt zu schaffen. Das Wissen darum, dass ausdifferenzierte Organisationen mit unaufhebbaren Widersprüchen ausgestattet sind und dass diese ihre Funktion haben, solange sie nicht auf der Ebene der Person und der Interaktion als irgendeine Art von Defizit diagnostiziert und behandelt, sondern in ihrem organisatorischen Sinn verstanden werden – dieses Wissen hat ebenso zugenommen wie seine supervisorische Vermittlung.

Wie das allerdings bisher in der Entwicklung der Supervision der Fall war, so werden auch in dieser Situation sogleich eigene Arten von Supervision erfunden, wo es bloß um die Hervorhebung des Organisationsbezugs in einem besonderen Setting der Supervision geht. So spricht man z. B. von Leitungs-Supervision. (Möglicherweise rumort die aus dem berufs-öffentlichen Diskurs verbannte und mit den entsprechenden Zweifeln versehene Frage, ob Supervision mehr als eine hochprofessionelle Beratungsform, nämlich ein eigenständiger Beruf sei, im Untergrund weiter und macht sich in Form von übertriebenen Antworten, die den nun einmal eingeschlagenen Weg der beruflichen Autonomie bestätigen sollen, symptomatisch Luft.)

Dieser Weg der Differenzierung in der Organisationsberatung und in der Supervision, als auch einer – marktbedingt ambivalenten – Annäherung beider aneinander, ist einer weiteren Überlegung wert. Einerseits scheint die Supervision mit dieser Entwicklung ihr angestammtes Herkunftsgebiet verlassen zu haben und andere gesellschaftliche Felder zu erobern, die mit der sozialen Arbeit nichts oder doch nur sehr wenig zu tun haben. Noch dazu liegt der Fokus der supervisorischen Arbeit in diesen Gebieten auf einer Ebene, die mit dem Ausgangspunkt auch nur mehr wenig zu tun hat und methodisch größere Anleihen bei der Organisationsberatung macht als bei den einschlägigen Methoden professioneller Beziehungsanalyse und -gestaltung.

Auf der anderen Seite scheint sich die Organisationsberatung immer mehr in kleineren Aufgaben der Supervision zu engagieren, in denen die bislang von der sozialen Arbeit verwalteten Momente eine methodische Rolle spielen. Und zwar nimmt sie sich, bei aller methodischen Organisationsbezogenheit ihrer Arbeit, immer mehr der sozialen Aspekte der Arbeit in allen Organisationen, in denen sie zum Einsatz gelangt, an. Zwar geht es dabei, entsprechend der Eigenlogik der meisten Organisationen der Arbeitswelt, nicht um die Humanisierung der Arbeitswelt, sondern sehr wohl um die Steigerung der jeweiligen Arbeitseffizienz; dennoch gelingt die Erreichung dieser Ziele immer häufiger nur mehr unter gesteigerter Berücksichtigung der Eigenlogik der sozialen und kommunikativen Aspekte der jeweiligen Arbeit. Gleichzeitig wird die Arbeit in Organisationen immer selbstreflexiver und deshalb immer anfälliger für supervisorische Begleitung.[4] Die hier einleitend skizzierten Vorgänge sollen in der Folge einem genaueren Verständnis zugeführt werden.

2.2 Entstehung und Verbreitung der Supervision im Kontext reflexiver Professionen

Supervision hat also in zweifacher Hinsicht eine bemerkenswerte Entwicklung genommen: erstens in ihrer Entstehung als eigenständige Beratungsform, zweitens in ihrer Verbreitung. Wenn wir Supervision in einem ersten Anlauf als Beratung beruflicher Tätigkeit definieren, so unterscheidet sie sich von Fachberatung dadurch, dass es in ihr nicht um Anweisungen und die Einübung beruflicher Fertigkeiten, sondern um die Reflexion beruflicher Interaktionen geht.[5] Zur Entwicklung der Supervision als eigenständiger Beratungsform, die sich von anderen Beratungsformen ausreichend unterscheidet, braucht es jedoch noch etwas anderes als die Reflexion beruflicher Interaktion – etwas, das mit der vorhin erwähnten Professionalisierung der Sozialarbeit erstmals in einem Beruf so deutlich aufgetreten ist:

---

4 Siehe hierzu ausführlicher auch Kapitel 4.1 und 4.2.
5 Zur definitorischen Eingrenzung von Supervision, Coaching und Organisationsberatung siehe Kapitel 3.

a) Bevor die Sozialarbeit als eigenständiger Beruf entstanden ist, der durch entsprechende Ausbildung, wissenschaftliche Grundlage und methodische Fundierung des Handelns wichtige Schritte der Professionalisierung getan hatte, war sie als Fürsorge ein Tätigkeitsbereich, der hauptsächlich in Ämtern ausgeübt wurde. Im Wege der Professionalisierung der Sozialarbeit sind aus den ehemaligen „Fürsorgerinnen" (es waren meist Frauen) Sozialarbeiter geworden. Um Fürsorgerin zu werden, bedurfte es keiner besonderen professionellen Qualifikation, d. h. ihre Tätigkeit ruhte auf keinem wissenschaftlich-theoretischen Fundament und war nicht geleitet durch eigens erworbene methodisch-praktische Fertigkeiten. Sie hatte von Amts wegen eine staatliche Kontrollaufgabe zu erfüllen. Sozialarbeiter hingegen – ausgestattet mit einem Diplom, das sie an einer Sozialakademie oder in manchen Ländern an einer Universität erworben haben – verfügen über eine hoch spezialisierte Professionalität, die ausgezeichnet ist durch ein breites Wissen in ihrem Feld und durch eine gut fundierte Beratungskompetenz. Fürsorgerin war also ursprünglich eine Tätigkeit, die vorwiegend Kontrollaufgaben wahrzunehmen hatte. Mit ihrer Professionalisierung zum Sozialarbeiter erhielt der Beruf einen starken beraterischen Schwerpunkt, also eine reflexive Komponente auf der Ebene der Gestaltung beruflicher Interaktion (und war damit der Supervision zugänglich wie jeder andere reflexive Beruf).

b) Damit entstand ein Problem auf einer anderen als der unmittelbaren Handlungsebene: Es entstand ein Rollenkonflikt durch einen Widerspruch, der nun in die berufliche Identität eingebaut war. Denn der kontrollierende Teil der Tätigkeit blieb erhalten, ihm gesellte sich der beratende Anteil hinzu. Beide stehen zueinander in scharfem Gegensatz, müssen dennoch beide gleicherweise zum Zug kommen. Sie verlangen zu ihrer Bewältigung konträre Haltungen, die miteinander in einer beruflichen Identität vereint werden müssen.

Um handlungsfähig zu sein, gilt es wahrzunehmen, in welcher Rolle man gerade agiert, und den Wechsel der Rollen zu markieren bzw. die Auswirkung der immer schon präsenten anderen Rolle auf den Klienten zu beobachten und darauf professionell zu reagieren. Beide Ebenen der Reflexivität des Berufs unterscheiden sich nicht nur, sie sind auch miteinander verbunden. Der Rollenwiderspruch wirkt sich, erkannt oder unerkannt, im beruflichen Handeln aus. Als weitere, ungeplante Folge entstehen zudem Schwierigkeiten in den Institutionen, in den Ämtern, die sich verschieden manifestieren können. So werden z. B. die nun professionellen Sozialarbeiter (in ihrem Bemühen, ihre berufliche Identität widerspruchsfrei zu halten) ihren Arbeitsschwerpunkt dort suchen, wo ihre neu erworbene Professionalität liegt: in der Beratung. Sie werden dazu neigen, ihren Kontrollauftrag hintanzustellen. Das kann zu Spannungen mit den älteren Fürsorgerinnen und vor allem mit der Amtsleitung führen.

c) Aber auch damit ist es nicht getan. Dieser Rollenwiderspruch und -konflikt – selbst eine ungeplante Auswirkung der Professionalisierung des Berufs – hat ebenso ungeplante Auswirkungen auf die Organisation. Haben die Institutionen der sozialen Arbeit bisher hierarchischen Prinzipien gehorcht, so greift mit der beraterischen Haltung der Sozialarbeiter eine eher hierarchiefremde bis -feindliche Haltung um sich. Dies wird z. B. in den Sozialämtern umso mehr der Fall sein, je mehr die Sozialarbeiter ihr berufliches Selbstverständnis aus denjenigen Teilen ihrer Arbeit beziehen, die ihrer neuen Rolle entsprechen. Als Beratungsprofis werden sie in Konflikt mit ihren Vorgesetzten geraten, welche sich als Repräsentanten des Amtes weiterhin primär für Kontrollorgane halten. Die Reflexion organisatorischer Zusammenhänge und Widersprüche ist angesagt.

Die Professionalisierung der Supervision als eigenständiger Beratungsform setzt erst mit dem gemeinsamen Auftreten dieser drei Aspekte der Reflexivität beruflicher Tätigkeit ein, die auf unterschiedlichen Ebenen liegen und interdependent sind:

1. Die Ebene der *Reflexion beruflicher Interaktion* in der beratenden Tätigkeit (hierin gleicht die Sozialarbeit den psychotherapeutischen und verwandten beratenden und trainierenden Berufen). Sie ist von Bedeutung, hätte aber für sich die Professionalisierung der Supervision nicht nötig gehabt. Es hätte so wie in den anderen primär reflexiven Berufen gereicht, ein/e hervorragende/r Berater/in zu sein, um Beratungsinteraktionen kompetent und hilfreich mit den Klienten zu reflektieren.
2. Die *Reflexion von Rollenwidersprüchen im Beruf* (hierin unterscheidet sich die Sozialarbeit von den psychotherapeutischen und beratenden Berufen). Sie bedarf zusätzlicher Kompetenzen wie etwa eines Verständnisses struktureller Widersprüche beruflicher Tätigkeit, Einsicht in das Verhältnis von Rolle und Identität, der Gegenüberstellung und Abgrenzung von Kontexten sowie der Auswirkung von all dem auf das berufliche Selbstverständnis.
3. Das wird erst fassbar in Zusammenhang mit der dritten Ebene, mit der *Eigendynamik organisatorischer Sachverhalte*, dem Verständnis ihrer Funktionsorientierung und der internen Ausdifferenzierung ihrer Funktionen (hierin unterscheidet sich die Sozialarbeit erst recht). Die Auswirkung der Organisation auf die Arbeit, auf die Menschen und ihre beruflichen Interaktionen bedarf eigenen Wissens und eigener Diagnosefähigkeit. Supervision ist von Anfang ihrer Professionalisierung als Beratungsform an Supervision organisationsbezogener Sachverhalte. (Insofern kann man heute sagen, dass die Rede von Supervision in Organisationen – so als würde es sich um eine eigenständige Form von Supervision handeln – zumindest missverständlich ist.)

Nur die erste dieser drei Ebenen war in der Professionalisierung der Sozialarbeit geplant. Die beiden anderen Ebenen, die Identitäts- und Rollenfrage einerseits und die Frage der Eigendynamik organisatorischer Sachverhalte und ihrer Auswirkung auf die berufliche Interaktion und die individuelle berufliche Tätigkeit andererseits, stellen ungeplante Folgen der Einführung der ersten Ebene dar. Und obwohl das Zusammentreffen aller drei für die Entwicklung der Supervision als eigener Beratungsform verantwortlich ist, so bleibt der Fokus ihrer Aufmerksamkeit die längste Zeit auf die erste Ebene gerichtet: auf Verständnis und Gestaltung beruflicher Interaktion und die dabei ablaufende menschliche Kommunikation. Die beiden anderen fristen zunächst ein Schattendasein. Soweit die zweite Ebene der Rollenwidersprüche und der beruflichen Identität überhaupt explizit Beachtung findet, wird sie eher in Richtung psychischer Befindlichkeit der Person in ihrer Arbeit zum Thema. Für die kompetente Reflexion der dritten Ebene fehlten damals noch weitgehend die Theorien zum Verständnis der Organisationsdynamik und die Methoden der Intervention. Es ist daher nicht verwunderlich, dass die Supervision längere Zeit als therapienahe Beratungsform missverstanden wurde – trotz der skizzierten Komplexität der Aufgabenstellung, die zu ihrer Professionalisierung den Anstoß gegeben hatte.

> Zusammenfassend ist hier Folgendes wichtig: Erst wenn sich zur „primären" Reflexivität der beruflichen Tätigkeit (also der professionellen Gestaltung der beruflichen Interaktion zwischen dem Profi und seinem Klienten) die „sekundäre" Reflexivität der beruflichen Rolle (bedingt durch den mit dem reflexiven Anteil der Tätigkeit entstehenden Rollenwiderspruch) gesellt und in der Folge eine „tertiäre" Reflexivität der Organisationseinheit, in der die Arbeit geleistet wird – erst dann beginnt die Supervision sich zurecht einer Professionalisierung zu unterziehen.

Das Zusammenspiel der drei heterogenen Aspekte beruflicher Selbstreflexion war auch verantwortlich für die Verbreitung der Supervision in immer weitere gesellschaftliche Felder. Denn immer mehr berufliche Tätigkeiten finden sich mit einer vergleichbaren Problematik konfrontiert, wie wir sie in der Sozialarbeit kennen gelernt haben (siehe auch Beck, Giddens & Lasch 1996):

- Nicht primär reflexive Berufe wie Ärzte, Lehrer oder Führungskräfte werden um eine reflexive Komponente angereichert, deren Bewältigung ganz neue, in diesen Berufen ursprünglich nicht verankerte Kompetenzen verlangt. Die professionelle Gestaltung der Interaktion zwischen dem Berufstätigen und seinem Klienten wird zum wesentlichen Bestandteil der beruflichen Tätigkeit und zu einer zentralen Bedingung des Erfolges der primär nicht reflexiven Tätigkeit (Giesecke & Rappe-Giesecke 1997).
- Rollenwidersprüche entfalten sich in einer Weise, die unter Umständen neue berufliche Identitäten entstehen lässt, in denen die ursprüngliche berufliche Identität nur mehr eines der widersprüchlichen und reflexiv miteinander zu verbindenden Elemente darstellt. Ihre Gestaltung wird zur reflexiven Daueraufgabe und ebenso zu einer Bedingung beruflichen Handelns (Keupp & Höfer 1997).
- Die Organisationen, in denen diese Berufe meist ausgeübt werden, geraten in eine unberechenbare Bewegung, die ihrerseits völlig neue reflexive Anforderungen an die Berufstätigen stellt (Wimmer 2004, Baecker 1999). Einerseits wirken sich die organisatorischen Veränderungen auf die berufliche Tätigkeit aus. Die berufliche Interaktion, die nun ebenfalls zur reflexiven Daueraufgabe geworden ist, wird davon, oft gar nicht unmittelbar wahrnehmbar, aber dafür umso fundamentaler beeinflusst. Es braucht daher nicht nur entsprechende kommunikative Kompetenzen, sondern ein ausgeprägtes *Organisationsbewusstsein*[6] – eine relativ junge Anforderung (Senge 1996). Andererseits wird im Laufe der stattfindenden Entinstitutionalisierung[7] von den Mitarbeitern die Bereitschaft verlangt, ihre berufliche Identität an die Anforderungen der Organisation anzupassen und zu verändern bzw. ganz neu zu entwerfen. Ebenso

---

6 Zu Organisationsbewusstsein siehe Kapitel 4.3.
7 Siehe hierzu ausführlicher auch Kapitel 4.1.

wird von ihnen verlangt, an der Veränderung der Organisation dauerhaft mit-zuarbeiten. Auch dafür bedarf es organisatorischer Kompetenz.

Insgesamt kann man diese Entwicklung, die immer mehr Berufe erfasst, als Folge tiefgehender gesellschaftlicher Veränderungen sehen. Diese Veränderungen hängen damit zusammen, dass sich die *Hierarchiekrise*[8] in immer mehr gesellschaftlichen Feldern ausbreitet. Das hat für die Supervision und ihre Weiterentwicklung inte-ressante Folgen:

a) Viele berufliche Tätigkeiten können sich zum Zweck der Erfüllung ihrer primä-ren beruflichen Aufgabe (z. B. Unterrichten, Heilen, Pflegen, Führen von Mitar-beitern, Rechtsprechen usw.) nicht mehr auf die hierarchischen Muster der beruf-lichen Interaktion verlassen. Neben die primäre berufliche Aufgabe (oft auch als Voraussetzung der Möglichkeit, ihr gerecht zu werden) tritt die autonome nicht-hierarchische Gestaltung der beruflichen Interaktion als eine eigene Aufgabe, deren Erfüllung den Erwerb professioneller Fertigkeiten verlangt. Damit treten auch in diesen Berufen Rollenwidersprüche auf, die der Reflexion aus den oben genannten Gründen bedürfen. Diese Entwicklung führt dazu, dass sich die Anwendungsfelder für Supervision weit über den Bereich der sozialen Arbeit hinaus ausbreiten.

b) Die berufliche Interaktion gewinnt aber nicht nur hinsichtlich des unmittelbaren „Gegenstandes" der Berufsausübung (also des Schülers, Patienten, Mitarbeiters usw.) an Bedeutung. Einer der Gründe für das Versagen hierarchischer Muster liegt auch darin, dass die beruflichen Tätigkeiten insgesamt immer komplexer, im Detail immer spezialisierter und damit immer interdependenter werden. Ihre Vernetzung miteinander muss rasch und flexibel mittels direkter Kommunikation und multi-lateraler horizontaler Kooperation, die gleichbedeutend ist mit methodenübergrei-fender Kooperation, stattfinden. Anstelle der Hierarchie, die für diese Aufgabe zu schwerfällig und in ihren kommunikativen Möglichkeiten zu sehr limitiert ist, tritt Teamarbeit. Auch unter diesem Aspekt reicht die primäre fachliche Kompetenz nicht mehr aus für den Erfolg beruflicher Tätigkeit. Neben sie und neben die soziale Kompetenz in der Gestaltung und Steuerung der beruflichen Interaktion mit den Klienten tritt eine soziale Kompetenz eigener Art, die in ganz anderer Weise der Professionalisierung bedarf als jene. Damit entsteht ein neuartiger Reflexions-bedarf, der zur weiteren internen Ausdifferenzierung der Supervision führt. Neben die schon etablierte Unterscheidung von ausbildungs- und berufsbegleitender Su-pervision tritt als eigene Form der Supervision, die einer eigenen Professionalisie-rung unterliegt, die *Teamsupervision* und damit die Unterscheidung zwischen Fall- und Teamsupervision.[9]

c) Nehmen wir die Teamarbeit als das zentrale Paradigma für die vielen nun auftretenden Formen nicht-hierarchischer beruflicher Kooperation, so kann man feststellen, dass in allen diesen Arbeitsformen eine neue Art beruflicher Tätigkeit entsteht: Teams bedürfen der *Steuerung*. Diese kann aber nicht hierarchisch durch die traditionelle Tätigkeit des bzw. der Vorgesetzten vorgenommen werden, son-

---

8 Siehe Kapitel 4.2.2 und 4.4.1.
9 Siehe Kapitel 4.5, insbesondere Kapitel 4.5.1.

dern bedarf einer Art Moderation, welche die Selbstorganisation dieses heiklen, störanfälligen Sozialkörpers zum Ziel hat. Sie besteht vorwiegend darin, Hindernisse gelingender Kommunikation und Kooperation aus dem Weg räumen zu helfen, Unterschiede in ihrer Konflikthaftigkeit wahrzunehmen und Konflikte als zur Arbeit gehörig zu begreifen und zu managen. Mit anderen Worten: Überall, wo anstelle der Hierarchie Formen nicht-hierarchischer Kooperation treten, werden aus Vorgesetzten Führungskräfte.[10] Führen wird zur eigenen professionellen Tätigkeit mit hohem Reflexionsbedarf. Wiederum finden wir ein schon bekanntes Phänomen: Einerseits werden die professionellen Fähigkeiten und Fertigkeiten dieser steuernden Tätigkeit deshalb zum Gegenstand der Reflexion, weil ihnen selbst ein reflexiver Charakter eigen ist. Andererseits finden wir auch hier einen Rollenwiderspruch, der nicht auflösbar ist und ebensolcher Reflexion bedarf. Denn es werden zwar aus Vorgesetzten Führungskräfte, dennoch bleiben sie auch Vorgesetzte. Und die Vermittlung zwischen hierarchischen und nicht-hierarchischen Phänomenen der Steuerung und Verantwortung wird selbst zur Daueraufgabe, von deren Bewältigung die gelingende Tätigkeit des Führens mit abhängt. Dementsprechend gelangt Supervision immer mehr als begleitende Selbstreflexion von Führungskräften aller Organisationen zum Einsatz. Man kann hier von Leitungssupervision sprechen – wenn man meint, dass die Erfindung neuer Formen der Supervision dem Image dieser Beratungsform dient.

d) Im Hintergrund der genannten Veränderung in der Arbeitswelt (und der parallel dazu voranschreitenden Professionalisierung und Ausdifferenzierung von Supervision) stehen Veränderungen in den Organisationen der Arbeit, die zunächst schleichend und eher unauffällig vor sich gehen, ohne recht greifbar zu werden, die aber schließlich mit dem Zunehmen der internen organisatorischen Widersprüche immer offensichtlicher werden, sodass die bislang tabuisierte Organisation bald selbst zur Disposition steht und in vieler Hinsicht zum Gegenstand der Reflexion und ihrer reflexiven Gestaltung wird. Diese Entwicklung ist von derart großer Bedeutung für die zunehmende Reflexivität von immer mehr beruflicher Arbeit, dass wir ihr später eigens nachgehen werden.[11]

Auch dieser Prozess wird von der Supervision gespiegelt: Zunächst weist sie immer wieder auf den Aspekt der Organisation hin und kann ihn ebenso wenig fassen, wie die Organisationen es selbst können. Sie nennt diesen Aspekt den „institutionellen Faktor" und stellt fest, dass er in der beruflichen Interaktion meistens eine Rolle spielt. Methodisch zu fassen bekommt sie ihn aber erst, als die Organisationen zum Gegenstand reflexiver Veränderung und Gestaltung werden und sich eine professionelle Beratungsform entwickelt, die den entsprechenden Fokus und entsprechende Methoden zur Verfügung stellt: die Organisationsberatung. Erst dann kann Supervision in Organisationen zur methodisch fundierten Organisationssupervision werden, die sich als eine eigene Form der Supervision etabliert, welche einer eigenen Professionalität bedarf.

Diese Entwicklung hat unabsehbare Folgen für die Eigenständigkeit der Supervision. Denn zum ersten Mal in ihrer Geschichte teilt sie ihren Gegenstand, berufliche Arbeit, auf den bisher ihr Anspruch, ein eigener Beruf zu sein, gründete, mit

---

10 Siehe hierzu Kapitel 4.2.
11 Siehe hierzu Kapitel 4.

einer anderen Profession, der Organisationsberatung. Es ist daher nicht mehr sicher, ob sie als Organisationssupervision nicht zu einem Instrument der Organisationsberatung geworden ist, ohne es zu merken.

Inwieweit hat sich die Supervision entlang der genannten Veränderungen in der Arbeitswelt professionalisiert und intern ausdifferenziert? Diese Veränderungen sind dadurch gekennzeichnet, dass zu der primären beruflichen Tätigkeit immer mehr solcher Aspekte hinzukommen, die selbst professionell verwaltet werden müssen und für deren Verwaltung in der primären Professionalität keine Methoden zur Verfügung stehen: Berufliche Tätigkeit wird in immer mehr Dimensionen reflexiv, und diese Reflexivität wird zu einer eigens auszubildenden und begleitenden professionellen Fähigkeit und Fertigkeit. Geht es zunächst nur um die reflexive Gestaltung beruflicher Interaktion hinsichtlich des primären beruflichen „Gegenstandes" (dem entspricht Fallsupervision), gilt es dann, die Kooperation zwischen beruflich Tätigen reflexiv zu gestalten (Teamsupervision, „Leitungssupervision"), so landen wir schließlich bei der vielfachen Wahrnehmung organisatorischer Rahmenbedingungen der Arbeit (Organisationssupervision).

Im Laufe des bisher skizzierten Prozesses der Professionalisierung von Supervision hat sich ihr Gegenstand unter mehreren Gesichtspunkten ausgeweitet. Immer mehr Berufe unterziehen sich der Supervision, und immer mehr Aspekte der beruflichen Tätigkeiten werden Gegenstand der Supervision – von der Interaktion über Kooperation bis zur Organisation. Aber nicht nur weitet sich der Gegenstand der Supervision derart aus, er verändert sich auch, ohne dass dies sonderlich auffällt. Und doch handelt es sich um eine markante Veränderung, welche die Zielsetzung der Supervision betrifft:

Diente die Supervision, soweit sie nicht Ausbildungssupervision war, früher eher der Bearbeitung beruflicher Probleme, so dient sie mit der Zunahme der Reflexivität der beruflichen Tätigkeiten mehr der Verankerung arbeitsbezogener Selbstreflexion in den beruflichen Alltag. Das bedeutet nicht so sehr, dass sich Supervision heute weniger der Bearbeitung beruflicher Probleme des Klienten widmet und stattdessen mehr seine Fähigkeiten entwickeln hilft, diese Probleme selbst zu lösen, anstatt sie sich lösen zu lassen. Es bedeutet also nicht, dass Supervision heute mehr Hilfe zur Selbsthilfe ist als früher. Es bedeutet vielmehr, dass berufliche Selbstreflexion, wie gesagt, zum integrierten Moment beruflicher Arbeit geworden ist und weiter wird. Und es bedeutet, dass Supervision dem Erwerb und der Aufrechterhaltung bzw. Vertiefung dieser Selbstreflexion dient. Gegenstand der Supervision ist damit, genau genommen, die *Selbstreflexion beruflicher Tätigkeit* und nicht einfach diese Tätigkeit.

Dieser Unterschied, so sehr er nach Haarspalterei aussehen mag, scheint dennoch wichtig. Denn mit ihm kann man einen Beitrag zur Diskussion um die Frage der *Feldkompetenz* des Supervisors leisten – einer Frage, die erst mit der Ausweitung ihres Anwendungsbereiches aktuell geworden ist: Solange Supervision auf den Herkunftsbereich ihrer ersten Professionalisierung beschränkt bleibt, war Feldkompetenz keine Frage. Denn Supervision wurde als Zusatzqualifikation zur Basisqualifikation Sozialarbeit gehandelt und blieb Supervision von Sozialarbeit. Erst mit der Zunahme der Nachfrage der Supervision aus anderen gesellschaftlichen Feldern stellt sich die Frage nach der Feldkompetenz, weil in der Sozialarbeit ausgebildete Supervisor/innen nun berufliche Tätigkeiten supervidieren sollen, die ihnen nicht vertraut sind.

Wenn nun Gegenstand der Supervision die berufliche Tätigkeit ist, dann ist es naheliegend, vom Supervisor zu verlangen, dass er ausreichend über Feldkompetenz im jeweils supervidierten Beruf verfügt. Ist hingegen die Selbstreflexion der verschiedenen beruflichen Tätigkeiten Gegenstand der Supervision, dann ist das Feld des Supervisors, in dem er kompetent sein muss, weniger der jeweils supervidierte Beruf als vielmehr die berufsbezogene Selbstreflexion bzw. die relevanten Aspekte dieser Selbstreflexion. Unter ihnen stellt die Eigendynamik der unmittelbaren Tätigkeit, die supervidiert wird, nur ein und zwar – im Vergleich zu den berufsübergreifenden relevanten Aspekten – meist gar nicht das dominante Moment dar. Es reicht dann vielleicht aus, dass sich der Supervisor die nötige Kompetenz bezüglich des jeweiligen Berufsfeldes im Laufe der Supervision durch diese Supervision selbst erwirbt.

Jedoch ist zunehmend *Themenkompetenz*[12] erforderlich, denn ausgehend vom Coaching-Markt rücken in der Beratung neue Themen in den Mittelpunkt: Berufsbezogene Reflexion und Selbstreflexion fokussieren Fragen des Balancings (work-life), Arbeit und Gesundheit, berufliche Identität und Mehrfachidentitäten, Gender, Wechsel und Veränderung sowie Konfliktmanagement. Diese Themen passten traditionell schwerpunktmäßig nicht in die Supervision. Um als Supervisor und Coach mit diesen neuen Themen zu arbeiten, braucht es theoretisches Wissen, ja man darf etwas wissen und zu etwas raten, und man muss Lösungen (mit-) entwickeln. Es ist dann nicht nur die berufliche Tätigkeit an sich Gegenstand der Reflexion, wie schwerpunktmäßig bisher in der Supervision[13], sondern etwa auch die berufliche und persönliche Lebensplanung, Weiterentwicklung, Work-Life-Balance u. a. Hierbei steht dann mehr die Erarbeitung gezielter Schritte zur Umsetzung und Verwirklichung entwickelter Lösungsansätze im Vordergrund als die Reflexion und das Verstehen der persönlichen, organisationalen und gesellschaftlichen Wirkungszusammenhänge.

2.3 Gründe für die zunehmende Nachfrage nach Supervision und Coaching

Neben der steigenden Komplexität beruflicher Aufgaben und der Tendenz zur Auflösung hierarchischer Organisationen[14] sind als Gründe für die zunehmende Nachfrage nach Supervision bzw. Coaching zu nennen: die wachsende Interdependenz der horizontalen Vernetzung miteinander interagierender Personen und Systeme und damit einhergehend, aber nicht ausschließlich darauf zurückzuführen, das Bewusstsein ihrer Gleichrangigkeit – oder etwas psychologischer gesprochen – ihrer Gleichberechtigung und Autonomie. Die Komplexität der zu bewältigenden Aufgaben nimmt in allen Berufen ständig zu. Und mit der steigenden Komplexität wächst die Vernetzung und mit ihr der Koordinationsbedarf der beruflichen Tä-

---

12 Siehe hierzu auch Kapitel 3.6.8, 7 und 8.
13 Zur definitorischen Eingrenzung von Supervision und Coaching siehe Kapitel 3.2.
14 Siehe hierzu ausführlicher auch Kapitel 4.

tigkeiten. Im gleichen Ausmaß nimmt die Funktionsfähigkeit ihrer hierarchischen Koordination ab. Mit der allmählichen Auflösung von traditionellen Formen hierarchischer Koordination beruflicher Tätigkeiten geht der Entlastungsvorteil weitgehend verloren, den diese Einrichtungen für die Berufstätigen gebracht hatten: Ein großer Teil der Verbindung einzelner Tätigkeiten zu einem zusammenhängenden einheitlichen Set von Problemlösungsteilen, aber auch ein großer Teil der Tätigkeiten selbst war durch ihre Institutionalisierung dem individuellen Zugriff der beteiligten Personen und Systeme entzogen. Damit war der Erfolg der Tätigkeiten relativ unabhängig von der Kompetenz oder Inkompetenz der Personen gegeben. Er war eben durch die institutionell normierten Organisationsstrukturen abgesichert.

Überall, wo institutionelle Festlegungen in der Erfüllung von Aufgaben verschwinden, bleibt es mehr und mehr der Fähigkeit der beteiligten Systeme und Personen überlassen, ob und wie diese Aufgaben erfüllt werden. Gerade die Gestaltung der Organisation beruflicher Interaktion verlangt ein hohes Maß an kommunikativer und organisatorischer Kompetenz. Diese Kompetenz ist besonders in Situationen gefordert, die es nicht gestatten, eine einmal gefundene Lösung zu institutionalisieren, weil die ursprüngliche Aufgabe bereits durch eine neue Aufgabe mit veränderten Bedingungen beeinflusst wird.

Nun nimmt heutzutage bekanntlich das Tempo, in dem sich Produkte, Dienstleistungen, Organisationen, Märkte und gesellschaftliche Bedingungen verändern, rasant zu. In demselben Maß steigt die Reflexivität der an diesem Prozess beteiligten bzw. ihm ausgelieferten beruflichen Tätigkeiten. Arbeitsbezogene Reflexion und Selbstreflexion wird in immer mehr Berufen zur integrierten Daueraufgabe.

Supervision bzw. Coaching stellt eine Reflexionshilfe dar, die je nach Anliegen und Klientensystem in der Unterstützung dieser anspruchsvollen Aufgabe verschiedene Funktionen in unterschiedlichem Ausmaß und in vielfältiger Kombination erfüllen kann:

- Supervision bzw. Coaching kann helfen, (unerwartet) auftretende Arbeitsprobleme in ihrem Kontext zu sehen und die verschiedenen Aspekte, die zu ihrer Entstehung führen, in ihrem Anteil und in ihrer Verbindung genauer zu diagnostizieren. Besonders wertvoll kann eine solche Reflexionshilfe sein, wenn es ihr gelingt, den Sinn der Problemkonstellation sichtbar zu machen, sie als kreativen Problemlösungsversuch ins Blickfeld zu rücken und die in ihr versteckten Ressourcen zu aktivieren.
- Supervision bzw. Coaching kann dazu beitragen, die in der Hektik des Alltagsgeschäftes in den Hintergrund getretene oder verloren gegangene Bereitschaft und Fähigkeit der reflektierenden Distanz wiederherzustellen oder zu stärken.
- Supervision bzw. Coaching kann und wird in wachsendem Ausmaß dem Erwerb der organisationsintern immer wichtigeren Coaching-Fähigkeit des Klientensystems dienen. Das heißt, Supervision bzw. Coaching wird immer mehr in Anspruch genommen, ohne dass ein besonders akutes Arbeitsproblem vorliegt – es sei denn, man bezeichnet das Fehlen einer solchen organisationsintern verbreiteten Coaching-Kompetenz als ein solches Problem.

2.4 Die wirtschaftliche Bedeutung von Supervision[15]

Supervision ist aufgrund ihres Settings in mehrfacher Hinsicht ein sehr wirtschaftliches Geschäftsmodell der beratenden Begleitung von beruflicher Arbeit:

1. Sie beschränkt sich in ihrem Arbeitsumfang meist auf einige wenige Stunden der Beratung. Insofern ist sie im schlichtesten Sinn der Wirtschaftlichkeit wirklich billig.
2. Sie verursacht keine Zusatzkosten, wie sie in anderen unterstützenden Maßnahmen wie in seminaristischen Fortbildungen, Workshops, Klausuren durch Vorbereitung, Arbeitsausfall, Reisen, Hotels usw. anfallen.
3. Sie verursacht keine Transferkosten und -verluste, wie sie die besten Weiterbildungen, in Beratungsklausuren durchgespielte Übungen und *Case-studies* mit sich bringen. Dort lernt man überall wichtige Dinge, aber weder wird ihre Anschlussfähigkeit an den beruflichen Alltag ausreichend überprüft noch ihre Umsetzung und die dabei schrittweise auftretenden Widerstände und Schwierigkeiten reflexiv begleitet. Supervision hingegen ist eine in kleinsten Dosen vorgenommene Bearbeitung überschaubarer Arbeitssituationen, deren praktische Auswirkung von einer Sitzung zur nächsten beobachtet, begleitet und immer wieder einer Reflexion zugeführt werden kann. Die laufende Umsetzungs- und Erfolgskontrolle ist in ihren Prozess eingebaut.
4. Supervision ist mit erfolgreicher Bewältigung einer vorgelegten Fragestellung ohne großen Aufwand abschließbar und kann ebenso leicht für eine neue Fragestellung wieder aufgenommen werden.

Wenn Supervision ein derart ökonomisches erfolgversprechendes Verfahren ist, warum hat man es dann nicht immer schon extensiv eingesetzt, sondern andere viel aufwändigere, in ihrem überprüfbaren Erfolg zweifelhaftere Verfahren der Fortbildung und Beratung in Anspruch genommen bzw. warum geschieht das heute noch? Das hat zum einen mit den Grenzen dieser Beratungsform zu tun,[16] zum anderen mit der bereits kurz skizzierten gesellschaftlichen Entwicklung, die in verschiedenen Schritten den heutigen Ausbildungs- und Beratungsmarkt hervorgebracht hat, als deren bislang letzter Schritt Supervision und Coaching zum Zug gekommen sind (Buchinger 1998a).[17]

---

15 Grundlage hierzu siehe Buchinger (2005a).
16 Siehe hierzu Kapitel 3.10.
17 Siehe hierzu ausführlicher auch Kapitel 2.1, 2.2 und 4.

3 Qualitätsmanagement: Zur Professionalität von Supervision und Coaching[1]

3.1 Supervision und Coaching – was ist das?

Supervision ist eine Beratungsform, kein methodisches Verfahren. Sie ist eine Beratungsform, die definiert ist durch ihren Gegenstand, nicht durch die Methoden, derer sie sich bedient (Weigand 1987).

Inwieweit unterscheidet sich der Gegenstand der Supervision von anderen Beratungsformen? Gegenstand der Supervision ist berufliche oder ihr gleichkommende (etwa ehrenamtliche) Tätigkeit, deren Besonderheiten noch bestimmt werden sollen.

- Ihr Gegenstand ist nicht der Mensch, nicht die Person, die sich ihr unterzieht, mit ihren Charaktereigenschaften, ihrer Psychogenese, ihren Traumata und seelischen Störungen, ihrem Verhalten oder ihren Beziehungen. Es ist die Arbeit, die diese Person verrichtet.
- Gegenstand der Supervision ist auch nicht ein Team oder eine Gruppe in ihrer Gruppen- oder Interaktionsdynamik oder gar in ihren persönlichen Beziehungen bzw. in ihrer Vernetzung mit anderen Teams oder auch in ihrer organisatorischen Einbettung. Das gilt sogar dann, wenn es sich um ein Team handelt, das sich der Supervision unterzieht. Auch dann ist ihr Gegenstand die Arbeit, die dieses Team verrichtet, oder seine ganz spezifische Arbeitsfähigkeit.
- Gegenstand der Supervision ist ebenso wenig die Organisation oder eine Organisationseinheit, auch wenn es sich etwa um eine solche handelt, die sich in Supervision befindet, sondern wiederum die in ihr verrichtete oder zu verrichtende Arbeit.

Dass es in der Supervision um die Arbeit geht, heißt aber gerade nicht, dass weder der Mensch noch das Team noch die Organisation eine Rolle spielen – ganz im Gegenteil. Schließlich wird jede supervisionsfähige Arbeit von einem oder von mehreren Menschen verrichtet. Deren menschliche Besonderheiten spielen für das Gelingen oder Nichtgelingen der Arbeit eine Rolle. Insofern muss man sich zum Zweck des besseren Verständnisses des Gegenstandes der Supervision, also der vorgelegten Arbeit, auch mit den Menschen und mit ihren seelischen Besonderheiten befassen. Und da die Lebens- und Arbeitsfähigkeit der Menschen eine unvermeidliche Bedingung gelingender Arbeit darstellt, muss ihr auch ausreichend Auf-

---

1 Grundlage dieses Kapitels siehe Buchinger & Götz (2003) und Buchinger (2001a).

merksamkeit in der Supervision gewidmet werden. Dies aber immer nur in Relation zur vorgelegten Arbeitssituation, zum supervidierten Fall und seiner Besonderheit – nicht darüber hinaus.

Man sollte also Kenntnisse darüber haben, wie sich die Arbeit auf die *Person* auswirkt, ebenso wie über den Einfluss, den persönliche Besonderheiten auf die Arbeit haben können. Natürlich kann das auch bedeuten, dass man sich mit emotionellen Prozessen, mit unbewussten Reaktionstendenzen, mit Fragen der Identität und den Anforderungen der sich verändernden Arbeit an sie, mit Ängsten vor Veränderung der verschiedensten Art und ähnlichem befassen muss.

Alle supervisionsfähige Arbeit findet in beruflicher Interaktion zwischen zwei oder mehreren Personen bzw. in Gruppen und Teams statt, gerade der *Interaktionsaspekt* und seine noch zu beschreibenden Besonderheiten machen Arbeit supervisionsfähig. Insofern muss man sich mit menschlicher Interaktion und mit Gruppenprozessen auch in der Supervision befassen. Dies aber nur soweit, als es zum besseren Verständnis der vorgelegten Arbeitssituation oder -problematik dient. Nicht darüber hinaus, sonst betreibt man vielleicht unter dem Titel der Supervision Gruppendynamik, Teambuilding oder ähnliches. Man sollte also über die Eigenständigkeit und Eigendynamik von menschlicher Interaktion und ihrem Einfluss auf die Arbeit, wie auch umgekehrt, über die Auswirkung, welche die der Arbeit innewohnende Dynamik auf die Interaktion hat, ausreichend Bescheid wissen bzw. unter diesem Aspekt über gruppendynamische Kenntnisse verfügen. Natürlich kann das auch bedeuten, dass man sich mit unbewussten emotionellen Gruppenkonstellationen befassen muss, mit Interaktionsmustern usw. – wozu sich psychoanalytisches Instrumentarium, Gruppendynamik und vor allem systemisches Know-how besonders gut eignen.[2]

Fast alle der professionellen Supervision vorgelegte Arbeit findet in *Organisationen* statt, ohne die die Professionalisierung der Supervision, wie schon erwähnt, undenkbar ist. Sowohl hat die supervisionsfähige Arbeit immer schon ungeplante Auswirkungen auf die Organisationen gehabt, in denen sie stattfand, als auch umgekehrt die Organisationen heute mit ihren unberechenbaren Bewegungen ungeplante Auswirkungen auf die Arbeit haben und damit Auswirkungen, die auch die beruflichen Interaktionen und die ganze Person in erheblichem Ausmaß beeinflussen können. Insofern ist ein angemessenes Verständnis der in der Supervision vorgelegten Arbeit ohne ausreichende Organisationskenntnisse nicht möglich. Wie vorhin gilt auch hier, dass das aber nur entlang des vorgelegten Falles und nur soweit von Bedeutung in der Supervision ist, als es zum besseren Verständnis des Falles dient. Man sollte also ausreichend Kenntnisse über die Organisation als eigenständiges funktionales, nicht personenbezogenes soziales System, über deren Prozesse und Strukturen, über das Verhältnis Person – Interaktion – Organisation besitzen (Buchinger 1998a). Natürlich kann das auch bedeuten, dass man sich mit der Auswirkung von Veränderungsprozessen in der Organisation, mit Fragen der Steuerung und Führung, der Delegation, der internen Vernetzung, der Auswirkung der relevanten Umwelten auf die organisationsinternen Prozesse usw. befassen muss – wozu sich die Kenntnisse der systemischen Organisationsberatung besonders gut eignen (Scala & Großmann 1997).

---

2 Siehe hierzu Kapitel 5.

Definition und Gegenstand

„Supervision ist eine Beratungsform, kein methodisches Verfahren. In der Supervision bzw. im Coaching steht die berufliche Tätigkeit des Klienten im Zentrum. Diese Tätigkeit wird durch Unterstützung des Supervisors bzw. Coachs einer Reflexion zugeführt. Dabei werden folgende Aspekte besonders berücksichtigt:

- Die Funktion und Dynamik von Arbeitsbeziehungen,
- die Situation der beteiligten Personen,
- die Dynamik der Organisation,
- die Eigendynamik der beruflichen Aufgabe bzw. des Produktes oder der Dienstleistung der Organisation, in der die berufliche Tätigkeit ausgeübt wird.

Die Reflexion dient primär der Sicherstellung, Ausweitung und Optimierung der erfolgreichen Bewältigung der beruflichen Aufgabe des Klienten. Um dies längerfristig zu garantieren, muss ein bestimmtes Maß an Arbeitszufriedenheit bzw. Wohlbefinden in der Arbeit vorhanden sein. Damit dient Supervision bzw. Coaching der berufstätigen Person, der Effizienz der Aufgabenerfüllung und der Organisation" (Buchinger 1998).

3.2 Gibt es Unterschiede zwischen Supervision und Coaching?

Coaching und Supervision ist nach unserem Verständnis eine unterschiedliche Bezeichnung derselben Sache. Wir verwenden die Begriffe daher synonym. Dies hängt – wie bereits dargestellt – mit der Entstehungsgeschichte von Supervision zusammen:

Supervision ist als professionelle Beratungsform im Sozialwesen, also im Bereich der helfenden Berufe entwickelt worden. Sozialarbeit stellt in unserer Kultur einen helfenden Beruf dar, dessen Prestige gegenüber den anderen (akademischen helfenden Berufen wie Psychotherapie oder Medizin) eher gering ist. Einige Jahrzehnte nach Entstehung der Supervision zeigte sich in der Wirtschaft der gleiche Reflexions- und Beratungsbedarf wie in der Sozialarbeit.[3] Daher ist es naheliegend, sich zur Abdeckung dieses Bedarfs in der Wirtschaft der bereits in wichtigen Grundzügen entwickelten Beratungsform zu bedienen. Supervision könnte die erforderlichen professionellen Dienstleistungen dort ebenso erbringen wie in ihrem Ursprungsgebiet. Aber sie stößt in manchen Bereichen, insbesondere in der Wirtschaft, auf Kulturen, an die sie mehr wegen ihres Images als wegen

---

3 Siehe hierzu Kapitel 4.4.

ihrer Leistungsfähigkeit und ihrer fachlichen Grenzen nur schwer anschlussfähig ist. Supervision haftet das Image der helfenden Berufe an, das in der Wirtschaft Abwehr hervorruft. Weder will man dort helfen, noch hilfsbedürftig sein. Insofern erschien es angebracht, die Supervision von dem Image ihrer Herkunft zu befreien.

Führungskräfte in der Wirtschaft verstehen sich – zu Recht – nicht als Angehörige eines helfenden Berufs; auch gehört es nicht zu ihrem professionellen Selbstverständnis, in der Ausübung ihrer Tätigkeit Hilfe in Anspruch nehmen zu müssen – und sei es bloß Reflexionshilfe. Sie sehen sich eher als ewig junge, kreative, dynamische, im kämpferischen Wettbewerb gestählte Hochleistungssportler. Wenn diese Manager/innen überhaupt etwas brauchen können, so sind es Tipps für die weitere Steigerung ihrer sportlichen Höchstleistungen. (Man sehe sich in diesem Zusammenhang die Titel verschiedener Managementbestseller an: „Auf der Suche nach Spitzenleistungen", „Wir sind die Champions", „Die heimlichen Gewinner" usw.) Erweist sich daher auch in ihrem Tätigkeitsbereich (aufgrund der Veränderungen, denen er unterliegt) eine Reflexionshilfe als sinnvoll, so kann man sie schlecht unter einer Bezeichnung einführen und verkaufen, die in mehrfacher Hinsicht so etwas wie Hilfsbedürftigkeit suggeriert. Dieser (selbsternannten?) Leistungselite kann man bestenfalls nahe treten, wenn man beim Bild des Hochleistungssportlers bleibt und Begleitung für noch höhere Höchstleistungen anbietet. Es gilt die ohnehin vorhandene Assoziation zum Spitzensport zu nutzen und einen entsprechenden Begriff aus diesem Bereich zu borgen: *Coaching*. Coaching ist der anschlussfähige Name für die Dienstleistung. Die Assoziationen, die der Begriff weckt, erleichtern es den Führungskräften, sich einer Beratung zu unterziehen. Supervision findet in der Wirtschaft daher als Coaching Eingang (Buchinger 2001a, 2002a, Konas 2001). Zudem wird der Begriff Supervision insbesondere im anglo-amerikanischen Raum anders definiert als im deutschsprachigen Raum, was in multinationalen Organisationen zu Missverständnissen führen kann.

Auch die Betonung der Reflexion von Arbeit, die mit der Supervision verbunden ist, kommt in der Wirtschaft nicht so gut an. Arbeit muss dort stromlinienförmig ergebnisorientiert sein. Sie unterliegt im wachsenden, globalen Wettbewerb einer laufenden Beschleunigung. Reflexion hingegen wird nicht als Arbeit erlebt, suggeriert außerdem Verlangsamung und Verzögerung. Verstärkend wirkt hier noch das zwar nicht mehr brauchbare, aber immer noch wirksame, tief verankerte Tabu der Reflexion organisatorischer Zusammenhänge aus den Zeiten der intakten Hierarchie. Coaching propagiert daher Lösungsorientierung – obwohl es sich im Vorgehen und in den Methoden kaum von der Supervision unterscheidet.

Ist das aber nicht ein platter Versuch, keine Differenzierung zwischen Supervision und Coaching vorzunehmen? Wo es doch jede Menge von Literatur zur Unterscheidung gibt: Supervision sei die Reflexion von Arbeitsprozessen. Sie setzt nach dem schon abgelaufenen Prozess ein. Coaching sei hingegen eine Personalentwicklungsmaßnahme (Schreyögg 1995), die behilflich ist, die Handlungsfähigkeit des Klienten zu erhöhen. Coaching nimmt künftige Situationen vorweg und spielt sie durch. Supervision findet in längeren Prozessen statt, Coaching in eher limitierten Aufträgen. Supervision hat ihren Fokus auf der Arbeit, Coaching hat den ganzen Menschen und seine Zukunft im Blick. Oder aber umgekehrt: Supervision sieht den ganzen Menschen in einem umfassenden Arbeitszusammenhang, Coaching bearbeitet sehr ausgewählte Fragestellungen des Klienten bzw. der Klientin.

Diese Unterschiede lösen sich bei genauerem Hinschauen in ihrer Relevanz für die Beratungsform auf. Nicht dass es sie nicht geben kann. Und dass das für Coaching Gesagte nicht charakteristisch wäre für den Einsatz einer arbeitsbezogenen Beratung in der Wirtschaft. Aber der Unterschied reicht nicht aus, um von einer anderen Beratungsform zu sprechen. Es handelt sich vielmehr um eine legitime Spannbreite von Möglichkeiten innerhalb ein und derselben Beratungsform. Die angesprochenen und möglichen weiteren Unterschiede lassen sich als Fragen der Auftragsgestaltung behandeln, in der jede/r Supervisor/in über entsprechende klienten- und fallbezogene Flexibilität verfügen sollte.

Dennoch macht die Unterscheidung aus den genannten Gründen Sinn für den Einsatz von Supervision in der Wirtschaft. Ein weiterer Grund kommt dazu: Der Reflexionsschwerpunkt der Supervision weckt – vielleicht nicht nur in der Wirtschaft – die genannten Assoziationen zur Defizitorientierung: Probleme sollen bearbeitet werden. Beim Coaching hingegen steht die Ressourcenorientierung im Vordergrund. Auch deshalb mag sich der Name Coaching nicht nur in der Wirtschaft, sondern auch in anderen gesellschaftlichen Feldern gelegentlich durchsetzen.

Vermutlich geht es beim Versuch, über diesen pragmatischen Aspekt hinaus einen grundlegenden Unterschied in der Beratungsform festzuschreiben, mehr um den Markt als um einen weiteren seriösen Schritt in der Professionalisierung dieser Dienstleistung (Kühl 2006). Der Markt für Supervision in der Wirtschaft ist attraktiv und wächst, die Funktion der Supervision in der Wirtschaft differenziert sich[4], die Honorare sind höher als in anderen gesellschaftlichen Feldern. Daher könnte es gut sein, dass es eigentlich der Markt ist, der unter dem Vorwand der methodisch-wissenschaftlichen Differenzierung einer Dienstleistung besetzt werden soll. Derartiges geschieht heute öfter. Und damit die Abgrenzung von Coaching zur Supervision nicht nur aus Gründen der Marktlogik geschieht, sondern auch inhaltlich Hand und Fuß hat, nimmt sich Coaching sehr intensiv der neuen Themen an, die durch die Veränderung der Arbeitswelt virulent geworden sind (Balancing, Arbeit und Gesundheit, berufliche Identität, Handhabung der Mehrfachidentitäten, Konfliktmanagement, Genderkompetenz, Changemanagement).[5]

Coaching hat sich rasant auf dem Beratungsmarkt positioniert. Parallel dazu erfolgte seine voranschreitende Professionalisierung als eigenständige Beratungsform, wobei sie fast alles wiederholt, was im Professionalisierungsprozess der Supervision geschehen ist. Unter Hervorhebung der neuen Themen, unter Betonung der neuen, den Bedürfnissen des Marktes entgegenkommenden Entwicklungen im Setting (kurze Prozesse) und unter Fokussierung auf die entsprechenden Methoden (lösungs- und ressourcenorientiert), das alles zusammengefasst in einem höchst attraktiven Namen, zeigt Coaching intensive professionelle Präsenz am Beratungsmarkt – mit einer leichten Tendenz, Supervision als so etwas wie das Vorgängermodell, eine etwas verstaubte und überholte Variante von noch nicht so recht entwickeltem Coaching hinzustellen.

---

4 Siehe Kapitel 4.4.
5 Siehe hierzu auch Kapitel 3.6.8, 7 und 8.

Sowohl Coaching als auch Supervision zeichnen sich durch Methodenvielfalt aus, wobei der Fokus im Coaching deutlicher auf ressourcenorientierte und direktivere Methoden gerichtet ist.[6]

Seit geraumer Zeit gibt es im Hinblick auf das Setting einen Wandel in der Art, dass kurze Prozesse lange Prozesse ablösen. Lange Prozesse, die tiefgehender und umfassender wirken sollten, hatten in der Supervision Tradition. Der hohe Zeitdruck und die Anforderungen an Autonomie und Selbstmanagement, unter dem Ratsuchende heute stehen, stellen entsprechende Anforderung auch an das Beratungssetting. Der Paradigmenwechsel weg von der Haltung „Defizite beseitigen" und hin zur ressourcen- und lösungsorientierten Haltung ist auch in der Supervision erfolgt, wird aber stärker vom Coaching propagiert und kommuniziert.

Will man eine Differenzierung anhand inhaltlicher Schwerpunkte, so kann man sagen, im Coaching steht primär die Entwicklung der nächsten Ziel führenden Handlungsschritte im Zentrum, durchaus mit Hilfe des Expertenrates durch den Coach. In der Supervision überwiegt die Arbeit am Verstehen der zu reflektierenden Situation im relevanten Kontext, um dem Supervisanden neue Perspektiven und Ideenrichtungen zu eröffnen, aus denen er nächste Handlungsschritte entwickelt. Doch auch hier zeigt sich, dass die Übergänge zwischen dem einen und anderen fließend sind, wenngleich der Schwerpunkt des Coachings eindeutiger in der Bearbeitung dieser neuen Fragen des Ratsuchenden liegt.

> Zusammenfassend kann Folgendes festgestellt werden: Der Versuch, Supervision und Coaching eindeutig voneinander abzugrenzen, scheitert – je genauer und differenzierter man Argumente abwägt. Betrachtet man die Geschäftsfelder, die inhaltlichen Schwerpunkte, das Setting, das methodische Vorgehen sowie die Art der Ausbildung, so lassen sich beim Versuch, Gemeinsamkeiten oder Differenzierung zwischen Supervision und Coaching systematisch zu erfassen, zwar Unterschiede markieren, jedoch mehr Gemeinsamkeiten und Ähnlichkeiten festmachen, als dass zwei unterschiedliche Beratungsformen konstatiert werden könnten (Buchinger & Ehmer 2005).
>
> Eindeutige Unterschiede gibt es in der Geschichte der Supervision einerseits und Coaching andererseits in dem Sinne, dass Supervision traditionell als Praxisreflexion für „Beziehungsarbeiter/innen" und Coaching eher als Förderung, Motivation und Training von Profis für Profis desselben Faches angesiedelt war. Coaching hat eine Schwerpunktsetzung auf Führung, die in dieser Form in der Supervision nicht vorhanden war, ist auf dem Markt heute meist anschlussfähiger und signalisiert etwas anderes. In der Weiterentwicklung beider Beratungsformen lösen sich diese traditionellen Unterschiede weitgehend zugunsten verbindender Ähnlichkeiten auf.

---

6 Siehe hierzu auch Kapitel 5.

3.3 Besonderheiten supervisionsfähiger Tätigkeiten

In einer ersten Annäherung kann man eine Besonderheit supervisionsfähiger und -anfälliger Arbeit darin sehen, dass die *Gestaltung der Arbeitsbeziehungen* in ihr eine besondere Rolle spielt, genauer, dass sie eine Voraussetzung für deren Erfolg darstellt. Ursprünglich hat man dabei an die Beziehung zwischen zwei Personen gedacht, etwa Sozialarbeiter/in – Klient/in, Psychotherapeut/in bzw. Ärzt/in – Patient/in, im Laufe der Ausbreitung der Supervision in die verschiedensten Berufsfelder dann auch an Lehrer/in – Schüler/in, Führungskraft – Mitarbeiter/in, Kundenbetreuer/in – Kund/in, letztlich sogar Beamte/r – Partei usw. Relativ bald hat man den Beziehungsaspekt auf Mehrpersonensysteme ausgedehnt, so vor allem in der sog. Teamsupervision – einer sehr verdächtigen Sache, weil einerseits alles, was an Arbeitssituationen mehr als zwei Personen umfasste oder eine überschaubare Arbeitseinheit darstellte, als Team bezeichnet wurde, auch wenn es mit einem Team oder den Kriterien wirklicher Teamarbeit wenig zu tun hatte.[7] Andererseits ist sie deshalb verdächtig, weil unter dem Titel der Teamsupervision auch andere, von anderen Professionen betriebene Dinge veranstaltet wurden, wie z. B. Teambuilding, Fortbildung oder Organisationsberatung – die Abgrenzung ist tatsächlich oft schwierig. Heute reichen diese Aspekte von Arbeitsbeziehung nicht mehr aus. Man darf ihnen die Gestaltung der Beziehung von Systemen zueinander, also die Kooperation zwischen Gruppen hinzufügen, ebenso wie die Vernetzung von Organisationseinheiten in einer oder zwischen mehreren Organisationen, all das ist auch Gegenstand der Supervision.

Allerdings gilt das nur unter einer Bedingung: Die Gestaltung der jeweiligen Arbeitsbeziehung ist nicht unveränderlich, nicht durch Vorgaben normiert, sondern mehr oder weniger in die Hände der beteiligten Parteien gelegt und in deren eigener Kompetenz zu besorgen. Dieser Aspekt ist derart zentral für die Supervisionsfähigkeit und -anfälligkeit von Arbeit, dass er es verdient, etwas genauer erfasst zu werden.

Die in der Supervision vorgelegte Arbeitsbeziehung zeichnet sich dadurch aus, dass sie nicht eine nach dem Schema der Kausalität ablaufende Beziehung zwischen einem Subjekt (Supervisand) und seinem Gegenüber als einem Objekt ist. Die der Supervision vorgelegte Handlung des Supervisanden stellt keine Ursache dar, auf die eine Reaktion seines Gegenübers im Sinn einer berechenbaren, eindeutigen und wiederholbaren Wirkung erfolgt. Es handelt sich nicht um eine Trivial-Maschinen-Beziehung, sondern um eine Nicht-Trivial-Maschinen-Beziehung (von Förster 1990). Das heißt, die Aktion des Supervisanden trifft auf ein Gegenüber, das durch einen inneren Zustand gekennzeichnet ist, der erstens von außen grundsätzlich nicht erfassbar und zweitens durch innere Freiheitsgrade in seiner Fähigkeit zu reagieren gekennzeichnet ist. Die Antwort des Gegenübers auf die Aktion des Supervisanden ist also nicht berechenbar, eindeutig vorhersehbar oder etwa wiederholbar durch die gleiche Aktion – auch nicht durch eine andere. Der Handelnde verfügt hier nicht über die Folgen seines Handelns, er erfährt erst aus der Antwort, die er erhält, was er wirklich getan hat. Der Handelnde weiß insofern nie, was er

---

7 Zu Teamarbeit siehe Kapitel 4.5.

tut, auch wenn er genau weiß, was er mit seiner Handlung beabsichtigt. Das Ganze ist also nicht steuerbar und verlangt deshalb nach Steuerung. Anders gesagt, der Supervisand soll in Unabsehbarkeit und grundsätzlicher Unsicherheit der Folgen seines Tuns dennoch bzw. gerade deshalb professionell handeln, d. h. steuern. *Steuern* bedeutet hier erstens, auf eine Situation gezielt Einfluss nehmen, die kausal nicht determinierbar ist, und zweitens, sich in einem Prozess mit seinem Gegenüber befinden, in dem der Steuernde zum Teil der Situation geworden ist, die er steuern soll. Er kann nicht von oben und außerhalb lenken. Das hat gravierende Folgen.

Die für uns wichtigste Folge ist die *Reflexivität* der so entstehenden Beziehung und damit der supervisionsfähigen Arbeit. D. h. Beobachtung und Selbstbeobachtung bzw. dabei angestellte Überlegungen – etwa über zu erwartende Folgen, über Beweggründe, mögliche Absichten, andere Zusammenhänge und vor allem über mögliche Alternativen – sind hier nicht bloß eine, durch die menschliche Konstitution immer schon unvermeidliche Begleitmusik von auch ohne diese Begleitmusik ebenso ablaufenden Handlungen oder Interaktionen. Vielmehr stellt diese Reflexion eine unverzichtbare Voraussetzung gelingenden Handelns dar. Reflexion und Handeln sind in einem unlösbaren Zirkel miteinander verbunden. Die Reflexion ist handlungsbezogen, die Handlung ist reflexionsbezogen. Eines ergibt ohne das Andere keinen Sinn. Die hier verlangte Art der Integration von Reflexion und Handeln ist das Besondere, das Tätigkeiten supervisionsfähig macht. Sie wird überall dort nötig, wo die Interaktionsabläufe nicht oder nicht mehr im Sinn einfacher Ursache-Wirkungsverhältnisse festgelegt sind. Das ist heute überall dort der Fall, wo sich hierarchische oder sonst institutionell reglementierte Verhältnisse aufzulösen beginnen. Mit dem fortlaufenden Prozess der *Entinstitutionalisierung* des Interaktionsgeschehens in immer mehr Handlungsfeldern, wie er seit geraumer Zeit unsere Gesellschaft kennzeichnet, werden immer mehr von diesen Handlungsfeldern reflexiv.[8] Das heißt, sie bedürfen einer Professionalisierung der Reflexion, oder genauer gesagt, einer Professionalisierung des Verhältnisses von Handlung und handlungsermöglichender Reflexion. Die Supervision ist sozusagen selbst eine professionelle Reflexionshilfe, die der Professionalisierung von Reflexion in der Arbeit dient.

Berufliche Handlungsfelder sind in unserer Gesellschaft nicht die ersten und einzigen vom Prozess der Entinstitutionalisierung ergriffenen Bereiche. Längst davor ist die psychische Struktur der Person, das psychische Geschehen des Individuums davon erfasst gewesen. Danach sind es überschaubare, personenorientierte soziale Systeme, wie Gruppen und Familien gewesen, deren innere Verhältnisse nicht mehr ausreichend normativ abgesichert werden konnten und die somit reflexiv geworden sind. Schließlich sind auch Organisationen von diesem Erosionsprozess erfasst worden. Überall haben sich professionelle Reflexionshilfen etabliert, ist die Therapie- und Beratungsszene explodiert. So stellt die Psychoanalyse eine handlungsermöglichende Reflexionshilfe im Bereich des Psychischen dar. Die praxisrelevante Reflexivität, die sie hervorrufen oder unterstützen möchte, nennt sie Einsicht. Die Gruppendynamik spricht von Feedback, die systemische Therapie und Beratung, welche diese Prozesse begrifflich am klarsten beschreibt, von Beobachtungen zweiter Ordnung.

---

8 Siehe hierzu Kapitel 4.1.

Tatsächlich arbeiten alle nun genannten Beratungsformen mit Beobachtungen zweiter Ordnung: Sie stellen in der Supervision, der Analyse oder der Beratungssituation Beobachtungen (des Supervisors, Therapeuten, Trainers oder Beraters) von Beobachtungen (des Supervisanden, Analysanden, Klienten) zur gemeinsamen Beobachtung und Reflexion zur Verfügung, um daraus Handlungsalternativen (für den Supervisanden, Analysanden, Klienten) abzuleiten.

Aus dem bisher Gesagten geht hervor, dass supervisionsfähige Arbeit gekennzeichnet ist durch ein hohes Ausmaß an *Selbstorganisation*. Die Unabgesichertheit der Folgen des Tuns in nicht-trivialen Handlungsketten macht es unmöglich festzustellen, welches denn die richtige Handlung oder gar das wahre Vorgehen wäre, das zum richtigen, wahren Ergebnis führen soll. Weder gibt es das eine noch das andere. Was tritt an die Stelle dieser einstmals in hierarchischen Verhältnissen so nützlichen Kategorien der Richtigkeit und Wahrheit und ihres Gegenteils? Es ist der Erfolg der Tätigkeit, was aber nun gerade nicht heißen kann: ihre Erwünschtheit im Sinne irgendwelcher hierarchischer oder sonstiger, auch nicht ökonomischer Vorgaben. Vielmehr ist der Erfolg dann gesichert, wenn die Tätigkeit durch das, was sie tut, entweder in dem Kontext, in dem sie getan wird, fortsetzbar bleibt, oder wenn sie dazu führt, dass der Kontext gewechselt wird oder sich auflöst. Im Einzelfall kann der Erfolg auch darin liegen, dass man die Nicht-Fortsetzbarkeit der Tätigkeit erkennt und Alternativen erwägt. In diesem Sinne dient die Supervision dem Erfolg der Arbeit. Aber ebenso wenig wie der Supervisand den Erfolg seiner Arbeit „machen" kann, kann das der Supervisor oder sonst ein interventionsorientierter Berater. Er kann versuchen, Anstöße zu geben im Vertrauen darauf, dass sie entsprechend der Eigendynamik der vorgelegten Arbeitssituation Wirkung entfalten, im Vertrauen also auf die Selbstorganisation. Professionell gegebene Anstöße dieser Art nennt man Intervention. Interventionen enthalten immer den Hinweis auf die Selbstorganisation des Systems, in das man interveniert.

Wenn es um die Besonderheiten supervisionsfähiger Arbeit geht, dürfen wir an einen weiteren eingangs schon ausgeführten Aspekt erinnern und gestatten uns daher eine kontextgebundene Wiederholung: Primär und ausschließlich reflexive Tätigkeit, die über ihre eigene Professionalität verfügt, bedarf zwar der Supervision, führt aber nicht zur Entwicklung der Supervision als Beratungsform mit eigenständiger Professionalität. Erst wenn der reflexiven Arbeit ein *Rollenwiderspruch* hinzugefügt wird, oder genauer, wenn sich eine ursprünglich nicht als reflexiv angelegte Arbeit um einen reflexiven Anteil erweitert und somit in einen unauflösbaren Rollenwiderspruch (meist zwischen Kontrolle und Beratung) gerät, dann bedarf es der Supervision als eigenständiger Beratungsform mit ihrer unverwechselbaren Professionalität.[9]

Fast immer ist der Rollenwiderspruch gebunden an *Arbeit in einer Organisation* und hat entweder Auswirkungen auf diese, wie oben anlässlich der Entstehung der Supervision im Rahmen der Professionalisierung der Sozialarbeit beschrieben, wo durch das Dilemma der zwischen Beratung und Kontrolle schwankenden Sozialarbeiter ungeplante und in der Organisation nicht vorgesehene Turbulenzen in den Ämtern entstanden sind, die dann auch gleich zur Entwicklung der Teamsupervision geführt haben. Oder der Rollenwiderspruch ist seinerseits eine Folge der

---

9 Ausführlicher hierzu siehe Kapitel 2.2.

Bewegung, in die eine Organisation bzw. ein darin ausgeübter Beruf gerät. Supervision ist also vom Beginn ihrer Professionalisierung an Supervision in Organisationen, auch wenn sie diese Dimension ihrer Arbeit zunächst zwar nur registrieren, aber nicht professionell bedienen konnte – weil die von der Organisationsberatung auszuborgenden Perspektiven und Methoden noch nicht entwickelt waren.

Weitere wichtige Besonderheiten supervisionsfähiger Arbeit sind also ihr Organisationsbezug und die meist mit ihm verbundenen Rollenwidersprüche zwischen in unserem Sinn reflexiven und nicht reflexiven Anteilen der Tätigkeit. Wir finden diese Aspekte in fast allen Arbeitsbereichen, die sich in den letzten Jahrzehnten zunehmend anfällig für Supervision gezeigt haben. Fast überall finden wir triviale und nicht triviale Anteile der Arbeit miteinander verbunden, fast überall wird neben einer fachspezifischen oder kontrollierenden Tätigkeit hoch entwickelte soziale Kompetenz für den Erfolg der Arbeit verlangt. Man denke an die Berufe im Gesundheitswesen, an die Lehrer/innen, Führungskräfte (die immer auch noch hierarchische Vorgesetzte bleiben), an die Rechtsanwält/innen und Richter/innen usw. Alle müssen einerseits eine fachliche Tätigkeit ausüben, etwa Wissen vermitteln, Krankheit behandeln, Resultate erbringen. Andererseits können sie ihre Arbeit heute nur mehr erfolgreich ausüben, wenn es ihnen gelingt, die Beziehung zu ihrem beruflichen Gegenüber wie auch die gesamte Arbeitssituation in der Organisation mit psychologischer, sozialer und organisatorischer Kompetenz so zu gestalten, dass ihr Arbeitsziel erreicht wird und es ihnen möglich ist, weiter in ihrem Kontext tätig zu sein. Was diese zuletzt genannten Aspekte ihrer anspruchsvollen Tätigkeit betrifft, sind sie als Personen Teil der Situation, die sie gestalten und steuern sollen, und insofern ist ihre ganze Person in einem bisher für Arbeitsprozesse ungewöhnlichen Ausmaß gefordert. Einerseits ist sie mit ihren Affekten, ihrer Lebensgeschichte, ihren *Hang-ups* nicht mehr so leicht draußen zu halten, wie das in gut hierarchisch geregelten sachorientierten Arbeitsverhältnissen eher möglich war. Andererseits können sich die Arbeitsverhältnisse oft unerkannt bis tief in die Persönlichkeit auswirken.

3.4 Welche zentralen Kompetenzen brauchen Supervisoren?[10]

Unter Berücksichtigung der Eigendynamik der zur Supervision vorgelegten Arbeit des Supervisanden – also vorwiegend unter Berücksichtigung ihrer inneren Widersprüche, vor allem der Rollenwidersprüche, die sie den Arbeitenden abverlangt – ist es Aufgabe der Supervision, die *Auswirkungen* wahrzunehmen, welche

1. die seelischen Prozesse der Supervisanden,
2. die Interaktionsdynamik in der auszuführenden Zusammenarbeit sowie
3. die Organisation in ihren verschiedenen strukturellen und prozessualen Elementen

---

10 Zu den erforderlichen Kompetenzen von Supervisor/innen siehe auch Kapitel 4.4.2 und 4.5.2.

auf die Arbeit haben. Umgekehrt ist darauf zu achten, welche *Auswirkungen die Arbeit* ihrerseits auf die psychischen, interaktionellen und organisatorischen Strukturen und Prozesse hat.

Es ist weiterhin Aufgabe der Supervision, wahrzunehmen,

1. welche *Auswirkungen die Organisation* unter dem Fokus der vorgelegten Arbeit auf die Psyche der Arbeitenden und ihre arbeitsbezogenen Interaktionen hat,
2. welche *Auswirkungen die Interaktionen* auf Organisation und Psyche haben und
3. welche *Auswirkungen die Psyche* der Arbeitenden auf Interaktionen und Organisation haben.

In diesem Kontext soll Supervision helfen, *Handlungsalternativen* zu entwickeln, welche entweder die Fortsetzbarkeit der Arbeit oder eine andere Form von Erfolg ermöglichen. Schließlich müssen die Supervisor/innen in der Lage sein zu *entscheiden*,

1. ob die psychischen Prozesse der Supervisand/innen im Vordergrund ihrer Beratung stehen und ob dabei etwas anderes als Supervision angesagt ist – etwa Berufsberatung oder Psychotherapie –
2. oder ob die beruflichen Interaktionen und ihre Dynamik im Vordergrund stehen und ob zu ihrer Bearbeitung nicht etwas anderes nötig ist als Supervision – etwa ein gruppendynamisches Training, ein Workshop zum Teambuilding oder etwa Projektmanagement –
3. oder ob der Fokus auf der Dynamik der Organisation liegen sollte und ob oder wieweit das noch Aufgabe der Supervision sein kann oder nicht eines Settings und der Instrumente der Organisationsberatung bedürfte, die über die Möglichkeiten der Supervision hinausgehen.

Supervisor/innen müssen hierzu hochkarätige Spezialisten im Verständnis der komplexen Eigendynamik von solcher Arbeit sein, die sich im beschriebenen Sinne als supervisionsfähig und damit auch -anfällig erweist. Sie müssen zu diesem Zweck keine Psychoanalytiker/innen, Gruppendynamiker/innen oder systemische Therapeut/innen und Berater/innen sein. Das könnte – cum grano salis zu verstehen – sogar hinderlich sein, weil es in der unvermeidlichen Unsicherheit, welcher der Supervisor angesichts der Komplexität seiner Aufgabe ausgesetzt ist, zu einem inadäquaten, aber naheliegenden Versuch führen kann, seine Sicherheit wieder zu gewinnen: den vorgelegten Fall auf das zu reduzieren, was davon mit seinem primären Handwerkszeug, das er gut beherrscht, erfassbar ist. (Es müsste dabei gar nicht auffallen, dass er den Kontext gewechselt hat, denn sicher findet er mit seinem Instrumentarium ausreichend Material, dessen Bearbeitung sich lohnt, auch wenn es sich dabei nicht mehr um Supervision handelt.)

Vielmehr ist der Supervisor ein Spezialist im Schnittstellen- und Grenzmanagement von Arbeitsvorgängen. Er braucht gut fundierte Spezialkenntnisse zur Diagnose und Bearbeitung der hier beschriebenen Schnittstellen und Interdependenzen. Dazu wiederum reicht eine Ausbildung in einer der etablierten Therapie- oder Beratungsschulen nicht aus – auch wenn die Grundsätze ihres Theorieansatzes und ihres methodischen Vorgehens dem entsprechen, was der Gegenstand der Supervision zu seinem Verständnis und seiner Beratung verlangt, wie dies bei Psychoanalyse und systemischer Beratung exemplarisch der Fall ist.[11] Allerdings bedarf es zum fundierten Schnittstellen- und Grenzmanagement aus zwei für die Professionalität der Supervision wichtigen Gründen der Basiskenntnisse personenbezogener, interaktionsbezogener und organisationsbezogener therapeutischer bzw. beraterischer Theorie und Methodik: Supervisor/innen müssen erstens in der Lage sein, fundiert zu diagnostizieren, wieweit sie sich im Dienste des Gegenstandes der Supervision intervenierend auf eines dieser Felder und auf welches sie sich begeben sollen – und sie müssen in der Lage sein, das auch zu tun. Sie müssen zweitens professionell entscheiden können, ob es sich bei dem deklarierten Anliegen des Klienten oder bei dem, was sich im Lauf der Supervision herausstellt, überhaupt oder noch um Supervision handelt; und sie müssen entsprechend ihrer Differentialdiagnose auch gezielt Überweisungsvorschläge erarbeiten können.

Darüber hinaus muss ein Supervisor jedes Thema, das für seinen Gegenstand relevant ist, aufgreifen können. Mit der Veränderung der Arbeitswelt treten neue Themen in den Vordergrund, die gesteigerte Aufmerksamkeit verlangen.[12]

Natürlich ist es der Komplexität des Gegenstandes nicht mehr angemessen, Supervision im Alleingang, als einzelkämpferischer Freelancer auszuüben. Doch davon später.

3.5 Die „Haltung" des Supervisors: Ressourcenorientierung versus Defizitorientierung

Die Qualität von Supervision wird maßgeblich durch die Beratungshaltung des Supervisors mitbestimmt. Wenn man sich in Beratung oder Supervision begibt, so ist es naheliegend, dies wegen eines Problems zu tun, das man loswerden möchte. Zwar ist das nicht der einzige Grund für Supervision. Sie wird, wie schon erwähnt, auch in Anspruch genommen zum Zweck des Erwerbs oder der Vertiefung der berufsbezogenen reflexiven Kompetenz. Dennoch ist die Problemorientierung verbreitet und – zumindest auf Seiten des Kunden – legitim. Sie ist auch auf Seiten des Supervisors anzutreffen – scheint uns aber dort weniger legitim. Zwar erscheint die übliche Problemorientierung auch auf Seiten des Supervisors korrekt, wenn er dabei sorgfältig vorgeht: Diagnose des Problems, Aufspüren des wirklichen Mangels, der beseitigt gehört, des Defizits, das es zu beheben gilt. Liegt doch die Kunst des Profis darin, sich nicht durch das vom Kunden vorgelegte und als solches definierte Defizit beirren zu lassen, sondern zu untersuchen, ob es sich dabei nicht bloß um ein Symptom handelt, hinter dem sich ein tieferliegendes, gravierendes, größeres Problem versteckt. Solches Vorgehen entspricht einer (in unserer Kultur verbreiteten und auch in den Methoden der Beratung und Supervision tief verankerten) Tendenz, die Aufmerksamkeit auf die Beseitigung von Problemen, auf die Behebung von Mängeln auszurichten. Dabei spürt man weitere Probleme auf – mehr noch, man erzeugt in der Art ihrer Bearbeitung zusätzliche Probleme, ohne es zu merken. Demgegenüber erscheint es erfolgversprechender, eine Haltung – und

---

11 Siehe hierzu Kapitel 5.
12 Siehe hierzu Kapitel 3.6.8, 7 und 8.

dazugehörige Methoden und Techniken der Beratung – zu erwerben, die nicht am Defizit ansetzen, sondern an den Ressourcen.

Das kann Verschiedenes heißen. Es kann bedeuten, dass das vorgelegte Problem nicht als Defizit oder gar als Symptom für ein tieferliegendes und umfassenderes Problem und Defizit gesehen wird, sondern als kreative Leistung des Klienten, mit der er versucht hat, eine anstehende Aufgabe zu lösen. Denn selten produziert jemand mutwillig Probleme, jeder will etwas erreichen, lösen oder bewältigen. Nicht nur entdeckt man mit dieser verblüffenden und schon deshalb für den Klienten interessanten Redefinition des vorgelegten Sachverhaltes tatsächlich oft Ressourcen, die unter der Defizitorientierung nicht gesehen werden können – man fördert durch die Anerkennung der Leistung des Klienten auch seine Kooperation und erzeugt damit zusätzliche Energien.

Ressourcenorientierung kann aber auch heißen, man konzentriert sich in der Supervision nicht auf die vorgelegten Probleme und Defizite, die man dann umdefinieren muss, sondern man arbeitet von vornherein in Richtung Ausbau dessen, was ohnehin gelingt. Obwohl die Ressourcenorientierung der Supervision als eines der wichtigen Qualitätskriterien für sich spricht, muss man doch Gründe für diese Behauptung anführen: Die hier skizzierte Haltung entspricht dem Grundziel der Supervision, die Handlungsfähigkeit des Klienten zu stärken. Sie ist ein guter Schutz gegen die in beratenden oder helfenden Berufen immer lauernde Gefahr des Besserwissens und der Missionierung. Sie ist getragen von einem tiefen Respekt vor den Leistungen und Fähigkeiten des Klienten, die auch dort gesehen werden, wo deren Fehlen vorzuliegen scheint.

Beispielhafte Haltung und Grundannahmen:

- Menschen handeln nach ihrer inneren Landkarte.
- Menschen sind einzigartig und sollten entsprechend behandelt werden.
- Respektiere die Botschaften des Klienten und deine eigenen.
- Die Bedeutung einer Botschaft bestimmt immer der Empfänger.
- Die Probleme eines Menschen resultieren aus seinem Glaubenssystem (Herkunftsfamilie).
- Biete Wahlmöglichkeiten an, nimm sie nicht vorweg.
- Unterstütze die Selbstentfaltung des Klienten.
- Die Ressourcen zur Problemlösung liegen im Klienten selbst.
- Unbewusste Prozesse können in schöpferischer, intelligenter Weise arbeiten.
- Beziehungen sind wechselseitig, es gibt keine einseitige Kontrolle.
- Es muss herausgefunden werden, was die beteiligten Seiten eigentlich voneinander wollen (Auftrag).

Ein weiteres mit dieser Haltung verbundenes Kriterium für die Qualität eines guten Supervisors bzw. einer guten Supervisorin, das sich aber einer objektiven Überprüfung entzieht, weil es auf einer ganz anderen Ebene liegt, ist eine menschliche Haltung. Diese lässt sich nicht professionell erwerben und ist dennoch eine Voraussetzung aller Professionalität auf dem Gebiet der verschiedenen Beratungsformen: die grundlegende Akzeptanz des Klienten(systems), verbunden mit einem Interesse an den vorgelegten Situationen und einer Neugier. Das Instrument zur

Wahrnehmung dieses Qualitätskriteriums der Supervision ist das Gefühl des Klienten.

3.6 Qualitätskriterien von Supervision und Coaching

Über die bislang aufgezählten Qualitätskriterien hinaus sind die im Folgenden beschriebenen Aspekte und Prinzipien in der Supervision und im Coaching von Bedeutung. An ihnen können Kunden auch die Qualität des Beratungsangebotes und des Beratungsprozesses der Supervision erkennen.

Die allgemeine Kunst der Gesprächsführung des Supervisors, die ebenfalls ein Qualitätskriterium ist, kann als so selbstverständlich vorausgesetzt werden, dass sie keine besondere Erwähnung verdient.

3.6.1 Prinzip der durchgängigen Arbeitsbezogenheit der Supervision

Das Prinzip der durchgängigen Arbeitsbezogenheit der Supervision ist grundlegend und zur Ausschaltung von gängigen Missverständnissen von nicht zu unterschätzender Bedeutung. Denn zum Verständnis der vorgelegten Arbeitssituation wird es wichtig sein, sich dem Beitrag, den die arbeitende Person aufgrund ihrer psychischen Verfasstheit, ihrem Rollenverständnis, ihrer Kompetenzen leistet, ausreichend zuzuwenden. Das ist seinerseits ein weites Land. Wenn man es betritt, bietet es dem Betrachter eine derartige Komplexität, dass die Verführung groß ist, darin zu verweilen – insbesondere wenn man als Supervisor/in aus einem primär psychotherapeutischen Beruf kommt.

Zum Verständnis der vorgelegten Arbeitssituation gehört aber ebenso die Beobachtung der Eigendynamik beruflicher Interaktion. Auch das ist ein weites Feld, dessen Eigendynamik die Tendenz hat, die Reflexion ganz für sich in Anspruch zu nehmen – insbesondere wenn der Supervisor aus einem gruppendynamischen Beruf kommt. Es kann in solchen Fällen auch geschehen, dass man bei der Reflexion der Arbeit beginnt und bei rein gruppendynamischen Überlegungen endet, ohne den Weg zurück zur Arbeit zu gehen.

Ähnlich kann es gehen mit der Beachtung der Eigendynamik der Organisation. Sie ist für sich genauso komplex, so dass man leicht bei dem Versuch rein organisationsberaterischer Interventionen landet, womit man in der Supervision nur pfuschen kann. Ihr Setting erlaubt keine Organisationsberatung, auch wenn die Beobachtung der Auswirkung organisatorischer Sachverhalte auf die Arbeit für die Supervision von großer Bedeutung ist.

Auch die Isolierung der anderen Aspekte, also der Person und der Interaktion, führt in der Supervision zu Pfusch, bloß fällt in diesen Fällen der stillschweigende Wechsel des Kontextes der Beratung von der Arbeit zu einer ihrer relevanten Bedingungen nicht so unmittelbar auf, weil das Setting der Supervision sehr wohl erlaubt, psychotherapeutisch oder (in der Teamsupervision) gruppendynamisch zu intervenieren.

3.6.2 Berücksichtigung der Eigendynamik der Person

Auch wenn in der Arbeit Funktionsträger/innen miteinander interagieren, begegnen einander dabei Menschen. Der Anteil, den Personen aufgrund ihrer Charaktereigenschaften und ihrer vorhandenen oder mangelnden Fähigkeiten ihren Sachaufgaben zufügen, ist nicht zu unterschätzen. Dennoch erscheint es nicht nötig, zur Beachtung dieses Anteils besonders angeleitet zu werden. Man kennt vielmehr die Tendenz, die Ursache für auftretende Probleme und Konflikte in den meisten Arbeitsfeldern recht einseitig den Personen zuzuschreiben. Es geschieht auch dort, wo die anderen Qualitätskriterien der Supervision (Eigendynamik der Tätigkeit, der Interaktion und der Organisation) Priorität haben – wie das meistens der Fall ist. Das hängt neben der traditionellen Unantastbarkeit organisatorischer Sachverhalte auch damit zusammen, dass man Menschen sinnlich wahrnehmen und sich in sie einfühlen kann, dies mit Tätigkeiten, Interaktionen und Organisationen aber nicht so leicht gelingt.

Für uns ist jedoch die Gegentendenz interessanter: Sie besteht darin, die Eigendynamik der Person auszuschalten zugunsten der ausschließlichen Herleitung arbeitsbezogener sozialer Sachverhalte aus strukturellen Aspekten.

Als Versuch der Befreiung von der Gewohnheit, illegitime Schuldzuschreibungen an Personen vorzunehmen, und als Versuch, den anderen Aspekten zu ihrem Recht zu verhelfen, erscheint das verständlich. Es erscheint noch verständlicher und als besonders korrektes und professionelles Vorgehen in der Supervision, wenn man bedenkt, dass die Psychopathologie von Personen sich in der Arbeit vorwiegend dort breit und störend entfalten kann, wo strukturelle Mängel in der Organisation und in der arbeitsrelevanten Interaktion vorhanden sind. (Sogar wenn Personen Arbeitsprobleme verursachen, liegt der Grund dafür, dass sie das können, meist woanders und wird nicht etwa durch das Auswechseln der Personen behoben.) Es soll nicht unerwähnt bleiben, dass es auch einen taktischen Grund gibt, die Eigendynamik der Person in der Supervision (wie auch in anderen Beratungsformen, etwa der systemischen Therapie) zu Gunsten der Beachtung struktureller Aspekte zurückzustellen oder gar nicht zu thematisieren. Man kann das tun, um die Person zu entlasten und den Verdacht von Vorwürfen zu vermeiden (als die sich das hilfreich gemeinte Benennen personenbezogener Defizite oft entpuppt) und die Kooperationsbereitschaft und Handlungsorientierung des Klienten zu fördern. Ein solches taktisches Ausschalten der Eigendynamik der Person (etwa eines vom Supervisanden vorgestellten schwierigen Mitarbeiters, Kunden, Klienten usw.) lässt sich vermutlich daran erkennen, dass es vom Supervisor als solches deklariert und erklärt wird. Dennoch führt das grundsätzliche Ausschalten der Eigendynamik der Person zu einer Verkürzung des Situationsverständnisses – und daher auch zur Ausschaltung mancher Handlungsmöglichkeiten in der Supervision.

3.6.3 Berücksichtigung der Eigendynamik der beruflichen Tätigkeit des Kunden

Die Eigendynamik der beruflichen Aufgabe wird in der Supervision und im Coaching in ihrer Relation zu den Arbeitsbeziehungen der beteiligten Personen und der Organisation untersucht. Die jeweilige Besonderheit der beruflichen Aufgabe hat meist unerkannte und nicht immer brauchbare Auswirkungen auf die Arbeitsbeziehungen, auf die Kultur einer Organisation und auf die Arbeitshaltungen der jeweiligen Personen. Eine Organisation etwa, deren Aufgabe es ist, hoch spezialisierte technische Lösungen zu entwickeln, wird dazu tendieren, die internen Arbeitsabläufe ebenso wie Kooperationen und sonstige Arbeitsbeziehungen wie einen technischen Mechanismus zu gestalten und zu steuern. Dies erweist sich jedoch nicht immer als zweckdienlich. In einer Organisation hingegen, die primär personenorientierte Dienstleistungen zu erbringen hat, tritt die ohnehin weit verbreitete Organisationenfeindlichkeit verstärkt auf: Die relative Personenunabhängigkeit der Organisation wird als Personenfeindlichkeit erlebt und die Organisation daher oft wie ein Arbeitshindernis bekämpft.

Für ein traditionelles Verständnis von beruflicher Tätigkeit ist nicht unmittelbar einsichtig, weshalb ihre erfolgreiche Durchführung der Reflexion ihrer Eigendynamik bedarf bzw. weshalb eine solche, scheinbar mit einigem Aufwand verbundene Reflexion ihrer Optimierung dienen sollte. Lenkt sie nicht vielmehr von der zielstrebigen Produktion von Ergebnissen in der Arbeit ab? Wäre die Zeit, die sie in Anspruch nimmt, nicht besser ins weitere Arbeiten investiert? Stellt Reflexion dieser Art nicht einen Gegensatz zum beruflichen Handeln dar? Ist es nicht eine gehobene Form von Nichtstun, von erschlichener Pause?

Die Bedeutung der Eigendynamik der jeweiligen beruflichen Tätigkeit, die häufig viel zu wenig Beachtung in der Supervision findet, wird im folgenden Beispiel deutlich: Einem vorgelegten Konflikt zwischen Produktion und Verkauf in einem Betrieb z. B. wird man erst dann gerecht werden können, wenn man sowohl die einander entgegengesetzten Logiken der beiden Tätigkeitsbereiche vor Augen hat als auch über ein Verständnis ihrer Interdependenz verfügt. Der Verkauf verlangt von seinen Mitarbeiter/innen eine kommunikative Haltung, zu der die Bereitschaft gehört, immer ein bisschen mehr zu versprechen, als man halten kann, z. B. was Liefertermine betrifft. In der Produktion braucht es ein hohes Qualitätsbewusstsein, Genauigkeit, einen klaren Zeitplan. Hat man nicht gelernt, auf solche Unterschiede in der Logik der Tätigkeiten zu achten, und versteht man nicht, dass sie aufeinander angewiesen sind, so wird man versucht sein, den unvermeidlichen Konflikt zwischen ihnen auf der Personen- oder Interaktionsebene zu erfassen, und man wird mit Sicherheit auch genügend Anhaltspunkte dazu finden, wenn man darauf aus ist. Aber man wird so zu keinem befriedigenden Verständnis des strukturellen Konfliktes gelangen und nicht helfen können, ihn nachhaltig zu managen.

Vielen beruflichen Tätigkeiten, die der Supervision zugeführt werden, entsprechen bei den Personen, die sie ausüben, Haltungen, die (oft unerkannt) weit über den Tätigkeitsbereich, in dem sie angebracht sind und verlangt werden, hinausreichen und sodann unbrauchbare Wirkungen entfalten. Das klassische Beispiel in unserer Kultur ist die Ausbreitung der Methoden der mathematischen Naturwissenschaften auf alle Bereiche der Wissenschaft, auch auf jene, deren Forschungsgegenstand sie in keiner Weise angemessen sind. Weil sie in ihrem angestammten Bereich, der experimentellen Physik zu derart eleganten Lösungen geführt haben und derart brauchbare technische Produkte ermöglicht haben, die uns das Leben in weiten Bereichen einfacher machen, besteht die verständliche Bemühung, etwa auch in Bereichen des psychischen und sozialen Lebens mit diesen Methoden zu Erkenntnissen und quasi technischen Lösungen zu kommen, womit man eher Unheil anrichtet, als Erleichterung verschafft. Ähnliches gilt für die jüngsten Versuche, alle Bereiche sozialer Realität mit ökonomischen Methoden auf ihre Effizienz und Brauchbarkeit hin zu untersuchen, was in solchen Bereichen, die nicht auf Gewinn ausgelegt sind, wie etwa in menschlichen Beziehungen und manchen Bereichen sozialer Hilfeleistung (die von ihrer Anlage her ökonomisch wenn überhaupt auf etwas, so auf Verlust aufgebaut sind), destruktive Wirkung entfaltet.

Die Eigendynamik vieler Tätigkeiten, die sich der Supervision unterziehen, führt häufig zu ähnlichen Übertragungen einer Art, Probleme zu lösen, auf Problembereiche, denen sie nicht angemessen ist. Da dies meist unerkannt geschieht, werden für die so entstehenden neuen Probleme Zuschreibungen konstruiert und Lösungsversuche unternommen, die ihrerseits nur zur weiteren Vermehrung der Probleme beitragen. Sind Supervisoren nicht in der Lage, diese Arten der „Übertragung" zu erkennen und sichtbar zu machen, so werden sie Teil des Problems, statt zu seiner Lösung beizutragen.

3.6.4 Berücksichtigung der Eigendynamik der beruflichen Interaktion

Gegenüber der Personalisierung von Phänomenen in der beruflichen Arbeit stellt es einen Fortschritt dar, wenn Interaktionsmuster Beachtung finden. Manche Probleme, die in der Supervision vorgelegt werden, lassen sich tatsächlich aus der Eigendynamik beruflicher Interaktion verstehen. Woran kann man erkennen, dass diese Eigendynamik in der Supervision zu ihrem Recht kommt? Man kann es etwa daran erkennen, dass nicht versucht wird, die Interaktion aus der Psychodynamik der beteiligten Personen oder aus dem Beitrag einer von ihnen abzuleiten (indem man vielleicht klären möchte, wer angefangen hat). Zwar sind die Personen an der Bildung eines Interaktionsmusters beteiligt, aber es ist nicht durch ihre Persönlichkeit determiniert – es hätte bei denselben Persönlichkeiten genauso gut anders ausfallen können. Wenn es jedoch einmal entstanden ist, wirkt es quasi selbstständig weiter. Will man zu seiner Veränderung beitragen, so hat es daher keinen Sinn, bei der Charakterstruktur der Personen oder auch bei ihrem Verhalten anzusetzen. Es reicht, wenn sie ihren Beitrag zur Interaktion an manchen kritischen Punkten so abwandeln, dass die anderen darauf nicht mehr in der gewohnten Art antworten können und somit ein neues Muster entstehen kann. Der Supervisor muss also in der Lage sein, der Eigendynamik der Interaktion zwischen den agierenden Personen gerecht zu werden. Diese auf ein Verständnis von Kommunikationsstrukturen zielende Sicht ist oft für die zu Personalisierungen neigenden Supervisanden so neuartig und lehrreich, dass darüber leicht übersehen werden kann, wie selten sich die Besonderheiten von Arbeitssituationen allein aus der Interaktionsdynamik ableiten lassen. Sie sind ebenso durch die Eigendynamik der Aufgabe mitbestimmt wie durch die Eigendynamik der Organisation. Hat der Supervisor dafür keinen geschulten Blick, dann kann er lange Zeit allein auf der Ebene der Interaktion versuchen, eine vorgelegte Arbeitssituation in ihren Besonderheiten zu verstehen; und er wird von seinen Supervisanden ausreichend Resonanz erhalten. Denn die Arbeit auf der Beziehungsebene spricht die Gefühle der beteiligten Menschen an, kompensiert die kühle Sachlichkeit und Funktionalität der Arbeit und mildert die Isolation und mangelnde emotionelle Integration der Personen. Sie spricht das Gruppenbedürfnis des Menschen an. Letztlich stellt sich heraus, dass ein solches

Vorgehen, wenn es die Supervision dominiert, wenig beiträgt zu einem angemessenen Verständnis beruflicher Interaktionen. Der meist weiterhin „akzeptierte" Supervisor erhält dennoch die Rechnung für das Missverständnis, das er genährt hat – und zwar erhält er sie in der Währung des Missverständnisses. Es wird ihm etwa vermittelt, dass er sehr bemüht, wohlwollend und verständnisvoll sei, aber genauso ohnmächtig gegenüber den ungreifbaren Mächten der Arbeitswelt wie seine Klienten. Diese Mächte sind die Dimensionen der beruflichen Aufgabe und der Organisation, die in der Konzentration der Supervision auf die Interaktionsebene anonym geblieben sind.

3.6.5 Berücksichtigung der Eigendynamik der Organisation

Seitdem Organisationen aufgehört haben, fixe dauerhafte, stabile und unveränderliche Gebilde zu sein, sondern in immer rasantere, unberechenbare Bewegung geraten sind, gleichzeitig immer mehr Arbeit, die der Supervision vorgelegt wird, in Organisationen verrichtet wird, spielt die Reflexion organisatorischer Zusammenhänge in der Supervision eine zentrale Rolle.[13] Die Eigendynamik organisatorischer Prozesse und Strukturen verdient in der Supervision aus zwei Gründen besondere Aufmerksamkeit: Es gibt erstens ausreichend Möglichkeiten und Verführungen, sie zu übersehen. Und zweitens übt sie einen mächtigen Einfluss auf die anderen hier genannten Aspekte, also auf Gestaltung der Arbeitsaufgabe, auf berufliche Interaktion und auf die Person aus – im Durchschnitt mehr Einfluss auf diese Aspekte als sie ihrerseits auf die Organisation haben.

Warum übersehen oder ignorieren wir diesen Aspekt in der Supervision auch dann so leicht, wenn wir seine Wichtigkeit betonen? Zwei Gründe seien dafür genannt: Erstens sind Organisationen traditionell mit einem Tabu der Reflexion belegt. Die Hierarchie hat als „heilige Ordnung" ihre Struktur, ihre institutionalisierten Prozesse, die festgelegten Linien der Interaktion und Kommunikation als nicht hinterfragbare Wahrheit dargestellt. Reflexion birgt immer die Gefahr der Destabilisierung der reflektierten Verhältnisse. Man kann durch sie auf die Idee kommen, dass es auch anders ginge, dass es also nicht um ewige Wahrheiten, sondern um veränderbare Möglichkeiten geht. Dieses Tabu der Organisation ist heute zwar nicht mehr funktional, wirkt aber dennoch weiter, obwohl Organisationen selbstreflexiv geworden sind: Die lernende Organisation, die sich in permanenter Veränderung befindet, kann nur mehr über die Reflexion ihrer internen Verhältnisse und der Beziehung zu ihren relevanten Umwelten in der Lage bleiben, ihre Aufgaben erfolgreich zu meistern.

Zweitens gibt es eine weit verbreitete Tendenz, Organisation als abgeleitetes System zu betrachten – als soziales System, das sich aus der Dynamik der beteiligten Personen und ihrer Interaktion verstehen lässt. Supervisor/innen teilen diese reduktionistische Sicht mit ihren Klient/innen deshalb, weil sie häufig ihre primär berufliche Sozialisation in personen- oder interaktionsorientierten Beratungsformen erhalten haben. Insbesondere wenn sie unsicher werden in der Analyse der organisatorischen Dimensionen eines Falles, werden sie gerne auf die gut beherrschten Ebenen ihrer Professionalität zurückgreifen.

---

13 Siehe hierzu Kapitel 4.

Wenn man etwa Konflikte, die sich aus der Dynamik der Über- und Unterordnung ergeben, durch Rückgriff auf die Besonderheit der beteiligten Persönlichkeiten zu verstehen sucht, so mag das unmittelbar entlastend sein – im Sinn der Frage: „Wer ist schuld?" – aber es wird wenig zum Verständnis des Problems beitragen. Wenn man Reibungsverluste, die sich aus der Interdependenz von Tätigkeiten, die einer sehr unterschiedlichen Logik folgen müssen, wie z. B. Produktion und Verkauf, Innen- und Außendienst, aus der Interaktionsdynamik der Personen abzuleiten versucht, mag man etwas treffen, was zwar offensichtlich vorhanden, aber doch meistens erst die Folge eines unvermeidlichen organisatorischen Widerspruchs ist. Wenn man das Unbehagen eines Supervisanden mit seiner Arbeit aus seinen psychischen Dispositionen oder aus unzureichender Kommunikation am Arbeitsplatz ableiten möchte, es sich aber um den Niederschlag gravierender, aber ebenso unvermeidlicher Rollenwidersprüche handelt, so wird man sicher immer fündig werden, und der Klient wird einiges über sich und seine Umgebung lernen – aber er wird sein Problem nicht angemessen verstehen können.

3.6.6 Wahrnehmung der Interdependenz der verschiedenen Aspekte und Prinzipien und Umgang damit

In der Supervision und im Coaching steht die Bemühung im Mittelpunkt, die Interdependenz der Aspekte der Person, der Interaktion, der beruflichen Tätigkeit des Kunden und der Organisation in der supervidierten Arbeit zu erfassen. Das ist nicht immer leicht. Solange der Fokus auf die Arbeitssituation gerichtet bleibt, kann man sich in die eine oder die andere Richtung etwas weiter bewegen – zentral bleibt, dass die Funktion sichtbar wird, die dieser Ausflug für ein Verständnis der Arbeitssituation und für die Erweiterung der Handlungsfähigkeit des Klienten hat. Obwohl es im Zusammenhang der Aspekte der Person, der Interaktion des Kunden und der Organisation keine linearen Kausalitäten gibt, neigen wir immer dazu, solche zu konstruieren, um in unseren Erklärungen die Komplexität zu reduzieren. Diese Neigung nutzend, kann es aus pragmatischen Gründen hilfreich sein, in der Supervision folgendermaßen vorzugehen:[14]

1. Man sieht sich als erstes die Eigendynamik der Tätigkeit an, die zur Beratung ansteht, und versucht, sie primär unter dem Aspekt organisatorischer Sachverhalte und Widersprüche zu verstehen. Die Phänomene, die auf der Personen- und Interaktionsebene wahrgenommen werden, können als abgeleitete Symptome begriffen werden.
2. Nur wenn man auf diesem Weg zu keinem brauchbaren Ergebnis gelangt, versucht man als nächstes, zu einer Diagnose auf der Interaktionsebene zu gelangen, sucht nach Mustern, Kollisionen und ähnlichem.
3. Wenn man auch hier nicht fündig wird, und nur dann, zieht man die immer bereit liegenden psychischen Konstellationen der beteiligten Personen als Ursache für eine schwierige Konstellation in der Arbeit in Erwägung. Der Rückgriff auf die Personen empfiehlt sich sozusagen als Notlösung, wenn man auf den anderen Ebenen zu keinem Ergebnis kommt.

---

14 Zum methodischen Vorgehen siehe auch Kapitel 4.5.3, zum Verhältnis von Methoden und Gegenstand der Supervision siehe Kapitel 5.

Natürlich ist das hier vorgeschlagene Vorgehen geleitet von einer pragmatisch ausgerichteten theoretischen Konstruktion, die der Interdependenz der genannten Aspekte nicht gerecht wird. Aber sie hat sich in mehrfacher Hinsicht in der Erfahrung als eine brauchbare Konstruktion erwiesen: Erstens entlastet solches Vorgehen die beteiligten Personen von Zuschreibungen, die leicht als Vorwürfe aufgefasst werden können und dementsprechend Verteidigungsmaßnahmen mobilisieren: Das vorgelegte Arbeitsproblem wird nicht als Folge von Mängeln und Defiziten in ihren Leistungen, in ihrem Verhalten und ihren Interaktionen (wie etwa mangelnde Einfühlung, Kampf und Konkurrenz) aufgefasst. Vielmehr wird der Versuch unternommen, ihr Verhalten (und vielleicht auch ihr Erleben) als Niederschlag struktureller Verhältnisse in der Organisation zu verstehen. Allein dadurch stärkt man die Motivation der Klient/innen zur Mitarbeit und zur Selbstorganisation in der Bewältigung der in der Supervision vorgelegten Fragen. Sogar wenn, was immer anzunehmen ist, der entsprechende kommunikative Beitrag der Personen zur Entstehung und möglichen Eskalation einer Problematik vorhanden ist, verliert er durch eine solche organisationsbezogene Konstruktion für die Zukunft praktisch an Gewicht, und man kann der Verführung entgehen, sich in der Supervision zu viel mit der Psychologie der Personen zu beschäftigen.

Zweitens ist das hier vorgeschlagene Vorgehen ressourcenorientiert. Es versucht, auftretende Arbeitsschwierigkeiten und Konflikte als Phänomene zu verstehen, die innerhalb der Organisation und aus ihrer Logik heraus einen Sinn ergeben. Sie werden als Lösungen wichtiger organisatorischer Fragestellungen und oft unvermeidlicher struktureller Widersprüche gesehen, die auf der Personen- und Interaktionsebene Kosten verursachen. Die Frage stellt sich dann, wie man die Lösung derart optimieren kann, dass die Kosten geringer ausfallen.

Drittens trägt unser Vorschlag, mit einem organisationsbezogenen Verständnis der Arbeitssituation zu beginnen und die auftretenden Schwierigkeiten auf den anderen Ebenen als Auswirkung organisatorischer Sachverhalte zu begreifen, der meist größeren Macht der Organisationen Rechnung. Die Pathologie von Personen kann sich erst dann in der Organisation entfalten, wenn ihre formellen Strukturen und arbeitsbezogenen Abläufe nicht den zu lösenden Aufgaben angemessen ausgebildet und abgesichert sind. Das ist oft der Fall. Aber gerade dann gilt es, innerhalb der Handlungskompetenz des Klienten an den Strukturen und Abläufen anzusetzen, um nachhaltige Lösungen zu finden.

Alle diese Aspekte verdienen in Supervision und Coaching nur insoweit Beachtung, als sie dem besseren Verständnis der vorgelegten Arbeitssituation dienen. Das kann dazu führen, dass sich die Supervision immer wieder recht weit in Richtung Reflexion der Person, der Interaktion oder der Organisation bewegt. Gerät auf diesem Weg allerdings der Zusammenhang zur vorgelegten Arbeitssituation, also zum „Fall" außer Sicht, so besteht die Gefahr, dass unter dem Titel von Supervision oder Coaching der Versuch unternommen wird, etwas anderes zu tun – entweder psychotherapeutische Beratung, gruppendynamisches Training oder Organisationsanalyse. Davon war schon die Rede, allerdings geschieht das derart häufig, dass es hier noch einmal genauer ausgeführt werden soll.

Oft richtet sich der Wechsel nach der primären professionellen Kompetenz des Supervisors. Er weicht oft unüberlegt dorthin aus, wo er meint, besonders kompetent zu sein. So beginnen Supervisoren, die aus der psychotherapeutischen Profession kommen, sich etwa dann mehr in die Analyse personenbezogener Aspekte zu vertiefen, wenn ihnen der Niederschlag organisatorischer Sachverhalte im vorgelegten Fall nicht zugänglich ist, wohl aber die Auswirkungen dieser Sachverhalte in der Person und ihrem Verhalten ins Auge springen. So werden Gruppendynamiker sich dann besonders den Interaktionsspielen auf der Beziehungsebene zuwenden, wenn sie die Eigendynamik der Tätigkeitsbereiche nicht mehr sehen. Und Organisationsberater werden den Sinn organisatorischer Widersprüche hochstilisieren, wenn ihnen der Zugang zu den Besonderheiten der Personen fehlt. Das kommt häufiger vor als man es als Supervisor oder auch als Kunde merkt. Denn oft verführt er selbst dazu und ist eine Zeitlang mit dem Wechsel sehr zufrieden, bis er schließlich entdeckt, dass er weder in seiner deklarierten und vereinbarten Zielsetzung weiterkommt, noch auch sein heimlicher Auftrag erfüllt werden kann. Ein solcher illegitimer Wechsel des Beratungskontextes rächt sich spätestens dann, wenn man auf diejenigen heiklen Punkte stößt, die meist den Anlass zum Kontextwechsel haben. Dann besinnen sich die Kunden wieder auf den Kontrakt, wollen in den verlassenen Kontext zurück und lassen so den Supervisor in keinem der Kontexte seine Kompetenz entfalten. Denn in den neuen begibt der Supervisor sich meist, wenn er im angestammten Kontext nicht weiterkommt.

3.6.7 Multiprofessionelle Kooperation

Mit ihrem Gegenstand und den limitierten Möglichkeiten ihres Settings ist die Supervision eine hoch spezialisierte Beratungsform. Damit ergeht es ihr wie den meisten Professionen in unserer Gesellschaft. Sie verfügt über einen sehr beschränkten Bereich professionellen Handelns, wird aber mit Fragestellungen konfrontiert, die sich nicht an die Grenzen der Profession halten. Die Anliegen des Klienten sind häufig umfassender als das, was die Supervision mit ihrem Handwerkszeug bearbeiten kann. Ganz analog geht es den anderen Professionen. Damit erscheint eine grundsätzliche Grenze der Professionalisierung erreicht. Nicht dass die Professionalisierung keine Fortsetzung erfahren, keine weitere Spezialisierung in allen Disziplinen hervorgebracht würde, aber damit die Professionalität in der Spezialisierung erhalten bleiben kann, muss ihr ein neues Prinzip hinzugefügt oder vorangestellt werden: multiprofessionelle Kooperation (Buchinger 1999a). Das soll etwas genauer ausgeführt werden.

Man kann die soeben genannte Diskrepanz zwischen den Möglichkeiten der eigenen Profession und den Fragestellungen des Klienten verschieden beantworten:

- Entweder man geht nach der Methode vor: „Wer einen Hammer hat, für den ist alles ein Nagel", kümmert sich nicht um eine klare Auftragsgestaltung, tut einfach so, als wäre jedes Anliegen, das einem eröffnet wird, eines für die eigene Profession, und sieht, wie man damit zu Rande kommt. Das wäre zwar eine Antwort, die häufiger gewählt wird, als selbst die Supervisor/innen meinen, die sie wählen. Aber sie wäre nicht professionell.
- Man kann auch die Einsicht haben, dass es sich nicht um einen Fall für Supervision handelt, und den Klienten einfach weiterschicken. Er soll sehen, wo er landet. Das wäre zwar unfreundlich, aber man würde sich in einem solchen Fall wenigstens auf seine Professionalität beschränken, sich davor hüten zu pfuschen. Doch professionell wäre die Antwort auch nicht. Man hätte den Klienten zumindest in Bezug auf die Frage, was seinem Anliegen dienen könnte, nicht professionell beraten.

- Die dritte und, wie uns scheint, einzig professionelle Antwort würde darin liegen, in einem ersten, der Supervision vorgelagerten Schritt – von dem manche meinen, es wäre der erste in der Supervision – eine brauchbare Differentialdiagnose zu stellen. Dabei wäre nicht nur zu klären, ob das Anliegen des Klienten eines für die Supervision ist oder nicht, sondern wenn es das nicht ist, auch eine brauchbare Indikation zu stellen, also herauszuarbeiten, in welcher Profession das Anliegen gut aufgehoben wäre.

Nun stellt sich die Frage, ob ein Supervisor, der weder Psychotherapeut ist noch Organisationsberater noch Fortbildner und Trainer, den Klienten darin qualifiziert beraten kann, welches Verfahren für sein Anliegen indiziert ist, wenn nicht Supervision. Will man das entsprechend der Ausdifferenzierung des Beratungsfeldes heute professionell tun, so muss das in drei Schritten geschehen:

- Erster Schritt: Gespräch des Supervisors mit dem Klienten, Exploration des Anliegens.
- Zweiter Schritt: Einberufung einer Teamkonferenz mit Vertretern der in Frage kommenden angrenzenden Beratungs- bzw. Fortbildungsprofessionen mit dem Ziel, eine Differentialdiagnose und eine Indikation möglichst im Konsens zu erstellen.
- Dritter Schritt: Besprechung des Supervisors mit dem Klienten zur Entwicklung eines angemessenen Beratungsvorschlags und, wenn angesagt, Überweisung an eine benachbarte Profession.

Ein solches Vorgehen ist nur möglich bei gut organisierter multiprofessioneller Kooperation. Gut organisiert heißt hier, sie darf nicht dem einzelnen Fall überlassen werden, sondern bedarf einer Form der Institutionalisierung, etwa der Zusammenarbeit in kleinen entsprechend zusammengesetzten Instituten, Netzwerken oder Firmen.

Das scheint auch aus einem andern Grund nötig: Immer mehr Klienten aus dem Umfeld der Supervision, also dort, wo Arbeit der Beratungsgegenstand ist, präsentieren dem Berater Anliegen, die ein gut organisiertes Zusammenspiel verschiedener professioneller Dienstleistungen zu ihrer Bewältigung brauchen. Vor allem Fragestellungen der Organisationsberatung sind häufig derart komplex, dass ihre Beantwortung den koordinierten Einsatz verschiedener professioneller Instrumente verlangt, wie etwa Fortbildung, Supervision und Coaching, Mediation, Teambuilding, Krisenintervention, Projektsteuerungsklausuren usw. In solchen Kontexten ist Supervision eines von mehreren Instrumenten der Organisationsberatung. Man kann folgenden Schluss ziehen:

> Die Professionalität jedes auch noch so qualifizierten Beratungsprofis ist heute nur mehr in gut organisierter multiprofessioneller Kooperation gewährleistet. Ohne sie kann der beste Professionelle nicht einmal mehr sein eigenes Geschäft ausreichend professionell ausüben. (Man denke an den besten Chirurgen, der ohne Internisten, Pathologen, Anästhesisten zu operieren versuchte. Es wäre seine letzte Operation vor dem Berufsverbot.)
> Praktisch heißt das für die meisten Beratungsprofessionen und insbesondere für die Supervision: Ende des bestenfalls lose vernetzten Einzelkämpfertums,

Ende des Freelancertums aus Gründen der Aufrechterhaltung der eigenen Professionalität. Die Zukunft ihrer Professionalität – die Erhaltung der Professionalität und Arbeitsfähigkeit jedes einzelnen ihrer Mitglieder und die Möglichkeit, professionelle Dienstleistungen am Markt zu erbringen – liegt wahrscheinlich in kleinen multiprofessionell und multimethodisch ausgerichteten Netzwerken, Firmen, Beratungsgemeinschaften, in denen die relevanten benachbarten Professionen vertreten sind (Buchinger 1999a, 2003a).

Damit entsteht ein neuer Reflexions- und Supervisionsbedarf von beruflicher Zusammenarbeit. Das wäre doch eine schöne Kompensation, welche besonders die Supervision für den Verlust ihrer Scheinselbstständigkeit erhielte.

3.6.8 Themenkompetenz: mit den Veränderungen der Arbeitswelt verbundene neue Themen

Supervisor/innen müssen über die Umsetzung der genannten Qualitätskriterien hinaus über eine besondere Themenkompetenz im Hinblick auf die durch die Veränderungen der Arbeitswelt entstandenen neuen Themen verfügen. Für die Supervision sind dazu adäquate theoretische Kenntnisse und methodische Kompetenzen erforderlich. Zu den neuen Themen zählen insbesondere:

- Arbeit und Gesundheit
- Identität und Handhabung der Mehrfachidentitäten
- Balancing (work-life)
- Ethik und die Produktion von Sinn
- Selbstorganisation oder das Verhältnis von Autonomie und Vorgabe
- Konfliktmanagement: Widersprüche und Konflikte als Ressource
- Genderkompetenz

Arbeit und Gesundheit

Der in der Arbeitswelt zunehmende Rationalisierungsdruck erzeugt auf allen Gebieten die Anforderung, in immer kürzerer Zeit immer mehr zu leisten. Verbunden mit der ebenfalls zunehmenden Arbeitsplatzunsicherheit und dem Anspruch, jederzeit zu einschneidenden beruflichen Veränderungen bereit zu sein, wächst der Stress. Psychische Belastungen, Burn-out und psychosomatische Erkrankungen nehmen zu. Das Thema ist inzwischen so aktuell, dass viele Betriebe im Dienste der Erhaltung der Arbeitsfähigkeit ihrer Mitarbeiter/innen Gesundheitsvorsorge betreiben. Sie sind zudem – ausgehend durch die von der Kommission der Europäischen Union veröffentlichten Strategie zur „Anpassung an den Wandel von Arbeitswelt und Gesellschaft" – gesetzlich zu Maßnahmen zur Betrieblichen Gesundheitsförderung verpflichtet. Auch in der Supervision tritt das Thema (Betriebliche) Gesundheitsförderung vermehrt auf (Freitag-Becker, Rudolph & Klinkhammer 2005).[15] Es ist

---

15 Siehe hierzu auch supervision 3/2005 „Mensch, Arbeit, Organisation".

daher sinnvoll, über Zusammenhänge von Arbeit und Gesundheit differenzierter Bescheid zu wissen, die Konzepte und Instrumentarien zur Betrieblichen Gesundheitsförderung grundlegend zu kennen (Bertelsmann Stiftung & Hans Böckler Stiftung 2003, Bamberg, Ducki & Metz 1998, Ilmarinen & Tempel 2002) und die Bedeutung von Supervision in diesem Kontext einordnen zu können. Berater und Supervisoren sollten auch z. B. den Beginn von Burn-out-Prozessen diagnostizieren können und darauf achten, dass in sehr belastenden Arbeitssituationen ausreichend Gegengewichte zur Arbeit aufgebaut werden (Linneweh 2002).

Die Beschäftigung mit Fragen der beruflichen Identität und Handhabung von Mehrfachidentitäten des Kunden[16]

Herkömmliche berufliche Identitäten – etwa der einmalige Erwerb einer Profession und ihre lebenslange Vertiefung und Verfeinerung – lösen sich tendenziell auf. Die mangelnde Bereitschaft, seinen Beruf immer wieder zu wechseln, stellt heute ein ernsthaftes Karrierehindernis dar. Man muss in der Lage sein, seine berufliche Identität immer wieder neu zu entwerfen, ohne sich dabei an vorbildhafte „Schablonen" halten zu können. Das ist eine hoch reflexive Aufgabe, deren sich die Supervision in einem höheren Ausmaß als jemals zuvor wird annehmen müssen. Aber nicht nur mit der Notwendigkeit, berufliche Identität immer neu und autonom zu entwerfen, wächst der Supervision ein neuer Inhalt zu, auch die schon erwähnte Zunahme von Rollen- und Aufgabenwidersprüchen innerhalb der Berufe erhöht den Anspruch an dauerhafte Reflexion. Eine besondere Art von Widerspruch trifft in diesem Zusammenhang immer mehr Professionen, die ohnehin schon reflexiv sind, und daher ein Stammklientel der Supervision darstellen. Sie sind nun dabei, um eine anspruchsvolle Reflexionsaufgabe reicher zu werden. Sie müssen – ebenso wie die Supervisoren selbst[17] – immer häufiger professionsübergreifend kooperieren, um der angestammten Aufgabe der eigenen Profession gerecht werden zu können. Die Organisation der professionsübergreifenden Kooperation erhält also gegenüber der Profession einen übergeordneten Stellenwert. Das verlangt von den Professionen völlig neue Haltungen (z. B. Identifikation mit dem eigenen Fach bei gleichzeitiger Relativierung seiner Bedeutung, soziale Kompetenz, die nun zur Voraussetzung der Möglichkeit wird, den eigenen Beruf auszuüben usw.). Der Anspruch an die Reflexivität der Professionen erreicht hier ein Ausmaß und eine Tiefe, die noch gar nicht recht ausgelotet erscheint, und konfrontiert den Supervisor mit Aufgaben, die er nur bewältigen kann, wenn er den Schwenk von der Priorität der eigenen Professionalität zur Priorität der Organisation professionsübergreifender Kooperation selbst vollzogen hat.

Die Beschäftigung mit Fragen des Balancing (work-life)

Wenn die berufliche Identität tendenziell die gesamte Identität bestimmt, wenn es im Gegensatz dazu immer unsicherer wird, ob man in der Arbeitswelt seinen Platz wird behalten können, wird es wichtig, eine Gegenwelt zur Berufswelt aufzubauen und mit einem wesentlichen Aspekt der Identität in dieser nicht beruflichen

---

16 Siehe hierzu auch Kapitel 7.
17 Siehe hierzu Kapitel 3.6.7.

Gegenwelt verankert zu sein. Balancing wird damit ein legitimes Thema der Supervision. Der Ausgleich verschiedener Lebensbereiche hat zwar unabhängig von der Reflexion beruflicher Arbeit einen Wert im Leben; aber er spielt auch eine wichtiger werdende Rolle im Dienst der nachhaltigen Erhaltung und sogar Erhöhung der Arbeitsfähigkeit. Wir meinen, dass ein guter Supervisor heute auch daran zu erkennen ist, ob er solche Reflexionen anstößt und anregt und ob er ihren Stellenwert für die Supervision, die sich weiterhin an der beruflichen Arbeit des Klienten orientiert, sichtbar machen kann.

Gegenwelten gegen die Dominanz funktionsorientierter Systeme: Ethik und die Produktion von Sinn[18]

Das Ziel der Supervision liegt ganz im Trend unserer Gesellschaft: Die Arbeitsfähigkeit des Klienten zu vermehren, heißt auch, sich um die Bedingungen für besseres Funktionieren zu sorgen. Damit kann es geschehen, dass die Supervision der Tendenz folgt, alles auf seine Funktionalität für anderes hin, das wiederum eine Funktion hat, zu betrachten und, wenn möglich, darauf zu reduzieren. Das Paradox dieser Perspektive besteht darin, dass sie, einmal absolut gesetzt, sich ad absurdum führt und mittel- oder langfristig das Gegenteil von dem bewirkt, worauf sie aus ist. Die Reduktion auf Funktionalität zerstört Sinn, und das Fehlen von Sinn behindert seinerseits auf Dauer das Funktionieren. Denn ein Ziel, mit dem man sich identifizieren kann und das nicht wieder nur Mittel zu einem weiteren Zweck ist, also altmodisch gesagt, Sinn mobilisiert Energie, ist das beste Zugpferd für Leistung. Auch ein Paradox: Sinn ist nur dann Zugpferd, wenn er nicht zu diesem Zweck produziert wird. Sinn als Mittel zum Zweck geht nicht.

Wegen dieser Tendenz der Reduktion von allem auf seine Funktionalität wächst das Bedürfnis, Sinn zu produzieren und Gegenwelten gegen eine bloß funktionsorientierte Arbeitswelt aufzubauen. Fragen der Ethik tauchen überall auf. Dies allerdings nicht im Sinne einer Tugendlehre oder gar eines nach Prioritäten gereihten Werte-Katalogs. Vielmehr ist die Frage der Werte und der ethischen Entscheidungen im beruflichen Handeln situationsangemessen zu beantworten. Ethik ist eine reflexive Angelegenheit. Daher werden Werte in der Supervision mehr und mehr Thema, wobei vor allem Konflikte zwischen Werten in beruflichen Entscheidungen eine Rolle spielen. (Ist es „sinnvoll", im Dienste der Erhaltung von Arbeitsplätzen auf Gewinn zu verzichten? Oder ist es ethisch, menschliche Schicksale zu produzieren, um den Betrieb am Leben zu erhalten und damit längerfristig noch mehr menschliche Schicksale zu vermeiden? Solche und ähnliche Fragen gehören zum Führungsalltag.)

Selbstorganisation oder das Verhältnis von Autonomie und Vorgabe[19]

Berufliche Identitäten sind aus mehrfach schon angedeuteten Gründen derart in Bewegung geraten, dass sie zur reflexiven Daueraufgabe werden und damit ein zentrales Thema in der Supervision darstellen. Auch das Verhältnis von beruflicher und „privater" Identität verschiebt sich in der Folge. Die Distanz zur beruflichen

---

18 Siehe hierzu auch Kapitel 6.1 und 7.
19 Zu Autonomie und Integration als Wert siehe auch Kapitel 6.1.3.

Identität, die wichtig geworden ist, um beruflich flexibel sein zu können, braucht einen Fixpunkt (Keupp & Höfer 1997, Keupp 2004). Dies setzt – zum Zweck des Überlebens im beruflichen Alltag – die Entwicklung von Autonomie in einem bisher unbekannten Ausmaß voraus. Gleichzeitig ist man mit immer mehr Vorgaben konfrontiert. Zur Selbstorganisation gehört es hier, dass man sich nicht der Illusion hingibt, man könne sich täglich neu, sozusagen aus dem Nichts hervorbringen, wie es die Power-Seminare gelegentlich nahelegen. Selbstorganisation und Autonomie heißt, unter genauer Beachtung der Realität und der mehr oder weniger verbindlichen Vorgaben, eigene Lösungen für sich selbst und für die Arbeit zu schaffen – eine hoch reflexive Aufgabe.

Konfliktmanagement: Widersprüche und Konflikte als Ressource[20]

Von Beginn der Entwicklung der Supervision an war das Verständnis von Rollenwidersprüchen in der Arbeit von zentraler Bedeutung. Inzwischen haben sich die strukturellen Widersprüche auf allen der Beratung zugänglichen Ebenen vielfältig ausgebreitet – nicht zuletzt in den Fragen der Werte. Beratung muss ihre Aufmerksamkeit gezielt darauf lenken. Ein fundiertes Konfliktverständnis und Konzept von Widersprüchen als Ressource ist gefragt. Es gilt, ein Verständnis dafür zu entwickeln, dass das Auftreten von Konflikten in einer gesellschaftlich ausdifferenzierten Situation häufiger ein Zeichen dafür ist, dass alles in Ordnung ist, als das Gegenteil. Dies bedarf auch der geschulten Fähigkeit, im Einzelfall eine korrekte Diagnose zu fällen und an der Entwicklung von Lösungsphantasie und -methoden mit dem Klienten zu arbeiten (Schwarz 1999). In diesem Zusammenhang lässt sich ohne großen Aufwand eine allgemeine Ressourcenorientierung einüben.[21] In der Beratung wird sehr schnell sichtbar, ob der Berater über ein entsprechendes Konfliktverständnis verfügt, ob er dessen Vermittlung als einen durchgängigen Schwerpunkt seiner Arbeit sieht, ob er zwischen vermeidbaren und unvermeidbaren bzw. unaufhebbaren Konflikten unterscheiden kann und ob er an der Erarbeitung eines differenzierten und situationsangemessenen Repertoires von Methoden des Konfliktmanagements mit seinen Klienten arbeitet. Ohne einen solchen Schwerpunkt läuft die Beratung Gefahr, oberflächlich zu bleiben.

Gender und die Geschlechterverhältnisse[22]

Der Einbezug des Geschlechtes und der Geschlechterverhältnisse in den Beratungsprozess nimmt zu. Gender bzw. Genderkompetenz ist eines der neuen Themen in Supervision, Coaching und Organisationsberatung, denn diese wirken im gesamten Beratungsprozess und auf allen Ebenen sowohl bei den Klient/innen als auch bei den Berater/innen durchgängig mit.

---

20 Zu Konflikten in Teams und Konfliktmanagement als Wert siehe auch Kapitel 4.5.2 und 6.1.3.
21 Siehe hierzu auch Kapitel 3.5.
22 Siehe hierzu auch Kapitel 8.

3.7 Wer ist Klient bzw. Kunde von Supervision und Coaching?[23]

Klient bzw. Klientensystem können all jene berufstätigen Personen, Gruppen von berufstätigen Personen bzw. Organisationseinheiten sein, zu deren wesentlichen Aufgaben es gehört, ihre beruflichen Beziehungen zu anderen Personen, Gruppen oder sonstigen sozialen Systemen (wie Organisationen oder deren Subsysteme) so zu gestalten, dass der Erfolg ihrer Arbeit dadurch wahrscheinlicher wird. Es handelt sich also um Funktionsträger oder soziale Systeme, zu deren beruflichen Aufgaben die Gestaltung beruflicher Beziehungen gehört, in die sie selbst involviert sind. Generell kann man sagen, dass potentielle Klienten für Supervision und Coaching auch überall dort zu finden sind, wo die zu bewältigenden beruflichen Aufgaben derart komplex geworden sind, dass sie nicht mehr in Einzelarbeit oder per Anweisung erfüllt werden können, die nötigen beruflichen Interaktionen nicht mehr derartig eindeutig institutionell geregelt oder festgelegt sind, wie es in funktionierenden Hierarchien der Fall war. Zu den Klienten gehören also Führungskräfte, Teams, alle mit Projektarbeit befassten Personen und Stellen, Personen und soziale Systeme mit Kundenkontakt sowie Lehrer, Ärzte, Rechtsanwälte, Beamte mit Publikumsverkehr usw.

3.8 Wie finde ich einen guten Supervisor oder Coach?

Diese Frage zielt in drei Richtungen: Einmal stellt sich die Frage, wie man generell Supervisoren und Coachs findet. Zweitens kann man sich fragen, wie man einen für sich geeigneten Supervisor oder Coach findet. Zudem kann man nach Qualitätskriterien für Coaching und Supervision fragen. Einige Antworten auf die Frage nach solchen Qualitätskriterien wurden bereits dargestellt.[24] Ergänzend dazu bietet die Beratungstheorie einige zusätzliche relevante Qualitätskriterien (Buchinger 2001a, Fatzer, Rappe-Giesecke & Looss 2002). Auch bei berufsständischen Vertretungen und Gesellschaften, die in ihren Aufnahmekriterien für Personen und Ausbildungsinstitute entsprechende Standards festlegen, kann man fündig werden.[25] Insofern

---

23 Wir benutzen die Begriffe Kunde, Klient, Supervisand und Coachee gleichlautend für die Rolle derer, die Supervision und Coaching in Anspruch nehmen.
24 Siehe dazu Kapitel 3.6.
25 Führend ist die Deutsche Gesellschaft für Supervision (DGSv), gegründet 1989. Im Coaching-Bereich haben sich kürzlich erst zahlreiche und miteinander konkurrierende Organisationen gegründet, so z.B. der Deutsche Bundesverband Coaching e. V. (DBVC), gegründet 2004, der Deutsche Verband für Coaching und Training e. V. (dvct), gegründet 2003, die Interessensgemeinschaft Coaching (IGC), gegründet 2002, der Qualitätsring Coaching und Beratung, das Coaching Portal der Deutschen Psychologen Akademie. Im internationalen Bereich existieren die European Coaching Association e. V. (ECA), gegründet 1994, die International Association for Supervision e. V. (EAS), gegründet 2001, sowie der Austrian Coaching Council, gegründet 2002.

kann ein Kriterium für einen guten Berater die Mitgliedschaft in einem berufsständischen Verband oder Zertifizierung durch ein anerkanntes Mitgliedsinstitut sein. In der Regel sind dort Datenbanken teils mit ausgewiesenen und differenzierten Kompetenzprofilen vorhanden.

Größere Organisationen insbesondere der Wirtschaft bieten z. B. über die Personalentwicklung die Vermittlung von Supervisoren und Coachs an. Sie tritt oft als beratende Dienstleisterin für an Supervision und Coaching interessierte Mitarbeiter auf. Sie berät bei der Wahl der richtigen Personalentwicklungsmaßnahme sowie insbesondere bei der Auswahl des passenden Supervisors oder Coaches. Des Weiteren liegt ihre Aufgabe im Controlling, das heißt in der Sicherstellung der Qualitätsstandards im Coachingprozess. Teilweise führt sie auch Erstgespräche mit den Coachees oder Auswertungsgespräche nach Abschluss des Beratungsprozesses. Idealerweise legen Organisationen Standards für Coaching und Supervision fest, anhand derer sich Nachfragende, Vermittler und Berater orientieren können.

Zum Teil sind von den jeweiligen Organisationen zuvor überprüfte und ausgewählte Supervisoren und Coachs in sog. Pools aufgenommen, aus denen ausgewählt werden kann. Einige Personalentwickler arbeiten mit Dreiecks- oder Viereckskontrakten, d. h. dass sie den Kontrakt formal und inhaltlich mitgestalten oder Erstgespräche mit den Coachees selbst führen. Weitere Möglichkeiten, einen geeigneten Coach und Supervisor zu finden, sind persönliche Empfehlungen, die Recherche im Internet, in Büchern oder Fachzeitschriften sowie Vorträge.

Bei der Suche und Auswahl nach einem Supervisor oder Coach ist neben dessen Kompetenzprofil und Beratungserfahrung auch die Sympathie wichtig. Hier gilt es insbesondere, der eigenen Intuition und dem Gefühl zu vertrauen. Auch kann bei der Auswahl das Geschlecht eine Rolle spielen.

Bringt sie/er ausreichende institutionelle, psychologische und fachliche Kenntnisse, Kompetenzen und Erfahrungen mit?	☐
Welche Erfahrung hat sie/er mit Coaching- oder Supervisionsprozessen? Benennt sie/er Referenzen?	☐
Über welche Feldkompetenz verfügt sie/er?	☐
Arbeitet sie/er nach bestimmten Standards? In welchen berufsständischen Institutionen ist sie/er Mitglied? Über welche Zertifikate oder Anerkennungen verfügt sie/er?	☐
Macht sie/er eine klare Beschreibung und Definition des eigenen Beratungsangebots?	☐
Werden Regeln und formale Rahmenbedingungen der Zusammenarbeit thematisiert? Verpflichtet sie/er sich zur Verschwiegenheit?	☐
Macht sie/er unrealistische Versprechungen wie zum Beispiel Erfolgsgarantien?	☐
Gibt es ein (kostenloses) Vor- oder Sondierungsgespräch? Wurden im Vor- oder Sondierungsgespräch das Ziel und die Rahmenbedingungen des Coaching bzw. der Supervision angesprochen?	☐
Bietet sie/er Transparenz im Hinblick auf die angewandten Methoden, Vorgehensweise, das Beratungsverständnis und das ihm zugrunde liegende Menschenbild?	☐
Ist sie/er in Beraternetzen eingebunden und hat sie/er selbst regelmäßig Supervision, Intervision oder kollegiale Beratung?	☐
Benennt sie/er offen die Grenzen ihrer/seiner Arbeit in Bezug auf das Thema sowie in Bezug auf die Personen?	☐
Benennt sie/er klar ihre/seine unterschiedliche Rolle z. B. gegenüber der Personalentwicklung als Mitauftraggeber und dem Coachee (Dreieckskontrakt)?	☐
Habe ich das Gefühl, mit meinem Anliegen und meiner Person bei ihr/ihm gut aufgehoben zu sein? Kann sie/er mich in meinen konkreten Fragestellungen unterstützen?	☐
Sagt mir die Arbeitsweise und Person des Coach bzw. der Supervisorin so zu, dass es mir das Gefühl vermittelt, dass diese Zusammenarbeit Aussicht auf den gewünschten Erfolg hat?	☐
Habe ich das Gefühl, es könnte sich eine gute und vertrauensvolle Zusammenarbeit entwickeln?	☐
Gestaltet sich die Terminabsprache mit ihr/ihm schwierig?	☐
Ist das Beratungsangebot preislich angemessen?	☐
Besteht auf allen Seiten Bereitschaft zur Zusammenarbeit und Vertraulichkeit?	☐

Abb. 3.1: Checkliste zur Coach-Auswahl

3.9 Rahmenbedingungen erfolgreicher Supervision und erfolgreichen Coachings: Kontrakt und Setting

Supervision und Coaching finden auf Basis eines oft auch schriftlich abgefassten Vertrages statt, in dem die zu erbringende Dienstleistung zwischen Berater und Klient geregelt wird. Es gilt, ein klar definiertes Arbeitsverhältnis zwischen Berater und Klient herzustellen mit eindeutigen Vereinbarungen und einem klaren Arbeitsauftrag, der sowohl dem Ort als auch dem Ziel der Arbeit angemessen ist.

Die Phase der Kontraktgestaltung kann differenziert werden in den formalen Kontrakt, in dem auch rechtliche und finanzielle Aspekte geregelt werden, und den psychologischen Kontrakt, der auf der Beziehungsebene Grundlagen des Arbeitsbündnisses klärt. Im Einzelnen ist eine Vielzahl von Aspekten zu berücksichtigen, die wir in den nachfolgenden Checklisten zusammengestellt haben.

In der Vorphase der Beratung, die idealtypisch der Kontraktphase vorausgeht, in Realität oft jedoch parallel verläuft, gilt es, das Anliegen zu explorieren und zu sondieren, ob die angefragte Beratungsform Supervision bzw. Coaching überhaupt für die vorliegende Situation oder Konstellation adäquat erscheint.[26] In Anfangssituationen werden die für den gesamten Beratungsprozess maßgeblichen Fundamente gelegt, die psychologische Kontraktierung beginnt sozusagen vom Erstkontakt an (Billmeier et al. 2005).

Der psychologische Kontrakt beinhaltet die Art der Beziehungsgestaltung, z. B. konkrete Spielregeln des Umgangs miteinander, Erwartungen und Befürchtungen, die ideologische Orientierung wie z. B. Schulenzugehörigkeit, Ausbildungshintergrund des Coach.

Teil des psychologischen Kontraktes können auch „verdeckte Aufträge" sein, die bereits in der Vorphase z. B. im Zuge der Nachfrageanalyse seitens des Coach zu beleuchten und im Laufe des Beratungsprozesses mit einzubeziehen sind.

Setting ist definiert als der institutionalisierte Rahmen für die Beratungsbeziehung. Mit Ort der Arbeit ist die relevante Umgebung gemeint, in welcher die Beratung stattfindet. Gehört die Organisation dazu, was häufig der Fall ist, dann gilt es, die Durchführung der Arbeit durch einen klaren Kontrakt in der Organisation zu ermöglichen und abzusichern (*Dreieckskontrakt*). So sollte man beispielsweise klarstellen, ob der Klient, der Supervision und Coaching in Anspruch nimmt, auch der Auftraggeber ist. In Organisationen ist häufig beides nicht miteinander identisch, da der Auftraggeber manchmal eine vorgesetzte Stelle des Klienten ist. In diesem Fall muss der Kontrakt mit beiden, dem Auftraggeber und dem Klienten, geschlossen werden. Außerdem gilt es, die Präsenz dieser Beratungsform in der Organisation sichtbar zu machen und abzusichern. Dies kann gewährleistet werden, indem man an möglichst prominenter Stelle in der Organisation über das Stattfinden, die Aufgabe und den Inhalt des Coaching informiert. Zum „Ort" der Supervision oder des Coaching in der Organisation gehört es auch, dass es traditionell keinen Ort hat. Daher gilt es besonders in Organisationen, diese heikle professionelle Tätigkeit zu schützen, indem man –

---

26 Siehe hierzu Kapitel 3.6.7.

gerade durch einen adäquaten Kontrakt – möglichst störungsfreie Bedingungen ihrer Durchführung herstellt. Im Kontrakt sollten insbesondere folgende Punkte berücksichtigt werden:

- Es ist immer sinnvoll, einen klaren Fokus, eine konkrete Zielformulierung der gemeinsamen Arbeit, d. h. eine klar limitierte Aufgabenstellung zu formulieren sowie Überlegungen anzustellen, woran der Klient erkennen könnte, ob das Ziel der Beratung erreicht wurde oder nicht. Man kann ihn zu diesem Zweck z. B. beschreiben lassen, was nach einem gelungenen Supervisionsprozess für ihn anders wäre. Hilfreich zur Gestaltung der konkreten Zielvereinbarung ist z. B. das „Smart-Prinzip":

Tipps zur Zielvereinbarung nach dem *SMART*-Prinzip

S   Schriftliches Fixieren von Vereinbarungen.

M   Messbare Ziele und Kategorien definieren.

A   Attraktive, d. h. positive Formulierung der Ziele.

R   Realistischer zeitlicher, finanzieller und organisatorischer Rahmen für die Umsetzung der Ziele.

T   Konkrete Termine und „Meilensteine" zur Umsetzung vereinbaren.

- Über die klare Zielsetzung hinaus gilt es, eine limitierte Anzahl von Sitzungen zu vereinbaren (meist zwischen fünf bis zehn Sitzungen). Nicht zeitlich limitierte Arbeitsaufträge verführen dazu, mehr in Richtung Selbsterfahrung zu gehen und sich weniger auf die Bearbeitung und Reflexion von Arbeitssituationen zu konzentrieren. Auch wenn der Klient kein Arbeitsproblem zum Anlass für Supervision und Coaching nimmt und es ihm (ressourcenorientiert) eher um die Auffrischung oder Steigerung seiner Fähigkeit zu arbeitsbezogener Selbstreflexion geht, dann und gerade dann ist es sinnvoll, den Arbeitsauftrag zu limitieren. Darüber hinaus bleibt es unbenommen, am Ende eines Arbeitsvertrages einen weiteren, ebenso limitierten Arbeitsauftrag mit neuem Fokus auszuhandeln.

Checkliste Kontrakt

Inhalte des formalen Kontraktes

- Anzahl, Dauer und Abstand der einzelnen Sitzungen sowie Gesamtdauer des Beratungsprozesses
- Ort und Raum
- „Setting" und beteiligte Personen
- Schweigepflicht des Beraters
- Haftungsfragen
- Höhe des Honorars oder sonstiger entstehender Kosten, z. B. Reisekosten
- Modalitäten der Rechnungsstellung und Zahlungsweise
- Modalitäten für Kündigung oder Terminabsagen

Rechtliche Aspekte des Kontraktes

- Grundsätzlich gilt Vertragsfreiheit: Vertragsparteien können jede beliebige Leistung vereinbaren, solange sie nicht gegen gültige Gesetze oder gegen gute Sitten verstoßen.
- „Allgemeine Geschäftsbedingungen" können dem jeweiligen Kontrakt beigefügt werden.
- Bundesdatenschutzgesetz (BDSG): Schutz personenbezogener Daten ist zu beachten.
- Supervisions-Kontrakt ist ein Dienstvertrag (§ 611 BGB).
- Dreieckskontrakt: Vertragspartner und Supervisand nicht personidentisch.
- Arbeitgeber können im Rahmen des Direktionsrechtes zur Inanspruchnahme von Supervision oder Coaching verpflichten.
- Schweigepflicht des Beraters vertraglich vereinbaren; Schweigepflicht gilt nicht, wenn das öffentliche Interesse an der Offenbarung das Interesse des Beraters an Verschwiegenheit überwiegt.
- Mitteilungspflicht des Beraters beschränkt sich – falls nicht anders vereinbart – nur auf Rahmendaten (d. h. ob die Sitzung stattgefunden hat und wer anwesend war).
- In Verfahren vor den Zivil-, Arbeits-, Sozial- und Verwaltungsgerichten besteht ein Zeugnisverweigerungsrecht des Beraters, in Strafverfahren jedoch nicht.

Der psychologische Kontrakt: die Konstruktion der Beratungsbeziehung

- Art der Beziehungsgestaltung und Rollenklärung: Arbeit auf gleicher Ebene, neutrale Haltung des Beraters
- Konkrete Spielregeln des Umgangs miteinander
- Gegenseitige Erwartungen und Befürchtungen
- Möglichkeiten und Grenzen von Supervision und Coaching
- Ideologische Orientierung wie z. B. Zugehörigkeit zu psychologisch-psychotherapeutischen Schulen, professioneller Hintergrund des Beraters
- Prüfung persönlicher Sympathien oder Antipathien
- Bildung einer vertrauensvollen, auf gegenseitiger Akzeptanz basierenden Beratungsbeziehung
- Formulierung der ursprünglichen und aktuellen Zielsetzung des Coachee und seiner Vorgesetzten; Vereinbarung zum Umgang mit Zielmodifikationen
- Wahrnehmung und Thematisierung „verdeckter Aufträge", Bereitschaft und Fähigkeit zur Mitarbeit des Kunden: Freiwilligkeit, Veränderungsbereitschaft, Verantwortungsübernahme, „funktionstüchtige Selbstmanagementfähigkeit", Grenzen der Supervision und des Coachings
- Festlegung des Settings: wer, wann, wo, wie lange, wie oft?
- Vereinbarung zum Datenschutz
- Offenheit und Transparenz
- Vereinbarung über Bedenkzeit und weitere Schritte

Stolpersteine und „Fallen" in der Kontraktphase

- Zielsetzung des Coachee oder/und Auftraggebers sind unrealistisch und überhöht.
- Berater sagt zu schnell zu oder ist abhängig vom Auftrag.
- Rahmenbedingungen passen nicht.
- Beratungsform Supervision bzw. Coaching ist zur Erreichung der Ziele ungeeignet.
- Supervision bzw. Coaching soll delegiertes Leitungsproblem lösen.
- „Verdeckte Aufträge" werden übersehen, vergeblich an Präsentierproblemen gearbeitet und nur die „Spitze des Eisberges" gesehen.
- Rollenklärung zur Arbeit auf gleicher Ebene gelingt nicht: Supervisor gerät in die Rolle des „besseren Vorgesetzten", des „väterlichen Ratgebers" bzw. der „mütterlichen Ratgeberin", des „Allheilmittels" oder des „verlängerten Armes des Vorgesetzten".
- Coachee übernimmt keine Verantwortung für die Veränderung seiner beruflichen Situation.
- Supervision bzw. Coaching wird missbraucht, z. B. bei Mobbing oder Kündigungsverfahren.
- Supervision bzw. Coaching wird als Instrument zur negativen Sanktionierung bewertet.
- Coachee wird als defizitär behandelt.
- Auf die aktuelle Situation und Befindlichkeit des Kunden, z. B. Krisensituation, wird nicht adäquat reagiert.
- Symptome und Ursachen werden miteinander verwechselt.
- Mangelnde Offenheit und Transparenz, z. B. Vorwissen des Supervisors wird verschwiegen.
- Es entsteht der Eindruck, dass Berater und Auftraggeber „in einem Boot" sitzen; Parteilichkeit des Supervisors.

3.10 Supervision und ihre Grenzen

Grenzen können in mehrfacher Hinsicht bedeutsam sein. Offensichtlich bedeutet Grenze eine Einschränkung. Sie definiert, was zu einer Sache gehört und was nicht. In diesem Sinne ist es wichtig, die Grenzen der Supervision zu bestimmen, denn sie bewegt sich in einem dicht besetzten und heiß umkämpften Markt der Beratung. Und wenn sich die vielen Beratungsformen wirklich sinnvoll voneinander unterscheiden, dann ist es nachteilig, sich aus Unklarheit über ihre Grenzen im Gebiet der anderen Beratungsformen zu platzieren.

Über ihre Limitation schaffen Grenzen auch Identität. Erst durch ihre Grenze erhält eine Sache ihre charakteristische Form, an der sie sich zu erkennen gibt. Paradox formuliert: Dort, wo etwas aufhört zu sein, fängt es an, es selbst zu sein. Auch in diesem Sinn ist es nützlich, sich über die eigenen Grenzen klar zu sein.

Schließlich besorgen Grenzen gleichzeitig mit der Trennung, die sie herstellen, das Gegenteil von Trennung, sie verbinden mit der angrenzenden, für die eigene Gestalt Form gebenden Umgebung.

Obwohl diese drei Funktionen von Grenze nicht voneinander zu trennen sind, unterscheiden sie sich doch erheblich voneinander und erhalten im Prozess der Entwicklung einer Sache jeweils einen anderen Stellenwert. Solange eine Beratungsform erst dabei ist, sich in ihrer Identität herauszubilden, wird die Abgrenzung von der Umgebung im Vordergrund stehen. Entdeckt sie dann, dass ihr Gebiet im Vergleich zu den Nachbarn relativ klein ausgefallen ist, so wird sie wahrscheinlich versuchen, sich etwas auszudehnen und über die noch nicht ganz klaren Grenzen in die Nachbargebiete einzufallen. Erst wenn solchen Unternehmungen der Erfolg versagt bleibt – sei es durch Gegenwehr der Nachbarn, sei es durch Überforderung – ist man gezwungen, die Identität innerhalb der eigenen Grenzen zu festigen. In der Folge schließlich zeigt sich die Grenze in ihrer Bedeutung als Kontakt- und Verbindungslinie, und man kann beginnen, sie als solche zu pflegen. Die Grenzen der Supervision im Sinne der identitätsbildenden Limitation sind vielfältig.

Grenzen im Gegenstand

Die für die Identität der Supervision bemerkenswerteste Grenze liegt in der Definition ihres Gegenstandes.[27] Man kann es nicht oft genug betonen: Gegenstand der Supervision ist nicht die Person, das Team, die Interaktion oder die Organisation. Gegenstand der Supervision ist und bleibt die Arbeit. Zieht man diese Grenze nicht ganz scharf, dann werden die Übergänge zu anderen Beratungsformen wie etwa zur Psychotherapie, zur Gruppendynamik, zur Organisationsberatung, gelegentlich zur Fortbildung fließend. Das dient keiner der hier in Frage stehenden Beratungsformen. Erst wenn die Grenze scharf gezogen wird, kann ein sinnvoller Übergang hergestellt werden. Etwa indem der Supervisor feststellt, dass die vorgelegte Fragestellung eher in der Psychotherapie, in der Gruppendynamik oder der Organisationsberatung zu behandeln wäre. Es wurde oben schon ausgeführt, warum die Grenzziehung in Supervision und Coaching schwierig ist: Weil zum Verständnis der Arbeit alle drei Dimensionen, also die Person, die Interaktion und die Organisation von Bedeutung sind.

Begrenzung durch die Methoden

In ihrer methodischen Abhängigkeit von den anderen Formen der Beratung und deren Schulen liegt eine weitere Grenze der Supervision. In ihrer methodischen Differenzierung ist sie limitiert durch den Stand der Entwicklung der anderen Beratungsformen.[28] Natürlich profitiert sie auch von deren methodischer Weiterentwicklung, aber das ist die andere Seite. Supervision muss methodisch noch eine andere Begrenzung in Kauf nehmen, die mit der Komplexität ihres Gegenstandes zu tun hat. Kein Supervisor kann das gesamte in den verschiedenen Beratungsformen bereit liegende methodische Repertoire beherrschen – nicht einmal dann,

---

27 Siehe hierzu Kapitel 3.1, 3.3 und 3.6.
28 Zum Verhältnis von Methoden und Gegenstand der Supervision siehe Kapitel 5.

wenn er in seiner primären Profession ein Vertreter einer dieser Formen in einer ihrer Schulen ist, z. B. ein systemischer Organisationsberater oder ein Psychoanalytiker. Er steht unter der hohen Anforderung, aus den Beratungsformen und am besten auch aus den verschiedenen Schulen Methoden gezielt auszuwählen – unter dem Primat der Bedeutung für seinen Gegenstand. Daraus muss er sich seinen Methodenmix basteln – die allgemeine Kunst der Gesprächsführung des Supervisors ist selbstverständlich. Am geeignetsten dafür scheint uns eine nicht schulbezogene Ausbildung. Auch für diese schwierige Aufgabe darf die Bedeutung des Gegenstandes der Supervision und seine genaue Fassung nicht unterschätzt werden. Erst das klare Bewusstsein der Eigenständigkeit des Gegenstandes der Supervision erlaubt es, die geeignete Auswahl eines Methodenmixes als Anforderung zu sehen, mit der die Identität der Supervision gefestigt wird und die jeder Supervisor individuell zu treffen hat, um seine supervisorische Identität zu konstruieren.[29]

Grenzen im Wirkungsbereich

Die Limitierung des Wirkungsbereichs der Supervision durch Gegenstand und Methoden ist konstitutiv für die Identität der Beratungsform. Darüber hinaus ist die Supervision noch einer anderen Begrenzung unterworfen, die aufgrund ihres Gegenstandes besonders sensibel ist und die durch ihr Setting gezogen wird. Ihr Setting sieht eine zeitlich limitierte Beratung von Arbeit vor, die sich auf Einzelpersonen oder auf Teams beschränkt. Ziel und Ergebnis der Beratung müssen sich auf die Arbeitsfähigkeit der Einzelpersonen oder des Teams beschränken. Die Problematik der vorgelegten Arbeit würde aber zu ihrer angemessenen Lösung häufig koordinierte Aktivitäten in größeren Einheiten und Zusammenhängen in der Organisation erfordern.

Nehmen wir an, eine Führungskraft legt in der Supervision ihr Problem mit der „Faulheit" eines qualifizierten Mitarbeiters vor, die organisationsbezogene Analyse bringt zu Tage, dass die sog. Faulheit des Mitarbeiters der Niederschlag eines organisatorischen Widerspruchs ist, der auf der Personenebene in Erscheinung tritt. Der Mitarbeiter sollte kleine überschaubare Projektteams für zeitlich limitierte Aufgaben autonom zusammenstellen, scheitert aber dabei am hierarchischen Widerstand, der ihm von allen Seiten entgegengebracht wird. Also versucht er so zu arbeiten, dass er nicht an die Grenzen der Organisationskultur stößt. Er versucht, alles allein zu machen, und kommt damit nicht zu Rande. Was als individuelle Faulheit erscheint, ist nicht nur kein Defizit, sondern der Versuch, den Widerspruch zwischen Arbeitsauftrag und hierarchischer Kultur der Organisation zu lösen. Eine solche organisationsbezogene Analyse des Problems könnte eine Beratung der Organisation mit dem Versuch, die Organisationskultur zu verändern, nahelegen. Das ginge aber weit über die Handlungsfähigkeit der Führungskraft und auch über die Möglichkeiten der Supervision hinaus. Es würde ein anderes Setting und Design der Beratung verlangen, könnte Aufgabe einer Organisationsberatung sein, zu der es im Rahmen der Supervision keinen Auftrag gibt.

Derartige Limitationen ihres Wirkungsbereichs können in der Supervision häufig erlebt werden. Der Hinweis auf die Grenzen der Beratungsform, auf die Ohnmacht des Klienten oder auf die Brauchbarkeit einer Organisationsberatung rei-

---

29 Siehe hierzu auch Kapitel 7.3.

chen dann nicht aus. Es gilt in der Supervision, die Grenzen der beschränkten Handlungsfähigkeit des Klienten auszuloten und seine Handlungsmöglichkeiten zu entwickeln, auch wenn sie von geringerer Reichweite sind als erwünscht. Oft sind sie größer als vermutet.

Stößt man in der anderen Richtung auf Grenzen, welche die supervisorische Arbeit der Reflexion psychischer Probleme steckt, so liegt es wenigstens im Entscheidungsbereich des Klienten, sich in psychotherapeutische Behandlung, die man ihm empfehlen könnte, zu begeben oder nicht.

Marktspezifische Grenzen: Image

Die Herkunft der Supervision aus dem Bereich der Sozialarbeit hat sie, wie schon gesagt, im Verlauf ihrer Ausbreitung in andere gesellschaftliche Felder nicht überall mit einem positiven Image ausgestattet. Nun ist zwar in immer mehr gesellschaftlichen Feldern der Bedarf an Reflexion von Arbeit gestiegen, und die Supervision könnte die erforderlichen professionellen Dienstleistungen dort ebenso erbringen wie in ihrem Ursprungsgebiet. Aber sie stößt in manchen Bereichen auf Kulturen, an die sie mehr wegen ihres Images als wegen ihrer Leistungsfähigkeit und ihrer fachlichen Grenzen nur schwer anschlussfähig ist.

4   Institution und Organisation im Wandel

Supervision, Coaching und Organisationsberatung finden im Kontext von Institutionen und Organisationen statt. Diese bilden den Rahmen und sind relevanter Aspekt oder auch direkt Gegenstand von Beratungsprozessen. Der in letzter Zeit festzustellende grundlegende Wandel von gesellschaftlichen Institutionen und Organisationen ist von höchster Relevanz für eben diese Beratungsprozesse. Im Folgenden stehen daher der Wandel von Institutionen und Organisationen und dessen Auswirkungen für Supervision und Coaching im Zentrum. Zu diesem Zweck gehen wir auf den Prozess der Entinstitutionalisierung ein. Anschließend stellen wir das Konzept der Expertise (im Sinne von Expertenschaft und nicht von Gutachten) des Nicht-Wissens dar.

Im nächsten Teil stellen wir dar, inwiefern es erforderlich ist, ein neues Organisationsbewusstsein zu entwickeln.

Am Beispiel von Wirtschaftsorganisationen veranschaulichen wir dann die Auswirkungen des organisatorischen Wandels auf die Supervision und gehen schließlich der Frage nach, welche Qualifikationen für Supervision und Coaching im Kontext von Organisation erforderlich sind.

Im letzten Teil befassen wir uns – mit einem kritischen Blick – mit der Teamsupervision als besonderer Form der Supervision in Organisationen.

4.1   „Entinstitutionalisierung" und ihre Folgen für Personen und soziale Systeme[1]

4.1.1   Entinstitutionalisierung – zum Begriffsverständnis

Der vagen alltäglichen Verwendung des Institutionsbegriffs folgend, hätten wir bis vor kurzem den gewählten Titel dieses Kapitels bedenkenlos und ohne Anführungszeichen hingeschrieben und etwa Folgendes zu sagen versucht:

„Die gesellschaftliche Dynamik begünstigt die Erosion traditioneller Institutionen. Wir beobachten eine Tendenz der inneren Auflösung dessen, was sie bisher charakterisiert hat. Das war vor allem die Art und Weise, in der sie ihren Zweck erfüllt haben, der hauptsächlich darin bestand, die für den Fortbestand der

---

1   Grundlage dieses Kapitels siehe Buchinger (2007).

Gesellschaft wichtigen, genauer gesagt, die Gesellschaft konstituierenden Systeme durch bestimmte „Maßnahmen" abzusichern. Man denke an die Institutionen, die auf den verschiedenen Ebenen gesellschaftlichen Lebens angesiedelt (und deshalb als Institutionen kaum miteinander vergleichbar) sind, etwa an die Ehe, an öffentliche Einrichtungen, an Organisationen aller Art, an die subjektive Identität (auch sie ist institutionalisiert, Schülein 1987) – sie alle unterliegen vielfachen, über Sitte und akzeptierte Gewohnheiten hinausgehenden formellen Regeln und Normierungen, die definieren, wie die jeweilige Institution in ihren Grundzügen und Prozessen auszusehen hat, was als normal gilt, was beachtet werden muss, um als Institution Anerkennung zu finden, ja, welche unter Umständen gesetzlich festgeschriebenen Vorgaben bei Androhung von Sanktionen erfüllt werden müssen.

In der heutigen, einem raschen Wandel unterworfenen dynamischen Gesellschaft können die traditionellen Institutionen ihrer Aufgabe nicht mehr ausreichend gerecht werden. Die herkömmlichen Maßnahmen, die zur Absicherung des Bestandes der institutionalisierten Systeme entwickelt wurden, greifen nicht mehr, vielmehr hindern sie diese Systeme daran, ihren Aufgaben gerecht zu werden. Man denke beispielsweise an die Schwerfälligkeit und Langsamkeit, die mit der Einhaltung des Dienstweges in einer bürokratisch hierarchischen Organisation verbunden ist. Sie erschwert sinnvolle Problemlösungen und treibt Kunden in die Hände einer Konkurrenz, die auf rasche, flexible Vernetzungen setzt, anstatt sich auf einmal festgelegte Abläufe zu verlassen.

Es findet daher ein Prozess der Entinstitutionalisierung statt. Die festgefügten und auf Dauer gestellten Strukturen der institutionalisierten Systeme lösen sich langsam auf. Und die Verfügung über ihre systeminternen Prozesse und über die Vernetzung der Systeme mit ihren Umwelten, die bislang via Institutionalisierung der freien Entscheidung der beteiligten Personen entzogen war, fällt wieder an diese zurück. In wachsendem Ausmaß müssen sie nun in Eigenregie das besorgen, wovon sie bisher entlastet waren: Prozesse gestalten, Strukturen miteinander entwickeln, überprüfen, ob beides seinen Sinn erfüllt und der Situation angemessen ist, die es zu bewältigen gilt; bzw. wenn die Überprüfung des Ergebnisses, die nun zur Daueraufgabe wird, zeigt, dass das angestrebte Ziel nicht erreicht wurde, dann gilt es, neu zu gestalten und den dazu nötigen Wandel professionell zu managen.

Mit solchen Prozessen der Entinstitutionalisierung hat zwar der Gestaltungsspielraum in den Systemen zugenommen, ihr Bestand ist aber umso mehr gefährdet, als er in viel höherem Ausmaß vom Vorhandensein ausreichender kommunikativer, sozialer und organisatorischer Kompetenz der beteiligten Personen und Subsysteme abhängt als jemals zuvor. Die Anforderungen an die Selbstorganisation der Systeme, an die Kommunikation und an die beteiligten Personen steigen. Der Reflexionsbedarf nimmt ebenso zu wie der Bedarf an Reflexionshilfen (Beratung). Denn das Gelingen der systemerhaltenden Prozesse wird ohne den institutionellen Schutz dann unwahrscheinlich, wenn es nicht durch die erhöhte Kompetenz der beteiligten Personen selbst besorgt wird; und weil man mit der nötigen Kompetenz nicht so verlässlich rechnen kann wie mit institutionell festgelegten Prozessen, bleibt das Gelingen in einem solchen Fall unwahrscheinlich. Die zu erwartende Rate des Scheiterns ist hoch. Langsam entstehen aber auch neue Werte (Selbstorganisation, Autonomie, Individualität), und entsprechende Basiskompetenzen stehen auf der Tagesordnung."

Ein Streifzug durch verschiedene Disziplinen und theoretische Richtungen und deren Definitionen von Institution bewirkte jedoch eine Relativierung dieses Begriffsverständnisses von Entinstitutionalisierung. Denn es stellte sich heraus, dass gesellschaftliche Prozesse ohne Institutionalisierung überhaupt nicht möglich wären, dass Institutionen einen Grundtatbestand der Gesellschaft darstellen. Dementsprechend würde Entinstitutionalisierung so etwas wie Auflösung der Gesellschaft überhaupt bedeuten. Wir mussten daher den Begriff entweder fallen lassen oder sehen, was er angesichts dieser Erkenntnisse noch für eine Bedeutung haben könnte. Versuchen wir, dem Begriff der Entinstitutionalisierung dennoch einen Sinn abzugewinnen.

Die Rede von der Entinstitutionalisierung, so wie eben verwendet, legt die ersatzlose Auflösung von Institution nahe, was, wie angedeutet werden sollte, nicht gut möglich ist. Wird dennoch in diesem Sinn von Entinstitutionalisierung gesprochen, so ist anzunehmen, dass in sehr konservativer Weise eine Art der Institution als die einzig mögliche angesehen, absolut gesetzt wird. Es ist die traditionelle Form der Institution, wie sie in der zu Ende gegangenen, aber dennoch nur partiell überwundenen patriarchalisch-hierarchischen Kultur und Gesellschaft Geltung gehabt hat. Man vermag daher in allem, was davon abweicht, nicht mehr den Charakter der Institution zu entdecken. Dementsprechend wird das Dahinschwinden der fraglosen Geltung dieser Form von Institution als schwerer kultureller Verlust und als Gefahr angesehen, die zur Auflösung der Gesellschaft und zu einer Primitivisierung, ja gar Entmenschlichung des Menschen führt. In diese Richtung ging die Kritik Gehlens (2005) oder geht etwa neuerdings die Kritik Sennetts (2006) an der Auflösung herkömmlicher Formen individueller Identität.

Bleibt man im Denksystem der Hierarchie, so ist es naheliegend, dass sich ihre Form der Institution als die einzig mögliche präsentiert.[2] Denn die Hierarchie beansprucht, eine unumstößliche, heilige Wahrheit und Ordnung zu sein, und will damit mögliche Alternativen einer Gesellschaftsordnung ausschließen, als stabilitätsgefährdende Abweichung von der Wahrheit darstellen, die es zu beseitigen, als Irrtum, den es zu korrigieren, als Verfall, den es aufzuhalten gilt.

Sieht man allerdings die Ordnung der Hierarchie und ihre Institutionen nicht als die einzig mögliche, heilige Wahrheit an, die für Reflexion tabu ist, so kann man versuchen, durch genauere Analyse der Mechanismen der Institutionalisierung herauszufinden, warum hierarchische Institutionen heute nur mehr sehr bedingt in der Lage sind, den Zweck zu erfüllen, dem sie dienen sollen. Und man kann sehen, was sich an anderen Formen der Institutionalisierung an ihrer Stelle herausbildet.

Man kann dann auch dem Begriff der Entinstitutionalisierung etwas Sinnvolles abgewinnen: Er bezeichnet nicht mehr die ersatzlose Auflösung von Institutionen. Er bezeichnet vielmehr einerseits den Prozess der Auflösung hierarchisch geprägter Institutionen, andererseits stellen die Vorgänge, mittels derer diese Auflösung besorgt wird, die Elemente zur Verfügung, die für eine neue Form der Institutionalisierung von Bedeutung sind.

Entinstitutionalisierung in einem sinnvollen Gebrauch des Wortes beschreibt also den Übergang von den hierarchisch geprägten Institutionen zu einer anderen

---

2 Dazu ausführlicher in Kapitel 4.2.

Form der Institutionalisierung, die deshalb im Begriff ist, sich zu etablieren, weil sie in der Lage ist, den veränderten gesellschaftlichen Anforderungen gerecht zu werden. Versuchen wir, diesen Prozess zu rekonstruieren.

4.1.2 Die Dynamik der traditionellen Form der Institutionalisierung und ihr Preis: Widerspruchsfreiheit und die Rückkehr des Widerspruchs

Welches sind also die „Maßnahmen", mit denen eine patriarchalisch-hierarchische Kultur und Gesellschaft die für ihren Fortbestand wichtigen Systeme abgesichert hat? Auf einer formalen Ebene bestanden diese Maßnahmen darin, die Verfügung sowohl über die internen Prozesse, durch die sich das jeweilige System erhält und seinen Zweck erfüllt, als auch über seine Vernetzung mit den relevanten Umwelten in den besonders *heiklen und störanfälligen Bereichen* dem freien Zugriff der handelnden Personen weitgehend zu entziehen.

Das allein wäre allerdings noch keine ausreichende Unterscheidung zu anderen möglichen Formen der Institutionalisierung, denn es gehört zu jeder Form von Institution, dass sie wichtige Prozesse mehr oder weniger außer Streit stellt, wiederholbar macht und somit den dauerhaften Bestand des Systems ermöglicht. Wichtig zur Unterscheidung ist auf der einen Seite die Charakterisierung der heiklen, störanfälligen Bereiche; und auf der anderen Seite die besondere Art, in der sie dem freien Zugriff entzogen und außer Streit gestellt werden – also die besondere Art der Institutionalisierung.

Zur Bestimmung der heiklen, störanfälligen Bereiche verwenden wir die Hypothese von Heintel & Götz (2000), die wir etwas erweitern. Es handelt sich bei den heiklen, störanfälligen Bereichen um unvermeidliche innere Widersprüche, ohne die das System, das einer Institutionalisierung unterzogen wird, einerseits gar nicht als solches zustande kommt und bestehen kann; Widersprüche, die aber andererseits über eine hohe, den Bestand des Systems, das sie ermöglichen, zugleich gefährdende Sprengkraft verfügen. Die inneren Widersprüche sind also sowohl konstitutiv für das System als sie auch das Potential seiner Zerstörung enthalten. Eines ist ohne das andere nicht zu haben.

Einer der zentralen Werte der Hierarchie ist die innere Widerspruchsfreiheit des Systems. In soziale Kategorien übersetzt, bedeutet das seine Konfliktfreiheit. Werden dennoch, entgegen der Logik des Systems interne Widersprüche gesichtet, so kann es sich dabei nur um eine illegitime Abweichung von der Wahrheit handeln, die der Korrektur bedarf. Ein Rädchen des Systems ist ausgerastet und muss wieder in seine richtige Stellung gebracht oder einfach ausgetauscht werden. Anders gesagt, ein Mitglied hat nicht den Regeln entsprechend gehandelt und muss zur Rechenschaft gezogen werden. Man denke an das klassische Spiel der Schuldigensuche in allen Organisationen und öffentlichen Einrichtungen, wenn irgendetwas nicht den Zielvorstellungen entsprechend geschieht. Auch wenn es für Außenstehende schon längst offenkundig ist, dass es sich um ein Strukturproblem des Systems handelt, wird es intern individualisiert, ein Schuldiger festgemacht (meist irgendwer in gehobener, aber nicht oberster Position, das geschieht nur im äußersten Notfall) und ein Bauernopfer gebracht, damit die gewohnten Prozesse und deren Struktur nicht in Frage gestellt werden müssen.

Lässt sich der Widerspruch auf diese Weise nicht so einfach beseitigen und dämmert so etwas wie die nicht offen einzugestehende Ahnung, dass es sich entgegen den Vorschriften vielleicht doch um einen inneren Widerspruch handelt, dann stehen immer noch die Mittel der Hierarchie für seine Bewältigung zur Verfügung: Die beiden „Teile" des Konfliktes werden in hierarchische Über- und Unterordnung zueinander gebracht, und damit ist klar, wer von beiden bestimmt und wer sich den Anordnungen des bestimmenden Teils zu unterwerfen hat. Hilfreich ist dabei in unserem Fall die Tatsache, dass die Hierarchie nicht nur über eine klare Vorstellung von wahr und falsch verfügt, sondern dass nach alter Auffassung das Wahre mit dem Guten und Schönen übereinstimmt. Also nur ein Teil des Widerspruchs kann wahr, gut und schön sein, dem anderen bleibt das Gegenteil.

Das Paradox der traditionellen Institution besteht in der Folge darin, dass ihre hierarchische Form der Institutionalisierung den Störfaktor, der die Stabilität des Systems bedroht und den sie beseitigen will, durch ihre Art der Beseitigung erst recht produziert – dies allerdings in externalisierter Form, als nicht zum System gehörig, es aber umso mehr von außen bedrohend.

Diese Form und Dynamik hierarchischer Institutionen finden wir in vielen für den Fortbestand der Gesellschaft wichtigen Systemen. Dass diese Systeme gekennzeichnet sind durch innere unauflösliche Widersprüche, die es zu bewältigen gilt, scheint ein Sachverhalt zu sein, der unabhängig von der jeweiligen Form der Institutionalisierung nach der Schaffung von Institutionen verlangt. Die traditionelle Form der Institution hingegen, die auf Beseitigung des Widerspruchs abgestellt ist und dafür die genannten Folgen, die wiederum einer Bewältigung bedürfen, in Kauf nimmt, ist charakteristisch für die hierarchische Gesellschaftsordnung.

Im herkömmlichen Gesundheitswesen sieht das beispielsweise so aus: Es verwaltet den Widerspruch krank und gesund. Das Gute ist die Gesundheit, das Auszuschaltende die Krankheit. Jedes Vorgehen, das die beiden Momente nicht als zusammengehörig, also als unauflösbaren Widerspruch anerkennt und stattdessen radikal an der Beseitigung der Krankheit (und in der Folge auch des zur Krankheit deklarierten Todes) arbeitet, bringt mit jedem erfolgreichen Schritt erneut das hervor, was es beseitigen will. Der Fortschritt der Schulmedizin produziert (mit der immer genaueren Messlatte für die Entdeckung von Abweichungen vom als Gesundheit bezeichneten Zustand) jede Menge neuer Krankheiten. Die Behandlung dieser Krankheiten erzeugt mit ihrem Erfolg wiederum neue Krankheiten, die verschämt als unerwünschte Nebenwirkungen bezeichnet werden. In den Krankenhäusern erwirbt man Krankheiten, die man nur schwer wieder los wird. Das Projekt „Gesundes Krankenhaus" der WHO ist daher ein Endlosprojekt. (Und mit jedem Versuch und Versprechen, den Tod zu beseitigen, wird das Sterben schrecklicher.)

Eine andere wichtige Institution ist die Religion, die den unauflösbaren Widerspruch von Gut und Böse, Heilig und Sündig, alltagssprachlich: von Himmel und Hölle verwaltet. Sie produziert mit jedem Schritt, welcher der radikalen Beseitigung des Bösen dienen soll, jede Menge von neuem Bösen.

Die Institution Subjektive Identität ist in ihrer inneren Widersprüchlichkeit, die immer schon ins Auge gestochen hat, erst mit der Psychoanalyse, die sich als Konflikttheorie des Seelischen versteht, einer wissenschaftlichen Beschreibung zugeführt worden. Sie muss unter anderem den Widerspruch zwischen Triebnatur (Es), übergeordneten sozialen und moralischen Normen (Über-Ich) und der Fähigkeit, autonom zu entscheiden (Ich), vermitteln und wäre mit dieser Aufgabe ohne

Institutionalisierung restlos überfordert. Die hierarchische Form der Institutionalisierung allerdings hatte zur zunehmend einseitigen Unterwerfung der Triebansprüche und der Entscheidungsfähigkeit des Ich unter die Über-Ich-Ansprüche geführt – mit den Folgen der Neurose und anderer seelischer Erkrankungen.

Die Folgekosten der hierarchischen Art der Institutionalisierung waren immer hoch. Der Versuch der Auflösung eines unauflösbaren Widerspruchs muss zu neuen unerwünschten Widersprüchen führen, die beseitigten Störfaktoren kommen in veränderter Form durch die Hintertür wieder herein und bedürfen erneut ihrer Beseitigung. Insofern führen die Folgekosten der Institutionalisierung zu weiterer Institutionalisierung mit weiteren Folgekosten.

Dennoch haben die traditionellen Institutionen in einer hierarchischen Gesellschaftsordnung ihren Ort und ihre Funktion gehabt. Sie haben den Normen und Werten des Gesamtsystems entsprochen und waren daher gut integriert. Dort allerdings, wo diese Institutionen zwar noch existieren, aber ihre fraglose Geltung verloren haben, schlagen die Folgekosten besonders stark zu Buche, weil der Nutzen, der ihnen gegenüberstand und für den man sie in Kauf genommen hatte, dahinschwindet. Die Autorität der Ehe z. B. ist weithin verloren gegangen. Die Skepsis gegenüber dem Gesundheitswesen wächst, und die alternative Medizin erfreut sich eines regen Zuspruchs. Die Rate der Kirchenaustritte ist extrem hoch, und Sekten und andere Formen der Spiritualität blühen.

Aber warum verlieren die traditionellen Institutionen ihre Geltung, was führt zu ihrer Auflösung, was ist das, was an ihre Stelle tritt?

4.1.3 Traditionelle Institution und Entinstitutionalisierung – eine Gegenüberstellung

Versuchen wir, plakativ einander gegenüberzustellen, was die traditionelle hierarchische Institution fordert, was in ihr beachtet werden muss, welche Aktionen und Haltungen ihr gerecht werden und worauf man sich demgegenüber im Prozess der Entinstitutionalisierung einzustellen hat.

Heißt traditionelle Institution: „So geht es und nicht anders", so heißt Entinstitutionalisierung: „Es geht auch anders." Es stehen einander also die Auffassungen gegenüber: „Das ist die eine unumstößliche Wahrheit" und: „Das ist nur eine Möglichkeit unter vielen." Heißt traditionelle Institution: „Es gilt, auf Übereinstimmung mit der einen Wahrheit zu achten und Abweichungen von ihr zu vermeiden; wird man dennoch einer Abweichung ansichtig, so ist sie zu beseitigen und zu korrigieren", so heißt Entinstitutionalisierung: „Wir müssen aus den verschiedenen Möglichkeiten auswählen und uns für eine von ihnen entscheiden." Diesen Übergang von der Wahrheit zur Entscheidung, von dem schon die Rede war, kann man sich einschneidender nicht denken. Denn er verlangt völlig entgegengesetzte innere Haltungen und Aufmerksamkeiten, die gleich noch genannt werden sollen; und es ist zu erwarten, dass bei einem solchen Übergang die entstehende Unsicherheit groß ist und es dementsprechend zu Versuchen kommen wird, zum gewohnten Sicherheit spendenden Zustand zurückzukehren, ja sogar ihn gegen den drohenden Einbruch besonders zu verteidigen. Verlangt traditionelle Institutionalisierung ein immer tieferes Eindringen in die Orientierung spendende eine Wahrheit, immer stärke Identifikation, die Herstellung einer immer größeren Vertrautheit und Bekanntheit mit ihr und dementsprechend eine Perfektion der praktisch dazugehörenden Routine, so verlangt Entinstitutionalisierung vor allem die Schärfung der Wahrnehmung, auf das, was man vorfindet, verlangt die Fähigkeit, in unbekannte Regionen vorzustoßen, sich überraschen zu lassen, zu lernen, sich in der Fremde erfolgreich zu bewegen. Und sie ermöglicht deshalb Integration in Gemeinschaft und Gesellschaft, weil das heute für alle gilt.

Stellt traditionelle Institution daher die Stabilität und Dauerhaftigkeit einer (für sie der einzigen) Form der sozialen und psychischen Realität und der Integration in diese dar, so verlangt Entinstitutionalisierung die Bewältigung von Veränderung und Entwicklung und das Aushalten von Instabilität bzw. das Auffinden einer Basis der Stabilität in der Instabilität. Diese Basis kann allerdings nicht auf derselben Ebene liegen, auf der sich die Instabilität abspielt. Die Basis der Stabilität wird daher weniger in den Inhalten liegen, die jeweils verhandelt werden müssen, als in der Fähigkeit, diese immer wieder zu verhandeln, und im Vertrauen, dabei in Kontakt miteinander zu bleiben. Es ist mehr Prozesssicherheit als Inhaltssicherheit.

Heißt traditionelle Institution also Orientierung an dem, was gilt, und ermöglicht sie deshalb Integration in Gemeinschaft und Gesellschaft, weil es für alle gilt, so verlangt Entinstitutionalisierung einerseits herauszufinden, was man wollen kann und was man will, und andererseits nachzusehen, wie weit man damit anschließen kann an das, was andere wollen.

Heißt traditionelle Institution Orientierung am allgemein Gültigen, so verlangt Entinstitutionalisierung auch die Orientierung am Einzelfall.

Heißt traditionelle Institution Orientierung am festgelegten Resultat und verlangt damit die Gestaltung des Prozesses, der zu ihm führen soll, eher geringe Aufmerksamkeit, weil auch er festgelegt ist (nur die möglichen Abweichungen verlangen Beachtung), so lenkt die Entinstitutionalisierung die Aufmerksamkeit auf die sorgfältige Gestaltung des Prozesses, der genauso wenig festgelegt ist, wie das inhaltliche Resultat, zu dem er führen soll. Dieser Prozess muss so gestaltet werden, dass er möglichst fortsetzbar bleibt, auch wenn das dabei erstellte Resultat nicht standardisierbar ist oder sonst wie auf Dauer gestellt werden kann. (Wenn z. B. die einmal gewählte Rollenverteilung in einer Beziehung nicht mehr passt, muss man in der Lage sein, sich zumindest für eine Weile auf eine neue Rollenverteilung zu einigen. Zu diesem Zweck gilt es, das Augenmerk auf den Prozess der Auflösung der alten und auf den Prozess der Einigung, die zur neuen Rollenverteilung führen soll, zu lenken.) Prozesskompetenz erhält Priorität vor der schlichten Geltung von Inhalten.

Heißt herkömmliche Institution also Orientierung an einer Tradition, so bedeutet Entinstitutionalisierung die Orientierung an einer möglichen, hervorzubringenden oder zumindest mit zu gestaltenden Zukunft.

Damit verändert sich auch der Charakter der Verlässlichkeit, der für jede Institution von Bedeutung ist. Heißt Verlässlichkeit in herkömmlicher Institution: „Alles weiter so wie bisher", so bedeutet Verlässlichkeit im Prozess der Entinstitutionalisierung: „Was immer geschieht, wir machen miteinander weiter, so lange es geht."

Heißt traditionelle Institution daher Ewigkeit der Institution, so freundet sich Entinstitutionalisierung mit deren Endlichkeit an.

Heißt traditionelle Institution, wie oben ausgeführt, innere Widerspruchsfreiheit (mit den erwähnten bedenklichen Folgen der Auslagerung eines Teils des Widerspruches und seiner erneuten Rückkehr als Störfaktor), so bedeutet Entinstitutionalisierung Widerspruchstoleranz und Konfliktmanagement (mit anders bedenklichen Folgen, die davon abhängen, wie sehr man ein entsprechend neues Konfliktverständnis entwickelt hat, in dem Konflikt auch als Ressource und nicht bloß als Störfaktor gesehen werden kann, und wie sehr man Fähigkeiten erworben hat, Konflikte differenziert zu bewältigen).[3]

Heißt herkömmliche Institution Gehorsam, so verlangt Entinstitutionalisierung Autonomie – mit den Risiken, die damit verbunden sind.[4] Verbindlichkeit durch eindeutige Vorgaben steht somit einer Verbindlichkeit gegenüber, die durch Einigung erzielt wird. Damit ändert sich der Charakter der Verbindlichkeit mehrfach. Sie gilt auch und vielmehr dem fortsetzbaren Prozess der Einigung als bloß dem, worauf man sich (vorübergehend) geeinigt hat.

Sind die herkömmlichen Institutionen durch das Tabu ihrer Reflexion (mit der alternative Möglichkeiten ins Blickfeld treten könnten) gekennzeichnet, so verlangt Entinstitutionalisierung nicht nur kritische Reflexion dieser Institutionen und eine Überprüfung der Brauchbarkeit ihrer Prozesse zur Erfüllung des institutionellen Zwecks, sondern darüber hinaus verlangt sie auch die Reflexion des eigenen Prozesses der Entinstitutionalisierung. Entinstitutionalisierung ist ein selbstreflexiver Prozess.

4.1.4 Entinstitutionalisierung als Prozess des Übergangs zur Bildung neuer Institutionen

Wir haben behauptet, dass eine sinnvolle Verwendung des Begriffs der Entinstitutionalisierung den (über die Auflösung der bisherigen, nicht mehr ausreichend funktionsfähigen Institutionen laufenden) Prozess der Entwicklung neuer veränderter Institutionen bezeichnen sollte, die den veränderten Ansprüchen der Gesellschaft angemessen sind. Wie soll das geschehen? Sollen an die Stelle der aufgelösten Institutionen wiederum Institutionen treten, die nach einer vorübergehenden Phase des Umbaus in gleicher Weise wie jene ewige Geltung beanspruchen?

Das ist aus mehreren Gründen nicht sehr wahrscheinlich. Denn erstens sieht die Dynamik unserer Gesellschaft nicht so aus, als wäre sie durch eine solche neue Art von Institution (welche zwar andere inhaltliche Regelungen als die alten Institutionen, aber die gleichen Strukturmerkmale wie diese aufweist) in ihrer Veränderungsgeschwindigkeit zu beruhigen. Die Gründe dafür können hier nicht ausgeführt werden.

Zweitens stellen die vorhin als Anforderungen an den Prozess der Entinstitutionalisierung bezeichneten Fähigkeiten und Haltungen neue gesellschaftliche Werte dar, die mit der Entstehung neuer Institutionen nicht verschwinden dürften. Es zeigt sich vielmehr in den letzten Jahrzehnten, dass es diese neuen Fähigkeiten und Haltungen sind, welche unverzichtbar sind zur kontinuierlichen Bewältigung der anstehenden Aufgaben in den Systemen, die gerade mittels dieser Fähigkeiten und Haltungen einer Entinstitutionalisierung unterzogen werden. In den neu entstehenden Institutionen müssten diese neuen Fähigkeiten und Haltungen, die in den

---

3 Siehe hierzu auch Kapitel 3.6.8 zu Konfliktmanagement.
4 Siehe hierzu auch Kapitel 3.6.8 zu Selbstorganisation oder das Verhältnis von Autonomie und Vorgabe.

vorangehenden Gegenüberstellungen genannt wurden und die heute immer wieder als Basiskompetenzen bezeichnet werden, eine zentrale Rolle spielen.[5]

Wir befinden uns somit in der paradox erscheinenden Situation, dass es gerade die Fähigkeiten, Qualitäten und Haltungen sind, welche die Entinstitutionalisierung herkömmlicher Institutionen vorantreiben, die zugleich die Grundlage neuer angemessener Formen von Institutionalisierung darstellen. Sie sind es, die institutionalisiert werden müssen. Damit würde die vorhin vage angedeutete Veränderung dessen, was als Institution angesehen werden kann, deutlichere Konturen bekommen. Um mit Luhmann zu sprechen, wären Institutionen nicht mehr verfestigte Strukturen, das war Kennzeichen vergangener Epochen, wir würden über einen prozessualen Begriff der Institution verfügen: Es ist der Prozess der Institutionalisierung, den es zu institutionalisieren gilt.

Weil der Übergang von den alten Institutionen zu neuen Formen der Institutionalisierung so radikal ist, läuft er tatsächlich über eine Phase der Auflösung dieser Institutionen, ohne dass bereits Ersatz dafür vorhanden wäre. Es wird der Not gehorchend gehandelt, und es dauert, bis das, was sich den veränderten gesellschaftlichen Anforderungen als angemessen erweist, auch entsprechende Formen der Institutionalisierung findet.

Da aber ein institutionsloser Zustand in der Gesellschaft nicht denkbar ist, kommt es in solchen Phasen des Übergangs zu problematischen Situationen. Es sieht tatsächlich nach gesellschaftlichem Verfall, Reprimitivisierung und ähnlichem aus – was die konservativen Kritiker einseitig ausschlachten. Die Unsicherheit steigt und ist gemessen an der verlorengegangenen Sicherheit der traditionellen Institutionen ein schwer erträglicher Zustand. Es wird experimentiert, durch Versuch und Irrtum kommt man einen Schritt voran und muss dann vielleicht wieder zwei zurückgehen. Dennoch befindet man sich – auch bevor sich neue Formen der Institutionalisierung abzeichnen – nicht in einem institutionslosen Zustand. In dieser Übergangszeit bleiben die alten Institutionen formell intakt, auch wenn nach ihren Regeln nichts mehr so recht funktioniert. Tatsächlich gehorchen die Abläufe nicht mehr den Regeln (es sei denn als Boykott sinnvollen Vorgehens), sondern folgen den noch keinen Regelungen unterworfenen Formen des Prozessierens, das es erlaubt, den Zweck der Institution in veränderter Form zu erfüllen. Der Erfolg des Vorgehens ist dabei aber in keiner Weise abgesichert.

Kommt es zum Scheitern, dann ist es in solchen schwierigen Übergangsphasen noch nicht üblich, den Misserfolg als Lernprozess zu nehmen, an den man unter Nutzung der dabei generierten Informationen mit einem neuen Versuch anschließt. Man greift in einem solchen Fall vielmehr auf die hierarchischen Regelungen zurück, setzt die entsprechenden Sanktionen in Kraft und brandmarkt das Vorgehen, weil es nicht von Erfolg gesegnet war, als Abweichung von der einen Wahrheit. Natürlich hilft das nichts, aber solange die entinstitutionalisierten Formen des Vorgehens selbst nicht institutionell abgesichert sind, bleibt die alte Institution der einzige Sicherheitsgarant und steht für den Fall des Scheiterns eines solchen Vorgehens sozusagen als Rute im Fenster. Erst wenn jenes neue Vorgehen sich schrittweise seiner Institutionalisierung annähert, werden die alten institutionellen Regelungen ebenso schrittweise aufgelöst. Eher geschieht das noch etwas langsamer und mit entsprechenden Verzögerungen. Darauf wird im nachfolgenden Ka-

---

5   Siehe auch Kapitel 4.4.1 zu Führung und der Führungskraft als Coach.

pitel anhand der Darstellung der Entwicklung von Organisationen näher eingegangen.

Aber lassen sich die genannten Momente des Prozesses der Entinstitutionalisierung und damit des Prozesses der neuen Institutionalisierung ihrerseits überhaupt institutionalisieren? Lässt sich kommunikatives Verhalten, Kooperation und Teamarbeit, Konfliktmanagement, Prozesskompetenz und Prozessreflexion, Verlässlichkeit als auf Anschlussfähigkeit bedachte Interaktion, lassen sich Autonomie, Entscheidungsfähigkeit, das Denken in Alternativen, lässt sich persönliche Identität, die nicht auf Inhalte festgelegt ist, sondern sich als Prozess des immer wieder Hervorbringens von Identität versteht – lässt sich das alles institutionalisieren?

Zumindest nicht in der gewohnten Form der Institution, also mit normativem Anspruch und vielleicht auch rechtlichen Regelungen. Man kann in diesem Prozess der Entinstitutionalisierung, der gleichzeitig der Prozess der neuen Institutionalisierung ist, zunächst die alten Normen und Regeln lockern, versuchen, den neuen Basiskompetenzen in der Öffentlichkeit Ansehen zu verleihen, und alles daran setzen, dass sie in den Institutionen, die sich im Prozess der Entinstitutionalisierung befinden, ausreichend verankert werden. Wenn man sich die Trainings-, Ausbildungs- und Beratungslandschaft ansieht, die Unmenge von Literatur und Öffentlichkeitsarbeit, die sich alle diesen Zielen verpflichten, so kann man trotz vielen Unsinns, der dabei geschieht, guter Dinge sein.

Auch die Geltung der neuen Institutionen wird sich wesentlich unterscheiden von der Geltung der Institutionen einer hierarchischen Kultur. Die Sanktionen werden hauptsächlich darin bestehen, dass diejenigen Systeme, die sich den „weich" institutionalisierten Prozessen nicht fügen, einfach nicht von Erfolg gesegnet sein werden und sich entweder auflösen oder in große Schwierigkeiten zu überleben geraten werden. Diejenigen Personen, die nicht über die nötigen Basiskompetenzen verfügen, riskieren ihre Integration.

Wie der Prozess der Entinstitutionalisierung professionell gesteuert werden kann und welche Haltung von Beratern oder Führungskräften für die Steuerung adäquat erscheint, wird im folgenden Kapitel verdeutlicht.

4.2 Organisation und die Expertise des Nicht-Wissens[6]

4.2.1 Was heißt Expertise des Nicht-Wissens?

Bevor die Expertise des Nicht-Wissens formal näher beschrieben wird, soll vorweg verdeutlicht werden, was damit nicht gemeint ist: Mit Expertise des Nicht-Wissens ist nicht gemeint, dass man sich in Ausübung von Steuerungs- und Interventionsaufgaben Unkenntnis leisten, dass man darauf loswerken könnte ohne qualifizierte Informationen über die jeweilige Situation, oder ohne am letzten Stand der Ent-

---

6 Grundlage dieses Kapitels siehe Buchinger (1998a, 147–162, und 1998b).

wicklung und Beherrschung des nötigen Handwerkszeugs zu sein. Expertise des Nicht-Wissens hat nichts mit dem sog. Mut zur Lücke zu tun oder mit dem Rückgriff auf den Hausverstand, auf die man sich mit der Zunahme der Komplexität der zu beeinflussenden Sachverhalte gerne beruft: Man bringt dann etwa vor, dass die mit der Komplexität zunehmende Menge und Unübersichtlichkeit der zur Verfügung stehenden Informationen und Wissensbestände es ohnehin unmöglich macht, sich einen entsprechenden Überblick zu verschaffen. Die Rede von einer Expertise des Nicht-Wissens enthält auch nicht die Aufforderung, sich einfach, anstelle auf Wissen und wissensbasierte Fähigkeiten und Fertigkeiten, aufs Gefühl zu verlassen, welches einem (vertraut und horcht man nur darauf) zum rechten Zeitpunkt schon die passende Entscheidung und Handlung nahelegen wird, auch wenn man dann nicht weiß und versteht, was man tut.

Expertise des Nicht-Wissens hat einen viel fundamentaleren Sinn. Sie stellt eine hochqualifizierte Voraussetzung für die Steuerung komplexer Systeme dar und für Interventionen in diese, von der Zwei-Personen-Beziehung bis zur Organisation. Es geht darum, sich steuernd und intervenierend auf einen Prozess einzulassen, der durch folgende Besonderheiten gekennzeichnet ist:

Man kann ihn weder in Teile zerlegen, die vielleicht kausal determinierbar und daher durch entsprechende Handgriffe eindeutig beherrschbar und lenkbar wären, um ihn dann aus diesen Teilen wieder zusammenzusetzen. Man kann ihn überhaupt nicht in seine Teile zerlegen. Noch kann man den Prozess als Ganzes überblicken. Er scheint von einer Art zu sein, dass sich sein Ende, von dem her er vielleicht überblickbar wäre, nur dann feststellen lässt, wenn man aus dem Prozess aussteigt. Dann aber braucht man nicht mehr steuernd in ihn einzugreifen. Solange man dies muss, ist man selbst Teil des Prozesses und ohne adäquaten Überblick, auch wenn man alles, was bisher geschehen ist, überblickt. Denn man weiß nicht die Antwort, die man auf die nächste Intervention erhält.

Man kann den Prozess daher nicht steuern wie eine Trivialmaschine (von Försters 1990)[7], die den eindeutigen, verursachenden, technischen Manipulationen eindeutig, vorhersehbar und berechenbar folgt (solange sie in Ordnung ist). Denn was als Ursache beabsichtigt und hinsichtlich der erwünschten Wirkung vielleicht auch noch so sorgfältig und fundiert geplant war (von einem Befehl an eine Person, bis zur Bewerbung eines neuen Produktes oder zur strategischen Weichenstellung eines gesamten Unternehmens), erweist sich bei seiner Realisierung als Impuls in einer nicht eindeutig kausal determinierten Handlungskette.

Man ist vielmehr mit der für solche Planung unangenehmen Tatsache konfrontiert, dass man bestenfalls erst nachträglich erfährt, was das „wirklich" war, was man getan hat. Man erfährt es aus dem, was man bewirkt hat, aus der Antwort des Gegenübers, des Systems, in das man versucht hat zu intervenieren. Erst diese Antwort stellt fest, was der Impuls, die Intervention war, die man gesetzt hat: was sie für das System waren, für das sie bestimmt waren. Natürlich weiß man schon vorher, was man beabsichtigt und was man getan hat, welche Überlegungen der Handlung zugrunde lagen, welche Mittel zum Einsatz gelangten, um das Ziel, das man vor Augen hat, zu erreichen, und warum das alles geschieht. Aber je weniger das Gegenüber ein von uns vollständig beherrschter „Gegenstand" ist (und das heißt letztlich, ein von uns technisch hervorgebrachter „Gegenstand", dessen Mechanis-

---

7 Siehe hierzu auch Kapitel 3.3.

men wir so konstruiert haben, dass seine Beherrschung möglich ist), desto weniger wirken Motive, Absicht, Ziel, Mittel und Methoden wie Ursachen, die eindeutige Wirkungen hervorbringen. Sie sind, wie gesagt, (gerade auch wenn das nicht beabsichtigt ist) Impulse, Anregungen, die der Adressat in einem autonomen Prozess verarbeitet, um darauf autonom zu reagieren. Sie sind insofern Informationen, die erst mit ihrer Verarbeitung durch den Adressaten die Wahrheit über sich erfahren: weil sie erst durch diese Verarbeitung Informationen für ihn geworden sind.

In diesem fundamentalen Sinn, in dem die Handlung auf ein Gegenüber bezogen ist, weiß der Handelnde nie, was er tut, auch wenn er (was die Informationsverarbeitung, Planung, Ziele, Mitteleinsatz usw. betrifft) genau weiß, was er tut. Wir können nicht autonom bestimmen, in welcher Weise unsere Handlungen aufgenommen und beantwortet werden. Wir haben in einer komplexen Situation weder Kontrolle über das Gegenüber noch über den ganzen Prozess, den wir steuern. Aus diesem Grunde wird das, was einfache Wirkung hätte sein sollen (also die Antwort des Gegenüber auf unseren Steuerungsimpuls) selbst zu einem Steuerungsimpuls. Und nicht nur definiert er mit, was unsere Handlung „wirklich" war, er provoziert auch unsere nächste Antwort usw. In diesem Sinn steuert sich der Prozess selbst. Und es gehört zum Selbstverständnis jeder Steuerung, dass sie unabgeschlossener und nicht abzuschließender Teil eines Selbststeuerungsprozesses ist, ein Teil, der in seiner Wirkung angewiesen ist auf die Antwort, die er erhält. Die Antwort ist zwar durch ihn hervorgerufen, aber nicht durch ihn determiniert. Das Ergebnis einer solchen Prozesskette wird sich nie ganz mit dem Ziel decken, das man ursprünglich verfolgt hat.

Was heißt das für den Handelnden mit seinen Zielvorgaben (man denke an eine Führungskraft einer Organisation) bzw. für das handelnde, ziel- und ergebnisorientierte System (man denke an eine Organisation als Ganze bzw. an eine einzelne Organisationseinheit)? Entweder man bleibt beim ursprünglichen Ziel und versucht, es durch veränderte Impulse zu erreichen (z. B.: Der Markt hat das Produkt nicht angenommen, wir bleiben dabei, aber verändern das Marketing und die Werbung). Je ausgeprägter die Komplexität der Situation, in der man handelt, desto weniger erfolgversprechend ist ein solches Vorgehen. Die Alternative: Man gestattet sich in Reaktionen auf die erhaltene Antwort eine Modifikation der ursprünglichen Absicht und achtet darauf, nicht aus dem Prozess herauszufallen, in dem man sich, durch Impulse steuernd, befindet. Das ist als Strategie allerdings nur dann möglich, wenn die Ziele, die es zu erreichen gilt, so definiert werden, dass sie der Natur dieses Prozesses entsprechen, also möglichst flexibel.

Das Gesagte hat Folgen für die landläufige Vorstellung von der richtigen Handlung, dem richtigen Vorgehen, der einzig wahren Strategie usw. Da die interagierenden Systeme (ihrer internen Komplexität wegen) in ihren Impulsen (die immer schon als Antwort auf Vorhergegangenes stattfinden) nicht eindeutig determinierbar sind, kann es den einzig wahren, richtigen Impuls nicht geben. Statt der Suche nach der *einen Wahrheit* gilt es vielmehr, verschiedene Möglichkeiten vorzustellen, in alternativen Szenarien, wie das Schlagwort heißt, zu denken. Der Fokus der Orientierung der handelnden Systeme wechselt von der Suche nach der Richtigkeit und Wahrheit zur Anschlussfähigkeit der Entscheidung. Es geht darum, Antworten auf das eigene Handeln zu provozieren, die es ermöglichen, im selben Kontext weiter zu handeln.

Dies bedeutet jedoch nicht, dass Expertise des Nicht-Wissen heißt, ungeplant irgendwelche Impulse zu setzen, ohne sich zu überlegen, welche Art von Impulsen in der vorliegenden Situation sinnvoll erscheinen, weil man ohnehin nicht im Griff hat, was dann geschieht. Hauptsache, man hatte eine Irritation bewirkt, auf die man wieder antworten kann. Dergleichen mag manchmal als bewusste Entscheidung einen Sinn haben, als allgemeine Strategie wird dies jedoch der Komplexität einer solchen Prozesskette nicht gerecht. Denn gerade weil diese nicht eindeutig bestimmbar und „machbar" ist, wird gezielte Steuerung aus einer Expertise des Nicht-Wissens zur Überlebensfrage. Allerdings bewegt sich diese nicht in der Alternative, entweder Ursachen zu setzen, die eindeutige Wirkungen erzielen, oder alles dem Zufall zu überlassen und beliebig zu handeln.

Steuern und Handeln aus einer Expertise des Nicht-Wissens heißt vielmehr:

- Sorgfältige, genaue Wahrnehmung der Situation (statt Suche nach der Wahrheit). Sorgfältige Einschätzung des Gegenübers, auf das man einwirken möchte.
- Ziele setzen und angemessene Methoden und Mittel auswählen, ohne davon abhängig zu sein, dass das gewünschte Resultat auch wirklich realisiert wird.
- Stattdessen gilt es, sich von der Antwort, die man erhält, überraschen zu lassen, d. h. mit unerwarteten Reaktionen zu rechnen und vom Wunsch beseelt zu sein, darauf eine Antwort zu finden. Das verlangt Offenheit.
- Das Ganze aus dem Selbstverständnis der Prozesshaftigkeit eines solchen Vorgehens zu sehen, im Selbstverständnis, dass man Teil eines Prozesses ist, zu dessen Selbststeuerung man durch Steuerung beiträgt (was auch heißt, dass der Steuernde in seiner Tätigkeit des Steuerns sich selbst steuern lässt).

Soweit zur formalen Beschreibung der Expertise des Nicht-Wissens. Wie hängt dies nun mit der Situation moderner Organisationen, mit den Aufgaben von Führung und Führungsunterstützung zusammen?

4.2.2 Expertise des Nicht-Wissens und die Veränderung der Organisationen

Traditionell waren Organisationen rationale, auf einer Expertise des Wissens beruhende Gebilde, in denen die geschilderte Prozessorientierung keine besondere Rolle gespielt hatte. Ihre Leistungsfähigkeit beruhte auf einer genialen Reduktion naturwüchsiger sozialer Komplexität durch eine Konstruktion, die in den Mechanismen der Hierarchie vielfach beschrieben wurde: Durch Aufteilung eines Gesamtprozesses in einzelne Teile, die fein säuberlich voneinander isoliert und an übergeordneter Stelle wieder zusammengefügt wurden, gelang es, die Abläufe so miteinander zu verbinden, dass alles unter Kontrolle war. Alles war ausgerichtet auf eine institutionell festgelegte, gut definierte Abfolge der Abläufe, auf ihre Überblickbarkeit, Überprüfbarkeit, Eindeutigkeit und Richtigkeit und auf ihre Stabilität. Von Mitgliedern der Organisation zu treffende Entscheidungen bezogen sich auf einzelne Aufgaben oder auf andere Mitglieder der Organisation, aber weder auf ihren Aufbau als Organisation noch auf den Ablauf und die Vernetzung der internen Prozesse noch auch auf die Zielsetzung und Aufgabe der Organisation. Es ging um ein in sich geschlossenes Handlungssystem unveränderlicher Art, in dem alles kausal funktionieren sollte.

Ganz so, wie man sich eine erste Ursache in der Schöpfung vorstellte, sollte es an der Spitze der Pyramide eine erste Ursache geben, welche die Einheit des Systems garantierte und dieses als Ganzes repräsentierte. Das System war aufgebaut und durchkonstruiert wie eine triviale Maschine, und gleichzeitig sollte es so etwas sein, wie eine Nachahmung der Schöpfung. Es ist interessant, dass diese Schöpfungsvorstellung in der Hierarchie, basierend auf einer Idee der Machbarkeit von allem, nur möglich ist, wenn man die Realität, in der man schöpferische Macht ausüben, als Demiurg tätig sein, alles unter Kontrolle haben möchte, so herrichtet (reduziert, einschränkt, vereinfacht), dass diese Form der Machtausübung möglich ist: wenn man, pointiert gesagt, lebendige Prozesse zu mechanischen vereinfacht. Der Absolutheitsanspruch des Systems ist nur dann möglich, wenn das Ausgeschaltete, alles, von dem man abstrahiert, und was damit zur unkontrollierbaren Umwelt wird, seine Unkontrollierbarkeit nicht zeigt.

Erster Schritt: Hierarchiekrise

1. Wie kann es nun geschehen, dass ein solches auf Stabilität und Dauer angelegtes System in die Krise gerät?

An der mangelnden Effizienz des Systems wird es nicht liegen, denn gerade durch ihre „künstliche" Ordnung hatte sich die Hierarchie mit ihrer systematisch angelegten Arbeitsteiligkeit anderen Systemen als überlegen erwiesen. An der Künstlichkeit und Abstraktheit ihrer sozialen Ordnung – die, wie es kritisch heißt, das Individuum isoliert, funktionalisiert, in seiner Entfaltung einschränkt und die „natürliche" Zugehörigkeit zu Gruppen auflöst – wird es auch nicht liegen. Denn immerhin sind die Freiheit des Individuums ebenso wie die positive Besetzung der Gruppe als Alternative zur Kälte der Organisation eine Folge und ein Produkt der Hierarchie (Heintel 1996). Erst durch die Hierarchie wird der Einzelne aus seinen naturwüchsigen Verbänden, in denen er zwar als Mitglied, aber nicht als eigenständige Person vorhanden war, herausgelöst. Erst durch die Doppelzugehörigkeit zu familialen Gruppen und zur Hierarchie wird er zum Individuum – und als solches wird er in der Hierarchie gebraucht, denn diese baut nicht auf Gruppenzugehörigkeit, sondern auf Einzelleistung auf. Außerdem verlangt sie im Laufe ihrer Entwicklung interne Mehrfachzugehörigkeit (die Problematik des Zwischenvorgesetzten).

Eben durch diese Doppelzugehörigkeit entsteht der Vergleich zwischen den Systemen: der Organisation und der familialen Gruppe. Erst aus der frei machenden Distanz, und nur wenn sie erhalten bleibt, wird die Gruppe zur (verlorenen) Heimat, zum Ort der Geborgenheit, nach der man sich sehnt. Der Preis für die Freiheit, welche die Organisation ermöglicht, wird der Organisation vorgeworfen. Die Kritik an der sozialen Konstruktion der Organisation hierarchischen Zuschnitts benennt die Kehrseite der genannten Vorteile, die man nicht mehr aufgeben möchte: Es soll nicht um die Rückkehr zu naturwüchsigen, ausschließliche Zugehörigkeit verlangenden Gruppierungen gehen, denn dies würde zugleich den Verlust der gewonnenen Freiheit bedeuten. Und bei aller Kritik an der emotionellen Abstraktheit der Organisation: Es bleibt entlastend, über einen Ort der Tätigkeit zu verfügen, in dem man emotional nur bedingt gefordert ist, sich auf die Entfaltung der Tätigkeit konzentrieren kann und Selbstwertgefühl über Leistung erhält. Auch die Dialektik von Einzigartigkeit des Individuums und der Auswechselbarkeit des „Kleinen Rädchens", diese verschärfte Form der unausgeloteten Frage unserer Endlichkeit, ist eine Folge der Hierarchie.

Nicht wegen der vielfach zitierten Mängel, sondern wegen ihres großen Erfolges, der als Begleiterscheinung jene Mängel erst produziert hat, scheint die Hierarchie in die Krise geraten zu sein:

Das Prinzip der Arbeitsteiligkeit in Über- und Unterordnung war derart erfolgreich, dass es unter bestimmten gesellschaftlichen Bedingungen (vor allem der Industrialisierung und der Dominanz wirtschaftlicher Logik) in jedem Teilsystem wieder zur Anwendung gekommen ist. Jeder der untergeordneten Teilbereiche wurde in sich wieder arbeitsteilig bestellt usw. Die im Prinzip der Hierarchie enthaltene, aber durch die Stabilitätsausrichtung der Organisation die längste Zeit latent gebliebene Dynamik der immer weiteren Aufteilung der Teile war damit in Gang gekommen. Nach dem Motto „Mehr vom Selben" wurde die Hierarchie ausgebaut, bis mehr vom Selben nicht mehr ging. Die hierarchisch strukturierten Teilbereiche wuchsen an Zahl und innerem Umfang derart an, dass sie nicht mehr zentral überblickbar und kontrollierbar waren und daher nicht mehr sinnvoll an der Spitze zusammengefasst werden konnten. Sie erhielten eine relative Eigenständigkeit und mussten beginnen, die interne Vernetzung immer mehr selbst zu besorgen. Außerdem waren die Teilbereiche in sich derart spezialisiert, dass sie zur Weiterführung ihrer genuinen Tätigkeit auf die Kooperation (Zulieferung, Information, Ergänzung) anderer hochspezialisierter Teilbereiche mehr und mehr angewiesen waren. Damit wurde das zunächst durch diese Entwicklung immer komplizierter gewordene System komplex. Man konnte nicht mehr überblicken, wie die Aufteilung in den Teilbereichen vor sich geht und welche Auswirkungen sie aufeinander haben würden. Man konnte nicht mehr zentral steuern.

Außerdem begannen nach und nach Konflikte aufzutreten: Die einzelnen teilautonom gewordenen Bereiche entwickelten ihre eigene interne Logik, die der jedes anderen Teilbereichs widersprach. Dennoch waren sie in diesem Widerspruch aufeinander angewiesen.

Mit dieser Entwicklung büßten auch die kommunikativen und sozialen Regelungen der Hierarchie schrittweise ihre Brauchbarkeit ein, begannen vielmehr als Hindernis der sinnvollen Gestaltung interner Abläufe zu wirken: Die Angewiesenheit der Teilbereiche aufeinander, ihre direkte Vernetzung, die Kooperation in und zwischen Gruppen – all das war hierarchisch nicht mehr zu regeln. Es bedurfte vieler der sozialen und kommunikativen Elemente, auf deren Ausschaltung die Organisation ursprünglich beruhte: Direkte Kommunikation, Teamarbeit, Konfliktmanagement, größere Personenabhängigkeit der einzusetzenden Instrumente der Arbeit, ganzheitliches Vorgehen. Darauf hatte die Hierarchie ja verzichtet, weil es die Leistungsfähigkeit und Arbeitsorientierung, aber auch die Unabhängigkeit, die Absolutheit des Systems beeinträchtigt hätte. Nun hält es aus Gründen der Leistungsfähigkeit wieder Einzug in die Organisation. Das bringt Verwirrung. Noch dazu kehrt es nicht in seiner naturwüchsigen Form, in der es sich selbst organisierte, zurück: Es handelt sich um Elemente, die es bewusst zu gestalten und gezielt zu steuern gilt.

Was bisher in strukturell festgelegten Abläufen institutionell außer Streit gestellt war, muss schrittweise aufgelöst und anderen Formen der Koordination, für die keine vergleichbare institutionelle Regelung vorhanden ist, zugeführt werden. *Steuerung* wird zur professionellen Aufgabe. Parallel zu dieser neuen Aufgabe entsteht ein neuer Beruf, die *Steuerungsunterstützung*. Denn bei der Einführung der Gruppe als Arbeitsinstrument in die Organisation handelt es sich, wie gesagt, nicht um das selbstverständliche Entstehen, sondern vielmehr um die „Konstruktion", die Hervorbringung von Gruppen in der Hierarchie. Also braucht man Kenntnisse und Fähigkeiten, die es ermöglichen, dieser Aufgabe gerecht zu werden. In diesem Zusammenhang werden Forscher zu Trainern, die den Entscheidungsträgern versuchen, das entsprechende Know-how zu vermitteln: Die Gruppendynamik, nicht nur als System theoretischer Kenntnisse über Prozesse in Gruppen, sondern als Lernmethode zum praktischen Erwerb dieser Kenntnisse, entsteht.

Gleichzeitig vermehren sich die Organisationen und bringen eine Dynamik in die bislang für das interne Geschehen der Organisationen nicht sonderlich relevante Umwelt. Es gilt sie zu beachten, auf sie zu reagieren. Auch diesbezüglich entsteht eine Anforderung an Steuerung. Doch all das geschieht schrittweise und mit schleichendem Übergang von der hier als Hierarchiekrise bezeichneten Phase zu jener der funktionalen Ausdifferenzierung.

2. Zunächst zeigt sich die Auflösung hierarchischer Mechanismen nur punktuell. D. h. die Funktionsprinzipien der Hierarchie bleiben im Selbstverständnis der Gesamtorganisation, aber auch in den meisten Bereichen unangetastet. Es soll bloß etwas „hinzugefügt" werden: die Idee nicht-hierarchischer Kooperation und auf ihr basierende Arbeitsinstrumente. Dass diese Hinzufügung allerdings weniger harmlos ist, als es scheinen mag, sei in der Folge exemplarisch an der ersten Begeisterung für *Teamarbeit und Gruppendynamik* und an dem Schicksal, das sie erlitten hat, dargestellt.[8]

Ein hierarchiefremdes Arbeitsinstrument lässt sich nicht konsequenzenlos in die Hierarchie einführen. Noch dazu eines, das wie die Gruppe in der älteren emotionellen Logik des Menschen ungleich tiefer verankert ist, als die Organisation es mit ihrer Rationalität sein kann. Die Organisation konnte, wie angedeutet, nur deshalb als Hierarchie erfolgreich werden, weil sie sich gegen die „natürliche" Gruppenzugehörigkeit des Menschen gewendet hatte. Die Einführung der Teamarbeit weckt demnach *innerhalb* der Organisation alle emotionellen Bedürfnisse des Menschen nach Gruppenzugehörigkeit. Erst dadurch wird die vorhin genannte Kritik an der Hierarchie als eines entfremdenden, den Menschen isolierenden und funktionalisierenden Systems laut. Die Gruppe wird dementsprechend nicht bloß als Arbeitsinstrument gesehen, sondern als Alternative zur Hierarchie. Die Gruppendynamik fördert diese Kritik zunächst mit dem emanzipatorischen Anspruch ihrer Pionierzeit.

Diese Hochstilisierung der Gruppe als Alternative übersieht, wie schon ausgeführt, dass die Gruppe, die man vor Augen hat, nicht ein Gegenmodell zur Hierarchie darstellt, sondern eine Gruppe, wie sie erst durch die Organisation möglich geworden ist. Das durch die Geschichte der Organisationszugehörigkeit gegangene Bedürfnis will eine Gruppe mit freier Zugehörigkeit, welche die mittels der Organisation erworbene individuelle Freiheit nicht rückgängig macht.

Die einseitige Hochstilisierung der Gruppe leidet an einem zweiten Mangel: Sie kann der Differenz zwischen Gruppe und Organisation nicht ausreichend Rechnung tragen. Diese konsequenzenreiche Differenz ist gerade erst in einer Organisation entstanden, die weiterhin ausgerichtet bleibt auf Differenzenlosigkeit (es sollte ja nur etwas hinzugefügt werden). Das mangelnde Bewusstsein über diese Differenz, wie es die erste Zeit des Gruppendynamikbooms kennzeichnete, hatte

---

8 Siehe auch Kapitel 4.5 zu Team-Supervision.

Folgen, welche die Einführung der Gruppe, dort wo sie gebraucht wurde, nämlich in der Hierarchie, gefährdeten. Denn gerade wenn man versucht, das Team als Arbeitsinstrument zur Lösung komplexer werdender Probleme ohne allen ideologischen oder emanzipatorischen Anspruch in die Hierarchie einzuführen, wird man damit konfrontiert, dass das unter Einhaltung hierarchischer Vorgaben nicht möglich ist. Teamarbeit ist in ihren Funktionsmechanismen der Hierarchie diametral entgegengesetzt. Sie verlangt statt Einzelarbeit die Koordination mehrerer Teilnehmer, statt Über- und Unterordnung die Kooperation gleichrangiger Mitarbeiter. Sie verursacht sowohl in ihrem Entstehungsprozess, als auch in ihrer laufenden Kommunikation unvermeidliche Konflikte, statt hierarchische Konfliktfreiheit zu gewährleisten. Teamarbeit verlangt Steuerung eines unabsehbaren Prozesses und steht damit im Gegensatz zur reinen, stromlinienförmigen Resultatorientierung der Hierarchie.

Mit der Gruppe entsteht also ein mehrfacher Widerspruch zur Hierarchie. Soll diese trotz Teamarbeit intakt, d. h. widerspruchsfrei bleiben, so muss sie das Team als Fremdkörper und Störfaktor erleben. Da sie es aber braucht, wird sich der Widerspruch vertiefen: Die ernsthaften Vertreter der Teamarbeit werden in der Folge die Hierarchie tatsächlich als Feind wahrnehmen, und – wenn sie nicht schon dort angesiedelt waren – ins ideologische Eck der „Gruppe als Alternative" driften. Das wiederum verschärft auf Seite der Organisation die Abstoßungsprozesse. Denn anstatt dass sich die Organisation durch die Einführung der Gruppe entlastet fühlen kann, muss sie sich durch diesen Anspruch der Gruppe als Alternative zur Hierarchie in ihren Grundfesten gefährdet fühlen. Man denke nur daran, was für Schauergeschichten über die gruppendynamische Trainingsgruppe und die Gefährlichkeit der Trainings, über die Unmöglichkeit, das Gelernte in der Organisation umzusetzen, verbreitet wurden. Man denke andererseits auch daran, wie unbrauchbar der Versuch war, direkte gruppendynamische Experimente mit der Organisation durchzuführen. Die Differenz und der Konflikt zwischen Gruppe und Organisation konnten noch nicht als notwendiger unvermeidlicher strukturell bedingter Konflikt gesehen und gemanagt werden, sondern als Kampf, in dem ein System das andere, das es gleichzeitig braucht, ausschalten, außer Kraft setzen möchte.

3. Für unser Thema ist die Frage der Steuerung von Interesse. Mit der Einführung der Gruppe in die Organisation beginnt der Übergang vom Vorgesetzten zur Führungskraft. Damit verbunden ist eine erste, auf die Steuerung von Gruppen beschränkte Expertise des Nicht-Wissens.

Vorgesetzter ist eine Position in der Hierarchie, die nicht mit besonderer professioneller Qualifikation verbunden ist. Es geht vorwiegend um Überprüfung, Kontrolle, Sanktionierung der vorgegebenen Regeln und Aufgaben. Die hauptsächliche Aufmerksamkeit bleibt der fachlichen Aufgabe zugeordnet. Vorgesetzte sind in der Hierarchie die besten Spezialisten auf ihrem Fachgebiet, sie sollen die untergeordneten Spezialisten desselben Gebiets überprüfen, kontrollieren, anleiten und entwickeln. So lautet zumindest der Anspruch. Hierarchisch führen heißt, Expertise des Wissens geltend machen. Die Steuerung von Gruppen hingegen lässt sich nicht hierarchisch vornehmen, hier geht es um die professionelle Fähigkeit und Fertigkeit der Begleitung und Anregung einer Selbstorganisation der Gruppe, in der der Steuernde ein Teil ist. Er muss ihre Selbststeuerung unterstützen, und dazu sind alle oben bei der ersten formalen Beschreibung der Expertise des Nicht-Wissens genannten Aufmerksamkeitsschwerpunke und Fähigkeiten nötig.

Gemessen am Maßstab hierarchischer Vorstellungen von „Führung", erscheint das Steuern von Gruppen als Führungsschwäche. Umso mehr gilt es, die nötige Expertise des Nicht-Wissens professionell zu erwerben und abzustützen. Und umso mehr würde es gelten, das Verständnis für die Unvermeidbarkeit dieses Widerspruchs zur Hierarchie zu entwickeln und zu fördern: Als ein organisationsbezogenes Verständnis für ein strukturelles Problem innerhalb einer Organisation, die beginnt, sich auszudifferenzieren, d. h. es würde gelten, ein praxisbezogenes Organisationsbewusstsein zu vermitteln.[9] Doch dieses hatte sich in der ersten Phase der Hierarchiekrise, auch jenseits des Kampfes zwischen Gruppe und Hierarchie, noch nicht ausreichend professionell entwickeln können. Die Beschäftigung mit der inneren Komplexität des neuen Instrumentes Gruppe ließ nicht genug Raum für differenzierte Einsicht in die nächste Stufe der Komplexität des Verhältnisses von Gruppe und Organisation. Die Bewältigung der theoretischen und praktischen Fragen der „künstlichen" organisationsbezogenen „Hervorbringung" von Gruppen erschien als derart befremdliche, neue und anspruchsvolle Aufgabe, und die Entwicklung von so etwas wie einer ersten gruppenbezogenen *Expertise des Nicht-Wissens* beanspruchte die professionelle Aufmerksamkeit ausreichend.

Der Übergang von den herkömmlichen hierarchischen Vorstellungen der Lenkung zur ersten Professionalität in der Steuerung eines komplexen Systems, wie es die Gruppe ist, gestaltet sich immer mühsam und ist voller Hindernisse. Der Beginn der Entwicklung der Gruppendynamik illustriert das: Als Gruppendynamiktrainer macht man die klare Erfahrung, dass Gruppen sich nicht hierarchisch steuern lassen. Man nimmt den unvermeidlichen Versuch der Mitglieder einer Trainingsgruppe wahr, die gewohnte hierarchische Form der Steuerung zu etablieren, und es macht Freude, diesem Versuch einen Riegel vorzuschieben. Aber die methodische Ausübung einer Expertise des Nicht-Wissens beginnt erst damit und verunsichert den Trainer ebenso wie die Teilnehmer: Es steht auch für ihn nicht fest, ob überhaupt eine Gruppe entstehen wird. Niemand weiß, auch er nicht, wie die Kommunikation sich entwickeln, auf welche Schwierigkeiten man stoßen, *welche* Art von Gruppe entstehen wird. Es ist nicht sicher, ob es ihm gelingen wird, Teil der Gruppe zu sein und sie gleichzeitig zu steuern; ob es gelingen wird, die auftretenden Aktivitäten und Impulse so aufzugreifen, dass man Hindernisse der Selbstorganisation der Gruppe beseitigt; ob man zum brauchbaren Zeitpunkt passende Irritationen setzen wird, die verhindern, dass die Gruppe aus Angst vor der Ungewissheit des Prozesses in Sicherheiten flüchtet, welche ihre weitere Entwicklung erschweren. Und man erfährt immer erst nachträglich, aus der Antwort der Gruppe, was man getan hat.

Diese Entfaltung der Expertise des Nicht-Wissens ist derart anspruchsvoll und ungewohnt, dass es zunächst allerlei Missverständnisse geben musste. So war z. B. die Vorstellung befremdlich, dass man Teil eines sozialen Systems sein musste, um es in seiner Selbstorganisation zu reflektieren und zu steuern, und dass man diese Fähigkeit der Expertise des Nicht-Wissens nur erwerben konnte durch Teilnahme an einem solchen Prozess. Daher wurde das *persönliche Erlebnis* der Teilnahme und dessen, was man dabei über sich erfährt, vielfach soweit in den Vordergrund gerückt, dass es das Lernziel der Gruppendynamik verdeckte. Gruppendynamik wurde gelegentlich zur Selbsterfahrung und weniger zum Instrument des gezielten

---

9 Siehe auch Kapitel 4.3 zu Organisationsbewusstsein.

Erwerbs einer Expertise des Nicht-Wissens zur Steuerung von Gruppen. (Natürlich ist dieser Lernprozess, und das war ungewöhnlich genug, nur mittels Selbsterfahrung möglich. Aber die Selbsterfahrung ist nicht der Lernzweck.)

Ein weiteres Phänomen illustriert die Schwierigkeit, eine selbstbewusste gruppenbezogene Expertise des Nicht-Wissens zu entfalten: Man übte sie als Trainer zwar aus, tat dies häufig jedoch mit einem an der herkömmlichen Expertise des Wissens orientierten Selbstbewusstsein: Man befand sich auf der Suche nach der „objektiven" Wahrheit von Gruppen, Gruppenprozessen und Gruppenentwicklung. Es entstanden allerlei Modelle und Theorien über Phasen der Gruppenentwicklung, die Dynamik von Gruppenprozessen usw. Aus einer Expertise des Nicht-Wissens heraus können solche Modelle als Hilfen verstanden werden, die Aufmerksamkeit wach zu halten und auf bestimmte Phänomene gezielt zu lenken, die Fähigkeit der Wahrnehmung zu erhöhen und das Repertoire von Handlungsmöglichkeiten zu erweitern. Es war aber naheliegend, die Theorien als objektive Wahrheiten über Gruppen aufzufassen. Sie sollten dem Trainer, der sich ungewohnter Verunsicherung aussetzte, als Leitfaden dienen. Derart missverstanden, gaben sie zwar Halt, indem man wusste, dass nach dieser Phase der Gruppe nun jene eintreten muss (nach der Dependenz die Konterdependenz usw.), aber sie behinderten die Entwicklung der Gruppe: Man begann, sie aus einer Expertise des Wissens zu steuern. (Man hatte z. B. die Konterdependenz im Kopf und setzte daher Interventionen, die nicht auf das aktuelle Geschehen passten, dazu führten, dass sich die Teilnehmer missverstanden fühlten, ärgerten und sich so verhielten, dass man als Trainer in seinem Konzept bestätigt war.)

Ganz in diesem Sinne wurden z. B. die Erkenntnisse Bions über die drei Grundannahmen (Kampf, Flucht, Paarbildung) missverstanden. Bion stellt ausdrücklich fest, dass er mit den Grundannahmen immer wieder, auch in einer Sitzung mehrfach wechselnd auftretende regressive Gruppenphänomene zu beschreiben und begrifflich zu fassen versucht. Seine Begriffe sollten helfen, diese Phänomene dort, wo sie auftreten, besser wahrzunehmen, um mit ihnen arbeiten zu können. Umgedeutet wurden seine Grundannahmen aber in Gesetzmäßigkeiten des Phasenverlaufs der Gruppenentwicklung, ganz im Sinne des unausrottbaren Bedürfnisses nach einer Expertise des Wissens. Dieses Modell im Kopf der Trainer half ihnen denn auch ohne große Verunsicherung, solche Gruppen (durch hierarchische Vorgaben, genannt phasenspezifische, angemessene Interventionen) herzustellen. Erst neuerdings entstehen Konzepte, welche die Gruppenentwicklung nicht aus einem solchen Phasenmodell zu begreifen versuchen, sondern zumindest theoretisch dem, was wir hier Expertise des Nicht-Wissens nennen, Rechnung tragen. Sie versuchen, Gruppenentwicklung unter dem Aspekt der Kontingenz kommunikativer Prozesse zu konzipieren (Wimmer 1993), übersehen aber in der Praxis aus Konterdependenz zu den alten Modellen oft wirkliche Phasen der Konterdependenz, d. h. es geht ihnen unerkannterweise auch wieder um die Ersetzung alter Wahrheiten durch neue und nicht um eine Expertise des Nicht-Wissens und die dazu gehörende Schärfung der Aufmerksamkeit, was ganz im Widerspruch zum theoretisch verwendeten Vokabular steht.

Die Anforderung an das Management von Unsicherheit, an die Bewältigung des Verlustes herkömmlicher Orientierungen ist, auch wenn sie auf ein überschaubares System wie die Gruppe beschränkt ist, so groß, dass es naheliegt, in eine Expertise des Wissens zu flüchten. Geschieht dies schon in der Szene der Profis der Steuerungsunterstützung, so ist klar, dass es auch in der Szene ihrer Adepten, der

Führungskräfte, geschieht, die sich diese Expertise erwerben wollen. Bei ihnen geschieht das umso mehr, als sie in den ersten Zeiten der Hierarchiekrise mehr Vorgesetzte klassischen Zuschnitts bleiben, als dass sie zu Führungskräften in einem umfassenden Sinne werden. Denn das Team, das Führung verlangt, tritt zunächst als vereinzelt eingesetztes Instrument gegenüber einer hierarchischen Umgebung auf, die dem Ausspruch nach intakt bleiben soll: Die auf Teamarbeit beschränkte Expertise des Nicht-Wissens ist für Führungskräfte nicht nur per se verunsichernd (wie für die Trainer), sondern darüber hinaus durch den Widerspruch, in dem sie sich zwischen Gruppe und Organisation befinden. In diesem Widerspruch muss ihre Loyalität zur Organisation überwiegen. Bei aller Begeisterung für die Gruppe ist also der erste Abstoßungsprozess, mit dem die Hierarchie auf ihre eigene Nachfrage nach Teamarbeit auftritt und (zu ihrem eigenen Nachteil) siegreich bleibt, mehr als verständlich.

Gerade dadurch wird die ohnehin voranschreitende Krise der Hierarchie verstärkt. Denn die Hierarchiekrise entwickelt sich zwar unabhängig vom Einsatz oder der Abstoßung des Teams und verwandter Arbeitsinstrumente, wie z. B. des Projektmanagements, dem es in der ersten Zeit seiner Entwicklung ähnlich geht wie der Gruppe (Heintel & Krainz 1994, Heintel 1996). Aber die Zurückweisung dieser als Bedrohung erlebten Instrumente und die Herstellung des Nachweises ihrer Unbrauchbarkeit führt dazu, dass man die Krise wiederum nach dem Muster „mehr vom Selben" zu bewältigen versucht, obwohl man schon erfahren hatte, dass dies nicht geht, und deshalb die neuen Instrumente entwickelt hatte. Die Mechanismen der Hierarchie werden z. T. wieder verstärkt. Damit wird ihre historisch junge Ineffizienz noch offenbarer und die Krise beschleunigt.

Zweiter Schritt: Funktionale Ausdifferenzierung

Mit der Zunahme der Komplexität der Organisationen und der gesamten Organisationslandschaft (und deren Zusammenspiel in Form eines sich beschleunigenden Prozesses) geht die Hierarchiekrise über in die funktionale Ausdifferenzierung der Organisationen. Das heißt nicht, dass die Hierarchie abdankt, formal bleiben sie bzw. die Prinzipien, nach denen die Tätigkeiten und Karrieren verwaltet werden, intakt. De facto etablieren sich aber immer mehr nicht-hierarchische Formen der Organisation von Arbeit innerhalb der Organisation. Dadurch wird die Hierarchie zur Hintergrundfolie, durch die man immer durchsehen kann, vor der sich aber etwas anderes abspielt, das im Widerspruch zu ihr steht. Die Beschleunigung und Ausweitung der Hierarchiekrise speist sich aus mehreren Quellen, die kurz zusammengefasst werden sollen:

Die in Gang gekommene Hierarchie-interne Dynamik, die dazu geführt hat, dass erste Mechanismen der Hierarchie außer Kraft gesetzt werden mussten, setzt sich fort. Die Eigenständigkeit einzelner Teile der Hierarchie nimmt derart zu, dass sie wie selbstständige, in sich wiederum vielfach gegliederte Organisationen erscheinen. Die Eigenlogik der Bereiche entfaltet sich so, dass von außen gemäß einer anderen Eigenlogik nicht mehr angemessen steuernd in sie eingegriffen werden kann. Die Eingriffe von außen werden zu Störungen, die natürlich Steuerungswirkung haben und zu Antworten führen, die ihrerseits als Störung bei anderen Teilsystemen ankommen. So findet die Verbindung und Vernetzung der teilautonomen Subsysteme über gegenseitige Irritation statt. Sie werden füreinander nach und nach zu relevanten Umwelten. Es gibt dementsprechend keinen übergeordneten Überblick und keine zentrale Steuerungsmacht mehr. Die Abhängigkeiten in der Organisation kehren sich um: Die übergeordneten Stellen werden abhängig von den untergeordneten. Auch damit werden hierarchische Steuerungsformen weiter außer Kraft gesetzt, und andere Formen der Steuerung müssen gezielt entwickelt, vermittelt und angeeignet werden.

Führung entfaltet sich, wie schon angedeutet, zum eigenständigen Beruf, dessen Qualifikationserfordernisse zunehmen. Etwas unscharf kann man sagen, dass jedem zusätzlichen Qualifikationsschritt die Auflösung oder das Bewusstwerden der Auflösung eines hierarchischen Elementes korrespondiert. Hierarchische Mechanismen legen die Bewältigung bestimmter organisatorischer Aufgaben in bestimmter Weise institutionell fest. Mit ihrer Auflösung wird die jeweilige Aufgabe frei und muss in anderer flexiblerer Form wahrgenommen werden. Dem Versuch, Teamarbeit einzuführen, hat der progressive Verlust der Brauchbarkeit isolierter Einzelarbeit entsprochen. Der zunehmenden Qualifizierung der Führungskräfte in Kommunikation entspricht die Auflösung der durchgängigen Brauchbarkeit indirekter Kommunikation in festgelegten Bahnen. Dem Training in Kooperationen entspricht der Verlust der Funktionsfähigkeit hierarchischer Koordination von Leistungen. Immer mehr solche Qualifikationsanforderungen entstehen also und werden ergänzt durch allerlei „Management-By...“-Philosophien und -Techniken. Mit ihnen differenziert sich der Trainerberuf immer mehr aus. Heute ist die Palette der diesbezüglichen Angebote kaum mehr überschaubar.

In allen diesen Trainingsangeboten findet sich die vorhin in der Hierarchiekrise beschriebene Problematik der Expertise des Nicht-Wissens: Die Führungskräfte wollen im Großen und Ganzen eine Expertise des Wissens erwerben, die den Verlust sicherer hierarchischer Regelungen (allerdings nach hierarchischem Muster) kompensiert. Stattdessen sind sie mit weiterer Unsicherheit in der Bewältigung der organisatorischen Unsicherheiten konfrontiert.

In einer analogen Lage befindet sich der Trainerberuf. Auch für ihn ist die Expertise des Nicht-Wissens schwer auszuhalten, und auch er erliegt immer wieder der Verführung, aus Marktgründen den Wünschen nach Expertise des Wissens entgegenzukommen. So werden einerseits Rezepte zu all diesen Problembereichen angeboten, in denen eine Expertise des Wissens vorgetäuscht wird. Im Gegensatz dazu entstehen gleichzeitig prozessorientierte Veranstaltungen, in denen die nichttriviale Eigendynamik der jeweiligen Prozesse der Kommunikation, Kooperation, Konfliktbewältigung, des Mitarbeitergesprächs, der Motivation und wie die nun auftauchenden Themen alle heißen, mitreflektiert wird. Und überall breitet sich die Expertise des Nicht-Wissens weiter aus. Es geht um die genaue Analyse unwahrscheinlicher Sachverhalte, um die Fähigkeit, sich dabei von der Situation, so unerwartet sie sich zeigen wird, überraschen zu lassen, um die Entwicklung von Handlungsalternativen und immer um das Beachten der Antwort, die man auf die eigene Handlung erhält, um auf sie so reagieren zu können, dass man den Prozess nicht unterbricht.

In dieser nicht rezeptorientierten Vorgangsweise setzen sich zunehmend ausdrücklich als solche formulierte Konzepte der Expertise des Nicht-Wissens durch. Man spricht von Theorien als von „Landkarten“, die nicht die Landschaft abbilden (also nicht den Anspruch haben, Wahrheiten zu vermitteln), sondern Konstruktionen darstellen, die helfen sollen, sich in der (unbekannt bleibenden) Landschaft zu orientieren; die es aber nicht ersparen, sich darin live und ungeschützt, die eigenen Schritte setzend, noch einmal umzusehen. In all den genannten Aspekten gehen bislang institutionell festgelegte, hierarchisch wohl definierte Abläufe in die Autonomie und Verantwortung von Mitarbeiter/innen und ganzen Organisationseinheiten über.

Zunehmend wird die Organisation in ihrer Eigendynamik als soziales System zum Gegenstand des Erwerbs von Steuerungskompetenz. Der Grund dafür ist ein doppelter. Einerseits nimmt die Erkenntnis zu, dass die nun zu steuernde Eigendynamik der aufgezählten Prozesse (der Kommunikation, Kooperation, Teamarbeit, Konflikte usw.) überlagert wird durch die Eigendynamik der Organisation, in der sie ablaufen. Man beginnt zu verstehen, dass diese beiden Eigendynamiken nicht aufeinander reduzierbar oder voneinander ableitbar sind, wohl aber aufeinander ihre Auswirkung haben.

Es setzt sich langsam die Erkenntnis durch, dass Konflikte in der Organisation nicht immer, ja, nicht einmal vorwiegend „Schuld" von Personen oder der nicht optimal laufenden Arbeitsbeziehungen sind, also individuelle, lokalisierbare Fehler darstellen, die korrigierbar wären (eine Auffassung, die der Logik der Hierarchie als eines Systems der Konfliktfreiheit entspricht).[10] Man beginnt vielmehr zu beachten, dass in Konflikten von Funktionsträgern, von Organisationseinheiten oder von Organisationen als Ganzer mit ihren Umwelten Organisationswidersprüche zum Ausdruck kommen, die häufig unvermeidbar sind und statt einer Lösung vielmehr eines Managements bedürfen, das sie produktiv am Leben erhält. Auch hierbei handelt es sich um eine weitere Dimension nicht kausal determinierbarer Prozesse, zu deren Steuerung eine vertiefte Expertise des Nicht-Wissens notwendig ist.

Der zweite Grund, warum die Organisation selbst zum Lerngegenstand und zum Gegenstand der Steuerung wird, liegt in einem noch konsequenzenreicheren Sachverhalt, der in der Phase der funktionalen Ausdifferenzierung virulent wird: Die funktionale Ausdifferenzierung innerhalb und von Organisationen verschärft die Hierarchiekrise um weitere Dimensionen, so sehr, dass man sich auf die Suche nach alternativen Formen der Gesamtorganisation macht. Einerseits gilt es, die Organisation den inzwischen ungeplant verlaufenden internen und externen Entwicklungen angemessen weiterzuentwickeln, gelegentlich als Ganze oder in ihren Teilen umzubauen. Andererseits gilt es, neue Gesamtkonzepte von Organisationen zu erfinden. So entstehen einerseits die großen Organisationsberatungs- und -entwicklungsprojekte. Andererseits werden, z. T. am Reißbrett, neue Formen von Organisation konstruiert, nun wirklich als Alternative zur Hierarchie. Beide Vorgehensweisen widersprechen einander, sind oft sogar miteinander verbunden, bloß handelt es sich um unterschiedliche Schwerpunkte. Häufig treten sie allerdings als einander ausschließende Konzepte auf. Dann repräsentieren sie die uns schon bekannten Spannungen zwischen der Ausbreitung der *Expertise des Nicht-Wissens* (nun auf die Organisation als Ganzes) und dem gegenteiligen Versuch, sich in eine neue Expertise des Wissens (Rezepte nun in Form des richtigen oder gar idealen Organisationsmodells) zu retten.

Ist die Entwicklung neuer Organisationskonzepte also häufig von dem Wunsch beseelt, eine verlässliche Expertise des Wissens wieder herzustellen, so stellt sich

---

10 Siehe hierzu Kapitel 3.5, insbesondere zur Wahrnehmung der Interdependenz der verschiedenen Aspekte und Prinzipien und Umgang damit, sowie Kapitel 3.6.8 zu Konfliktmanagement.

rasch heraus, dass gerade das nicht möglich ist: Es entwickeln sich aufeinander folgende „letzte Schreie" über den Aufbau der wahren Organisation. Die Matrix-organisation war ein solcher letzter Schrei, die Dezentralisierung, der Aufbau von Profitcentern usw. Doch gerade die Aufeinanderfolge von unterschiedlichen Wahrheiten erweist sie als das, was sie sind: Verschiedene Landkarten, deren Entwicklung nützlich und brauchbar sein kann, solange sie nicht als endgültige Wahrheiten gesehen werden. Je mehr solcher Landkarten entwickelt werden, umso besser, denn umso eher kann der organisationsbezogene Experte des Nicht-Wissens das geeignete Instrument, das ihm in der Situation (wenn auch vielleicht nur vorübergehend) angemessen erscheint, auswählen und genau beobachten, was seine Einführung bewirkt, um zur nächsten Modifikation zu schreiten. Doch das Bewusstsein, dass es sich hier um einen solchen, durch verschiedene Landkarten angereicherten Prozess der Expertise des Nicht-Wissens handelt, entwickelt sich erst später, und mit ihm entwickeln sich wiederum neue Modelle von Organisation und Management (z. B. Chaos-Management).

Auf der anderen Seite entwickelt sich in der Steuerungsunterstützung neben der Ausdifferenzierung der verschiedenen Trainings ein neuer Berufszweig, der eine Antwort und Entsprechung zu der Bewegung darstellt, die nun die Organisation als Gesamte erfasst hat: die Organisationsberatung. Erst in dieser Phase der funktionalen Ausdifferenzierung unterscheidet sich der Trainerberuf deutlich und strukturell von dem des Beraters. (Beratungsbedarf hat es schon in der ersten Zeit der Hierarchiekrise gegeben. Doch da die Professionalität der Steuerungsunterstützer sich dort eher auf den Erwerb neuer Kompetenzen konzentriert und diese Neuentwicklung anspruchsvoll genug war, wurde Beratung meist aus der Trainerperspektive vorgenommen. Dies lag umso mehr nahe, als die Gruppe, die zunächst Gegenstand der Aufmerksamkeit war, als Alternative zur Organisation gehandelt wurde.) Die Differenzierung innerhalb der Steuerungsunterstützung in Training und Beratung, die Entwicklung eines neuen Berufsbildes und die damit verbundene Wertung (Beratung erscheint als der „höhere", qualifiziertere Job gegenüber dem Training) erscheint als Indiz dafür, dass die Aufgabe des Umbaus und der Entwicklung der Organisation nun in den Vordergrund getreten und die Vermittlung von Kompetenzen (durch Trainer/innen) und ihr Erwerb (durch Führungskräfte und Organisationsmitglieder) dem beigeordnet ist.

Auch hier begegnen uns wieder die beiden Tendenzen, einerseits Expertise des Wissens vorzutäuschen und andererseits konsequent die geforderte Expertise des Nicht-Wissens voranzutreiben. Der ersten Tendenz nehmen sich Organisationsberater an, die am Reißbrett die ideale neue Organisation entwerfen, welche, einmal umgesetzt, wiederum auf Ewigkeit in Geltung bleiben soll. Dies kommt den Bedürfnissen der Organisation, sich nicht ganz von der hierarchischen Expertise des Wissens verabschieden zu müssen, entgegen. Es entspricht der Bemühung, Organisation als fixes durchstrukturiertes Gebilde zu erhalten; als ein Gebilde allerdings, das *einmal* umgebaut werden muss, um wieder den Anforderungen einer, leider veränderten, Umwelt entsprechen zu können.

Die am Reißbrett von Berater/innen erfundene wahre oder gar ideale Organisation kommt dem Stabilitätsbedürfnis der Organisation, die sie in Auftrag gegeben hat, noch aus einem anderen Grund entgegen: Die Gefahr, dass ein solcher neuer rationaler Entwurf der Organisation umgesetzt wird, ist gering. Zu wenig wird dabei auf die Prozesshaftigkeit einer Organisationsentwicklung geachtet, beziehungsweise darauf, dass es um Anschlussfähigkeit an Bestehendes und um

Bewältigung der Beharrungstendenzen und Veränderungswiderstände nicht bloß von Personen, sondern von der Organisation als Ganzer geht. Werden solche Reformvorschläge dennoch formell umgesetzt, so bleibt informell meist alles beim Alten. Wenn andererseits eine solche einmalige Organisationsentwicklung tatsächlich greift, so führt das dazu, dass die in Bewegung geratene Organisation alle paar Jahre die endgültige Organisationsreform vornimmt, bevor sich langsam die Einsicht durchsetzt, dass Veränderung in einer komplexen Situation zur Daueraufgabe geworden ist und dass es für deren Bewältigung nicht die eine richtige, wahre oder ideale Organisationsform und Lösung gibt. Es beginnt ein Verständnis dafür zu entstehen, dass die Organisation einen permanenten Lernprozess durchzumachen hat. Doch dies markiert bereits unsere dritte Stufe, in welcher der Übergang von der Organisation als fixem Gebilde hin zum Prozess des Organisierens beginnt.

Der andere Zweig der Organisationsberatung ist von Anfang systematisch an einer Expertise des Nicht-Wissens orientiert und arbeitet methodisch mit ihr. Es handelt sich um den prozessorientierten, häufig aus der gruppendynamischen Tradition kommenden und sich systemischer Konzepte annehmenden Zweig der Organisationsberatung. Ihr geht es nicht um die Entwicklung der wahren und richtigen Organisation, sondern darum, die Organisation in einem von der *Expertise des Nicht-Wissens* geleiteten Prozess bei ihrem Versuch zu unterstützen, sich nach ihren eigenen Maßstäben und Möglichkeiten zu verändern und weiterzuentwickeln. Erst im Verlauf dieses Prozesses stellt sich heraus, was eine Organisation will und was für sie brauchbar ist. Wohl besteht in diesem verunsichernden Prozess immer wieder die Gefahr, sich auch als Berater/in auf die Seite der Expertise des Wissens zu schlagen und der Organisation die eigenen „wahren" Konzepte zu verkaufen oder wenigstens mit gut erprobten Produkten in die Sicherheit des Trainerdaseins zu wechseln. Dies kann deshalb ganz unauffällig geschehen, da der Bedarf am Erwerb von interner Steuerungskompetenz in einem solchen Prozess ja auch tatsächlich zunimmt.

Dritter Schritt: Von der Organisation als fixem Gebilde zum permanenten Prozess des Organisierens

In den bisher dargestellten Phasen der in Bewegung geratenen Organisation (Hierarchiekrise und funktionale Ausdifferenzierung) wurde die Hierarchie schrittweise immer mehr in Frage gestellt. So wurden zunächst neue Arbeitsinstrumente wie Team oder Projektmanagement zur Bewältigung komplexer gewordener Aufgaben und Abläufe eingeführt. Die Funktionsmechanismen dieser Instrumente liegen zwar quer zur Hierarchie, dennoch sollte diese als Ganzes weder in Frage gestellt noch außer Kraft gesetzt werden. Später wurden für die gesamte Organisation die genannten *organisatorischen* Alternativen zur Hierarchie entwickelt. Trotz allem beherrschte die Hierarchie in vielen Aspekten weiterhin das Geschehen. Häufig war dies nicht direkt wahrnehmbar, weil man meinte, schon weit genug von ihr entfernt zu sein. Erst aus der Sicht der gegenwärtigen Phase jener Bewegung wird die Wirksamkeit dieser hierarchischen Relikte fassbar. Das erscheint deshalb möglich, weil sich seit einigen Jahren in der gegenwärtigen Phase ein radikalerer Abschied von der Hierarchie anbahnt, als er bisher stattgefunden hatte, und Konzepte auftauchen, die von bisherigen Vorstellungen von Organisation weit entfernt sind. Es geht um die Auflösung der Organisation als fixem Gebilde und um den Übergang zum permanenten Prozess des Organisierens. Diese Konzeption erscheint als Revolution, obwohl sie „nur" die Konsequenzen aus der bisherigen Entwicklung zieht.

Bis zu dieser Wende wirken einige hierarchische Elemente weiter. Zunächst war die Bemühung der Hierarchie unübersehbar, die ihr fremden Elemente der Teamarbeit und des Projektmanagements mit ihren Prinzipien zu durchsetzen und dadurch funktionsunfähig zu machen. Die oben genannte Abstoßbewegung der hierarchiefremden Elemente fand statt. Die Hierarchie musste an ihrem Konzept der Konfliktfreiheit und an ihrer Gesamtsteuerung durch Expertise des Wissens festhalten. (Übrigens nimmt die Rede von der Unsteuerbarkeit auch heute noch Maß an der mechanistischen Vorstellung von hierarchischer Steuerung. Wird diese zugrunde gelegt, so kann alles andere systemisch orientierte Steuern nicht als Steuern erscheinen. Die Organisation, die sich in einem nicht trivialen Austauschprozess mit ihren externen und internen Umwelten entwickelt, wird als unsteuerbar erscheinen. Denn die Form der Steuerung, die ihr angemessen, und die von einer fundierten *Expertise des Nicht-Wissens* geleitet ist, ist weit entfernt von der Ausübung von Kontrolle, die mit der traditionellen Vorstellung von Führung verbunden ist.)

Auch in der Phase der funktionalen Ausdifferenzierung setzten sich hierarchische Auffassungen weiterhin durch. Zwar nimmt man wahr, dass Veränderung notwendig ist, dennoch versucht man, in der Idee der großen einmaligen Organisationsentwicklung, mit der die neue Organisation feststehen soll, die hierarchische Vorstellung von der Dauerhaftigkeit und Unveränderlichkeit der Organisation zu retten. Ebenso wird die funktionale Ausdifferenzierung der Teilsysteme als eigenständiger kleiner Organisationen in der Organisation weiterhin getragen von dem hierarchischen Konzept der Auf- und Abteilung eines übergeordneten Ganzen in untergeordnete, voneinander relativ unabhängige Einheiten. Schließlich lässt sich in der internen Struktur der teilautonomen Subsysteme weiterhin hierarchisches Gedankengut finden.

Sogar die Organisationsberatung kann man unter dem Aspekt des Weiterwirkens hierarchischer Grundsätze sehen. Zwar erscheint es sinnvoll, die Veränderungskompetenz an einen eigenen externen Beruf zu delegieren und Organisationsberatung als eine hoch entwickelte Spezialfunktion „zuzukaufen". Dennoch wirkt in dieser Form der „Auslagerung" das in der Hierarchie tief verankerte Tabu der Organisation nach: Die Selbstreflexion der Organisation stellt eine Gefährdung ihrer Unveränderlichkeit dar. Sie hat daher innerhalb der klassischen Hierarchie keinen Platz. Also bleibt die Kompetenz der Organisationsveränderung, die auf Selbstreflexion beruht, auch dann noch längere Zeit an externe Berufe delegiert, als sich herausstellt, dass sie zu einer in der Organisation selbst wahrzunehmenden Daueraufgabe geworden ist. Erst schrittweise wird sie in die Organisation selbst übernommen. Dies geschieht zunächst wiederum in Form der Gründung eigener Organisationseinheiten (nach dem hierarchischen Muster: Denken in Teilen), schließlich in Form der Entwicklung von Beratungskompetenz als einer genuinen Führungsaufgabe.

Erst in der dritten Phase lösen sich auch diese Reste von hierarchischer Bindung, zunächst schrittweise, schließlich in dem Maße immer radikaler auf, wie die Kosten der funktionalen Ausdifferenzierung wahrnehmbar und Versuche unternommen werden, sie zu bewältigen. Folgende Veränderungen werden sichtbar:

1. Wiederum werden *neue Konzepte von Organisation* entwickelt, die andeuten, dass radikale Veränderungen anstehen: Die schlanke Organisation, Outsourcing,

die Besinnung auf Kernkompetenzen und ähnliches kommt zur Sprache, in der Bemühung, die im Laufe der Ausdifferenzierung fragwürdig gewordene Effizienz wieder herzustellen. Die partielle oder ersatzlose Auflösung von bislang wichtig erschienenen Teilen der Organisation wird zur Routine. Diese Auflösung wird durch die Grundgedanken des Business-Reengineering (Hammer & Champy 1995) so sehr radikalisiert, dass gelegentlich nichts mehr von der bisherigen Organisation übrig bleibt.

Wie immer Business-Reengineering im Detail kritisierbar sein mag, der konzeptuelle Wechsel von Organisationseinheiten und Abteilungen, die es zu verschlanken gilt, zu ganzheitlich aufgefassten Geschäftsprozessen bringt nicht nur viel radikalere Verschlankungen mit sich, sondern ein neues Paradigma von Organisation. Der Versuch, eine Organisation auf einige wenige zentrale Prozesse zu reduzieren und sie ganzheitlich (also nicht aufgesplittert in Abteilungen) zu erfassen und abzuwickeln, löst die Organisation in ihrer bisherigen Form begrifflich wie praktisch auf.

Organisation wird von nun an durch Bewegung definiert. Dies nicht nur deshalb, weil Prozess Bewegung bedeutet, sondern weil auch die einmal gefundene Prozesshaftigkeit in ihrer jeweiligen Bestimmtheit nichts Dauerhaftes darstellt. Alles, was mit Organisation zu tun hat, ist in unkontrollierbare, sich beschleunigende Bewegung geraten. Es gilt, auf jede Veränderung gefasst zu sein und rasch auf sie reagieren zu können. Man kann sich nicht auf einen einmal definierten und stromlinienförmig gestalteten Verlauf der Geschäftsprozesse verlassen. In Reaktion auf Bewegungen in den relevanten Umwelten gilt es immer wieder, neue Prozessverläufe zu erfinden und zu entwickeln. Die Gestaltung der Prozesse wird daher zur Daueraufgabe, und die Kompetenz dazu muss möglichst breit gestreut, darf nicht auf sog. Führungskräfte beschränkt werden, sondern soll möglichst viel Beteiligte einbeziehen. Dementsprechend werden Instrumente wie etwa TQM (Total Quality Management) und KVB (Kontinuierlicher Verbesserungsprozess) entwickelt.

Es gilt, mit einer weiterhin vertieften, in der gesamten Organisation verbreiteten Expertise des Nicht-Wissens zu arbeiten. Man ist dauernd mit Unbekanntem konfrontiert, muss daher kollektiv genauer hinsehen als jemals zuvor, rasch erfassen, was vorliegt, Konzepte und Modelle entwickeln, diese ausprobieren und neu konzipieren. Wie sehr und wie radikal sich die Expertise des Nicht-Wissens nun ausbreitet, lässt sich auch an der Veränderung von organisatorischen Planungsprozessen und Konzepten verfolgen. Die jüngst noch so gepriesene strategische Planung als vorrangiges Instrument der Steuerung der Gesamtorganisation und ihrer Subsysteme scheint etwas in den Hintergrund getreten, sie stellte sich als ein Instrument von relativem Stellenwert heraus. Demgegenüber ist viel öfter die Rede von Visionen. Damit ist ein weitgehender Abschied von Steuerungsinstrumenten verbunden, die auf Wissen beruhen und rational ausgerichtet sind. Dennoch ist in den Visionen weiterhin „wissbare" Orientierung enthalten. Und schon melden sich Stimmen, die meinen, auch dieses Instrument entspreche nicht mehr den Anforderungen an Steuerung, enge zu sehr ein, sei zu sehr festgelegt und festlegend. Vereinzelt nähert man sich der Vorstellung einer noch stärker unbestimmten, offenen Gerichtetheit, Handlungs- bzw. Reaktionsbereitschaft an, die Expertise des Nicht-Wissens wird zur emotionellen Gesamtqualität eines funktionsorientierten Systems. Oder anders gesagt, es findet eine Radikalisierung von Lernprozessen in der Organisation im Sinne einer als ganzer permanent lernenden Organisation statt, deren wesentlichste Merkmale Senge (1996) beschrieben hat.

2. Es ergeben sich *neue Vorstellungen von Steuerung.* Steuerung wird identisch mit der (immer wieder neu vorgenommenen) Gestaltung der Prozesse, aus denen die Organisation besteht. Und da es sich dabei um eine Daueraufgabe handelt, wird Steuerung ein integriertes Moment einer in Selbstorganisation ausgeübten Alltagsarbeit. Das fordert von den Steuernden wieder zusätzliche Qualifikationen: hochentwickelte Expertise des Nicht-Wissens als durchgängige Haltung und als selbstbewusstes methodisches Vorgehen. Es kann auch nicht mehr mit der bisherigen Deutlichkeit festgestellt werden, wer steuert. Diese Aufgabe ist nicht beschränkt auf die designierten Führungskräfte, sondern muss von immer mehr Personen wahrgenommen werden, egal ob ihnen diese Funktion (in Erinnerung an frühere Formen der Organisation) offiziell zugeschrieben und sie dafür bezahlt werden oder nicht. Und zu dem bisherigen auf Einzelpersonen abgestimmten Konzept von Steuerung gesellt sich eine Auffassung, in der soziale Systeme wie Gruppen als Ganze zum Steuerungsinstrument werden (Wimmer 1996).

Steuerung, Teamarbeit und die Gestaltung organisatorischer Prozesse in Selbstorganisation der sozialen Systeme fallen mehr oder weniger in eins. Das erfordert eine neue Qualität von Team: Es geht um flexible, sich rasch neu konstellierende und auflösende Teams mit hoher Fähigkeit der organisatorischen Selbstreflexion. Steuern heißt nicht mehr (nur), das Lösen von Problemen und das Erreichen von Zielen innerhalb bestehender Strukturen und bestehender Vorgaben zu moderieren und zu coachen. Steuern heißt, sowohl Ziele als auch notwendige Vorgaben und dazu passende Strukturen, der jeweiligen Situation angemessen, miteinander autonom zu entwickeln.

Führungskräfte mit einer Professionalität aus der Phase der funktionalen Ausdifferenzierung werden nicht überflüssig. Aber ihnen wird mehr abverlangt als jemals zuvor, bei gleichzeitiger Veränderung ihrer Positionierung in der Organisation: Als Individuum müssen sie sich radikaler als jemals zuvor in großer Unsicherheit und mit mehr Verantwortung für den Gesamtprozess als Teil der Situation verstehen, die sie steuern. Ihre Autonomie besteht darin, Teams, welche das eigentliche Steuerungsinstrument darstellen, zu größerer Autonomie zu führen, Sicherheit zu geben in der Auflösung von Sicherheiten, (vorläufige) Handlungsketten in Teamarbeit und mit radikaler Offenheit für zukünftige Entwicklungen betreuen. Sie steuern Teams, die in Selbstbeobachtung bereit sind, teamfremde Modifikationen in sich vorzunehmen.

Leadership, wie die Anforderung gelegentlich genannt wird (z. B. Köstenbaum 1991), lässt sich nicht darauf beschränken, eine individuelle Kompetenz zu sein. Sie ist als Kompetenz flexibler Steuerungsteams aufzufassen: Diese repräsentieren in ihrer jeweiligen Zusammensetzung immer die gesamte Organisation mit ihren internen Widersprüchen und die gesamte Palette von Steuerungsfunktionen und Kompetenzen mit ihren Widersprüchen, aufgeteilt auf die Teammitglieder. Dass Teams zu Steuerungsinstrumenten werden, geschieht nicht nur deshalb, weil die Aufgaben der Steuerung so komplex geworden sind. Es geschieht auch wegen der grundlegenden Prozessorientierung, in der es um Integration aller in den Prozess beteiligten Mitarbeiter geht. Damit entsteht eine neue Möglichkeit der Identifikation der Mitarbeiter mit organisatorischen Prozessen.

3. Auch auf der Seite der *Steuerungsunterstützung* findet sich eine Entsprechung zu den beschriebenen Entwicklungen. Ein neuer Fokus der Professionalisierung in der Beratungsprofession tritt in den Vordergrund: Supervision und Coaching. Zwar bleiben die Trainingsaufgaben bestehen, ja, sie vermehren sich, weil es weiter darum geht, neue Qualifikationen zu vermitteln. Und sie verändern sich entsprechend der skizzierten Veränderung der Organisationen: Auch in ihnen wird immer mehr auf Prozessorientierung geachtet. In der Vermittlung der einzelnen, schon genannten Managementkompetenzen tritt überdies der Organisationsbezug in den Vordergrund. Unter diesem Fokus werden mehrteilige, in sich komplex aufgebaute General-Management-Lehrgänge angeboten. Auch die inzwischen traditionellen, immer schon prozessorientierten Trainings bleiben bestehen und finden wieder vermehrt Zulauf bzw. sie entwickeln sich entsprechend der neuen Anforderungen weiter. So erfreut sich die Gruppendynamik dort, wo sie sich ursprünglich etabliert hat, wieder regen Zuspruchs. Gelegentlich integriert sie systematische Konzepte und Methoden. Unter diesem Fokus wird sie kaum mehr, wie das ursprünglich oft der Fall war, zum Instrument individueller Selbsterfahrung entfremdet.

Auch die Beraterzunft lebt gut. Beratungsaktivitäten nehmen nicht ab, wohl aber verändern sie sich in ihrer Qualität. Die großen Organisationsentwicklungsprojekte werden seltener. Immer mehr verwalten die Organisationen ihre internen Veränderungsprozesse in Eigenregie, bauen die dazu nötigen Kompetenzen in vermehrtem Ausmaß intern in Kooperation mit externen Berater/innen auf. Die Steuerung der Veränderungsprozesse ist, wie gesagt, ebenso zur Führungsaufgabe geworden wie die Steuerung anderer zum organisatorischen Alltag gehöriger interner Prozesse. Dementsprechend wird die Begleitung solcher Selbstorganisationsprozesse und die Vertiefung der dazu nötigen Kompetenzen zur vordringlichen neuen Beratungsaufgabe – was in der wachsenden Nachfrage nach *Supervision in Organisationen* (Buchinger 1998a) zum Ausdruck kommt. Damit ist der dritte Schritt in der Professionalisierung der Steuerungsunterstützung getan.

Supervision erscheint uns als die radikalste, unaufwändigste und sparsamste Form der Steuerungsunterstützung (und weil sie unmittelbar arbeitsplatzbezogen ist, auch als die am meisten anschlussfähige). Sie leistet externe Reflexionshilfe zur Absicherung der internen, in Eigenregie der Organisation durchgeführten selbstreflexiven Steuerungsprozesse. Sie tut dies, indem sie der Unterstützung, Vertiefung oder auch dem Erwerb der entsprechenden organisationsinternen Professionalität dient. In der Supervision wird nichts, im Sinn eines neuen Inhaltes, vermittelt, werden keine Konzepte verkauft, sondern radikale Expertise des Nicht-Wissens praktiziert: zum Zweck der Vertiefung der Expertise des Nicht-Wissens in der Organisation. Supervision vermittelt das, was sie tut, indem sie es tut. Das hat Auswirkungen auf die Art der Beziehung zwischen Supervisor und Klientensystem. Sie wird zur professionellen Partnerschaft auf einer fundamentalen Ebene der miteinander geteilten Expertise des Nicht-Wissens. Nicht zufällig spricht man, wie schon gesagt, seit einiger Zeit von der Führungskraft selbst als Coach und Supervisor.[11]

---

11 Zur Führungskraft als Coach siehe Kapitel 4.4.1.

	Hierarchiekrise	Funktionale Ausdifferenzierung	Organisation als Prozess
Steuerung	durch Strukturen und Vorgesetzte; bezüglich Teamarbeit und Projektmanagement werden aus Vorgesetzten partiell Führungskräfte	Führung als eigenständige Profession etabliert sich (durchsetzt mit Vorgesetztenmentalität); Führung = widersprüchliches Handeln: Autonomie versus organisatorische Vorgaben; Anspruch: unternehmerisches Denken (Soziale Kompetenz und Organisationsbewusstsein)	Führung als breit gestreute Alltagsaufgabe (Führungskraft als Coach), Leadership, flexible Steuerungsteams
Organisation	Hierarchie als Organisation bleibt bestehen; Teamarbeit und Projektmanagement als hierarchiefremde Elemente	organisatorische Alternativen zur Hierarchie: Matrixorganisationen, Dezentralisierung, Profitcenter, Management-by ..., große OE-prozesse (zunächst konzipiert als einmaliger Umbau der Organisation); Lean Management	Chaos Management Business-Reengineering, Lernende Organisation, Instrumente TQM, KVP, Kaizen
Steuerungsunterstützung	*Trainingsberufe*: vor allem Gruppendynamik; Beratung aus Trainerperspektive	Ausdifferenzierung der *Trainingsberufe*: soziale Kompetenz-Kommunikation, Konflikt, Kooperation etc.; Organisation als Lerngegenstand; *Organisationsberatung als eigene Profession*; Supervision spielt untergeordnete Rolle	Trainingsberufe und Organisationsberatung bleiben bestehen; *Supervision, Coaching* als zentrales Instrument
Expertise des Nicht-Wissens	partiell, auf einzelne Instrumente beschränkt	breitet sich immer weiter aus – auf die ganze Organisation	Fundament der Handlungsfähigkeit in der Gesamtorganisation

Abb. 4.1: Schematische Darstellung der drei Stufen der Organisationsentwicklung

4.2.3 Fazit zur Expertise des Nicht-Wissens

Wenn hier von drei Stufen der in Bewegung geratenen Organisation gesprochen wird (von denen eine in die andere schrittweise übergeht, dennoch jede so etwas wie einen qualitativen Sprung markieren soll), so handelt es sich nicht um eine Aussage mit Wahrheitsanspruch, sondern ganz im Sinne des oben Gesagten um eine Landkarte: Aufgrund von markanten Einschnitten in einem kontinuierlichen Vorgang werden Orientierungshilfen konstruiert. Weil es sich um einen kontinuierlichen Prozess handelt, bleiben ausreichend Elemente des Vorangegangenen in dem jeweiligen Neuen enthalten, was die Widersprüchlichkeit, Unüberschaubarkeit und Komplexität der ganzen Bewegung erhöht.

Elemente des Vorherigen bleiben aus unterschiedlichen Gründen noch länger erhalten. Erstens braucht es in jeder Veränderung eine Balance zwischen Neuem und Bestehendem. Zweitens sind Strukturen langlebiger als ihre Brauchbarkeit. Drittens scheint es so etwas wie einen sozialen Nachhinkeffekt (Elias 1987) zu geben: Die Anforderungen der Realität entwickeln sich schneller weiter als die Haltungen Fähigkeiten und Instrumente, mit denen wir versuchen, sie zu bewältigen. Emotionale und soziale Lernprozesse brauchen häufig mehr Zeit als strukturelle Veränderungen. Umgekehrt brauchen auch strukturelle Veränderungen häufig mehr Zeit, als der nötigen Veränderung von Handlungsweisen in einer veränderten Realität angemessen und nützlich ist.

Man kann vermuten, dass es bei der hier skizzierten Entwicklung der Expertise des Nicht-Wissens als zentraler Kompetenz um einen gesamtgesellschaftlichen Prozess geht. Nicht nur die Organisationslandschaft entwickelt sich in der skizzierten Weise, nicht nur die Anforderungen an Steuerung und an die beratenden Berufe: Die Zunahme der Komplexität findet in allen gesellschaftlichen Feldern und Lebensbereichen statt und führt zu vergleichbaren Anforderungen an Individuen und alle sozialen Systeme.

Überall lösen sich nach und nach institutionalisierte Festlegungen und Normierungen auf und machen Platz für eine autonome Gestaltung dessen, was bisher der Entscheidung entzogen war. Überall ist man dabei konfrontiert mit dem Verlust an Orientierung, dem Bewusstsein der Zunahme der Kontingenz, dem flüchtigen Bestand einmal gefundener Lösungen. Es geht um die Bewältigung von Ungewissheit und permanentem Wandel. Überall bedarf es dazu der Entwicklung professioneller Kompetenz, die es erlaubt, aus einer Expertise des Nicht-Wissens heraus zu handeln.

So verändern sich z. B. die Anforderungen an das Individuum. Was früher persönliche Identität im Sinn kontinuierlicher berechenbarer Lebensführung war, ist heute viel eher ein Kennzeichen für mangelnde Flexibilität. Was früher als Verwahrlosung gegolten hat (z. B. wechselnde Partnerschaften oder Berufe und Karrieren im Laufe eines Lebens) ist heute der Normalzustand. Dabei werden dem Individuum Kompetenzen abverlangt, die in Analogie zur geforderten, immer größeren Offenheit der Organisationen (Liebe zur Zukunft) zu sehen sind. Das leere Selbst als virtuelle Identität ersetzt nach und nach das herkömmliche Konzept stabiler persönlicher Identität (Buchinger 1994a, 2000a, 2003a).[12]

---

12 Siehe hierzu Kapitel 7 zu Identität in der Supervision.

Ähnliche Anforderungen werden an Gruppen aller Art gestellt: Gerade die Primärgruppe ist ein hoch selbstreflexives System geworden, das nicht durch institutionelle Normen festgelegt, nicht mehr auf Dauer angelegt ist, sondern seine Umstrukturierung oder gar Auflösung häufig selbst besorgen und verwalten muss. Das entspricht der Anforderung an Gruppen innerhalb der Organisation, die immer mehr zu virtuellen Gruppen werden, obwohl sie, was ihre Funktionsmechanismen betrifft, wie traditionelle Gruppen gebaut sind: Sie bleiben gekennzeichnet durch Mitgliedschaft (auch wenn diese wechseln können muss, d. h. relativ geworden ist), sie beruhen auf einer gelingenden Beziehungsbasis, die statt, wie früher, auf Kontinuität, nun auch auf dem gemeinsam geteilten emotionell verankerten Bewusstsein der Auflösbarkeit gründen muss.

Überall breitet sich der Bedarf an einer fundierten Expertise des Nicht-Wissens aus. Sie ist in unserer sozialen Realität notdürftig verankert. Es wird in Zukunft gezielter und methodischer Anstrengungen bedürfen, sie angemessen zu entwickeln. Wahrscheinlich wird dies nicht in Form von herkömmlichen Fortbildungen oder selbsterfahrungsorientierten Trainings möglich sein. Es wird eher unkonventioneller Methoden bedürfen, die es zum Teil erst zu entwickeln gilt, die man zum Teil aus spirituellen Bereichen borgen und ihre Adaption an moderne Ansprüche besorgen muss. Diese Adaption könnte kleiner sein, als man meint.

4.3 Organisationsbewusstheit – eine neue Anforderung an Manager[13]

4.3.1 Organisationsbewusstheit?

Mit dem Beginn der Industrialisierung hat ein Prozess eingesetzt, in dessen Verlauf die Arbeit zum einzigen Maßstab für den Wert des Menschen geworden ist. Einstmals gesellschaftlich wenig geschätzte Tätigkeit von Sklaven und Leibeigenen, zeichnet sie nun den freien Menschen aus. Wenn man wissen will, wer jemand ist, fragt man nach seinem Beruf.

Diese Erhöhung des Wertes der Arbeit hat unter dem gesellschaftlichen Primat der wirtschaftlichen Produktivität zur vermehrten Entwicklung immer größerer Organisationen geführt, deren Bedeutung für das Leben des Menschen enorm zugenommen hat. Haben vor 100 Jahren noch erheblich mehr Menschen in kleinen korporativen Einheiten als in größeren Organisationen ihre Arbeit verrichtet, so verhält es sich heute umgekehrt.

Unter diesen Umständen ist zu erwarten, dass Organisationen einen mächtigen Einfluss auf die Personen ausüben, die in ihnen tätig sind. Es kann nicht ohne tiefgehende Auswirkungen auf die Persönlichkeitsstruktur bleiben, wenn man fünfmal in der Woche oder öfter acht bis zwölf Stunden am Tag in einer Organisation verbringt, und dies ca. 40 Jahre lang 45 Wochen pro Jahr. Noch dazu ist es gerade diese Zeit, in der man einen Großteil seines Selbstwertgefühls und seiner

---

13 Grundlage dieses Kapitels siehe Buchinger (1991a, b).

persönlichen Identität gewinnt. Wenn man sich darüber hinaus vor Augen führt, dass die Kommunikationsprozesse, durch welche sich eine Organisation am Leben erhält, mitten durch die psychosoziale und psychosomatische Integrität der Person gehen, dann wird man die Dimensionen jenes Einflusses erahnen.

Die Kenntnisse über die Psychogenese des Individuums im Rahmen der Familie haben eine gewisse Popularität erlangt. Wir verfügen auch über ein differenziertes Verständnis der Dynamik zwischenmenschlicher Beziehungen. Den Auswirkungen der Organisation auf die individuelle Persönlichkeit und auf menschliche Beziehungen stehen wir aber meist blind gegenüber. Wir nehmen sie häufig ohne weitere Reflexion in einer Weise als Schicksal hin, wie man früher Krankheit oder Naturgewalten hinnahm. Selten treten wir in ausreichend reflektierende Distanz, um die Dynamik von Organisationen an ihrer Auswirkung auf den Menschen besser verstehen zu können. Wir entwickeln auch wenig theoretische Phantasie zur Lösung dieser Aufgabe. Beides wären Voraussetzungen, um an der Gestaltung dieses Schicksals, das die Organisationen für uns heute darstellen, mitwirken zu können, um unsere diesbezüglichen Handlungsspielräume und Einflussmöglichkeiten genauer zu sehen und besser zu nutzen. Angesichts der heutigen Dynamik komplexer Organisationen und ihrer Anforderungen an Person und Leistungsfähigkeit ihrer Mitglieder wäre ein entsprechendes Organisationsverständnis häufig zur bloßen Erhaltung der Arbeitskraft vonnöten.

Aber nicht nur der Autonomie und Bewegungsfreiheit des einzelnen Funktionsträgers dient eine solche distanzierende und analytische organisationsbewusste Haltung. Sie wird unentbehrlich für den Erhalt der Funktionsfähigkeit moderner Organisationen als Ganzes.

Man kann sich nicht mehr darauf verlassen, dass eine Organisation, einmal aufgebaut, als ganze von selbst funktioniert, wenn man nur innerhalb des vorgegebenen Rahmens seine Aufgaben korrekt zu erfüllen versucht. Die Steuerung von Organisationen und organisatorischen Subeinheiten ist zu einer hochqualifizierten Spezialaufgabe geworden, welche den Inhalt der Managementfunktionen ausmacht. Ihre Erfüllung stellt eine bislang in dieser Schärfe nicht gekannte Anforderung an die Führungskraft: Sie muss über ein qualifiziertes Verständnis für die Eigendynamik von Organisationen verfügen, das seinerseits die geschulte Fähigkeit voraussetzt, in Strukturen zu denken und zu handeln. Was ist damit gemeint und mit welchen Schwierigkeiten ist diese Anforderung verbunden?

4.3.2 Organisation und Familie: ein wichtiger Unterschied

Organisationen sind soziale Systeme mit einer ausgeprägten Eigendynamik, die uns aus verschiedenen, noch zu erläuternden Gründen nur schwer zugänglich ist. Das häufigste und weitreichendste Missverständnis, das viele praktische Arbeitsschwierigkeiten zur Folge hat, besteht in der Verwechslung von Organisationen und familiären Systemen. Die Eigendynamik von Organisationen wird aber nur in scharfer Abgrenzung von familiären Systemen sichtbar und verständlich. Der Unterschied zwischen beiden soll daher hier beleuchtet werden.

Organisationen sind primär an der Erfüllung von Funktionen orientiert, nicht an Personen und ihren Beziehungen. Man kann den Sinn einer Organisation, ihre Zielsetzung, ihren Aufbau, ihre Struktur, die organisationsinternen Abläufe, Vernetzungen, Widersprüche ausreichend beschreiben, ohne dabei auf Menschen Bezug nehmen zu müssen.

Menschen gehören, wie Luhmann es konsequent und in aller Deutlichkeit formuliert, zur Umwelt von Organisationen. Das heißt nicht, dass Organisationen ohne Menschen denkbar wären. Das ist ebenso wenig möglich, wie irgendein soziales System ohne seine relevanten Umwelten denkbar ist. Bloß diese Umwelten sind als solche nicht Teil des Systems und seiner spezifischen Dynamik. Sie können einen Einfluss auf diese haben. Sie finden ab einer bestimmten Komplexität der Vernetzung von Organisation und Umwelt ihren institutionellen Niederschlag innerhalb der Organisation, der dazu beitragen soll, sowohl dieser Umwelt gerecht zu werden als auch den Einfluss der Umwelt auf die Organisation zu steuern. So werden in größeren Organisationen zu diesem Zweck eigene Abteilungen für Personalwesen eingerichtet.

Etwas praxisbezogener formuliert, bedeutet dieser Sachverhalt, dass in Organisationen zwar die Menschen ersetzbar sind bzw. sein müssen, nicht aber die Funktionen. Wenn man einen Mitarbeiter für eine bestimmte Position sucht, dann besteht das dominante Auswahlkriterium in seiner Brauchbarkeit für die in Frage stehende Funktion. Er kann noch so sympathisch und menschlich wertvoll erscheinen – wenn er die nötige Qualifikation nicht mitbringt oder in vorgesehener Zeit erwirbt, so wird er nicht aufgenommen oder er wird ersetzt. Eine Organisation, in der nicht jede einzelne Person als Funktionsträger ersetzbar wäre durch eine andere Person, hätte etwas falsch gemacht. Im Extremfall müsste sie sich mit der Pensionierung oder dem sonstigen Ausscheiden ihrer Mitarbeiter auflösen. Gerade wegen dieser notwendigen, relativen Personenunabhängigkeit ist es für Organisationen wichtig, sich rechtzeitig nach den rechten Personen umzusehen, d. h. z. B. auf Nachwuchsförderung zu achten.

Als soziale Systeme sind Organisationen weiterhin dadurch charakterisiert, dass ihre internen Prozesse aus Kommunikationen bestehen, deren Sinn darin liegt, Tätigkeiten und Informationen so weit miteinander zu vernetzen, als es für die Lösung der anstehenden Aufgaben nötig ist. Die Menschen tauschen sich in Organisationen nicht deshalb miteinander aus, weil es so schön ist, miteinander in Beziehung zu treten. Der Kontakt ist der Sachaufgabe untergeordnet, hat ihr zu dienen. Man kann dies als sekundäre Kommunikation bezeichnen. Es wird allerdings häufig zu wenig darauf geachtet, dass die innerbetriebliche Kommunikation als Transportmittel organisatorischer Funktionalität intakt bleiben muss und dass sie daher der Pflege ihrer Eigendynamik bedarf, welche ihrerseits nicht auf diese Funktionalität zu reduzieren ist. Gerade der Funktionalität wegen muss man auf den Eigensinn kommunikativer Prozesse achten.

In familiären Systemen verhält es sich in Bezug auf die genannten Kriterien gerade umgekehrt wie in Organisationen. Sind in Organisationen die Personen austauschbar, nicht aber die Funktionen, so sind familiäre Systeme dadurch charakterisiert, dass die Personen nicht so leicht austauschbar sind, wohl aber die Funktion, die sie erfüllen.

In familiären Systemen dient die Kommunikation primär der Aufrechterhaltung der Beziehung. Sie ist also Selbstzweck, auch wenn es dabei um die Erfüllung anderer Aufgaben geht. Man kann das als primäre Kommunikation bezeichnen.

Man begegnet vielfältigen Tendenzen, familiäre Systeme und Organisationen miteinander zu verwechseln, die Charakteristika des einen Systems auf das andere zu übertragen.

Wie kommt es, dass wir uns in Organisationen gerne so verhalten, als würden wir uns in familiären Systemen befinden? Welche Schwierigkeiten handeln wir uns damit ein?

4.3.3 Von der Schwierigkeit, in Strukturen zu denken

Drei Gründe erscheinen uns für diese Schwierigkeit verantwortlich:

1. Der Mensch ist ein Kleingruppenwesen, Organisationen sind menschheitsgeschichtlich spät aufgetretene Phänomene, in unserer emotionellen Erbschaft nicht sehr tief verankert.
2. Organisationsstrukturelle Phänomene, Widersprüche, Probleme sind nicht unmittelbar als solche wahrnehmbar und erlebbar. Sie finden ihren sichtbaren Niederschlag außer im Arbeitsergebnis noch im Verhalten der einzelnen Funktionsträger und in den Kommunikationen zwischen ihnen, zwischen den organisatorischen Subsystemen bzw. zwischen diesen und der Umwelt der Organisation. Man muss aus diesen Phänomenen mühsam auf organisatorische Gegebenheiten zurückschließen.
3. Wie eingangs gesagt, beeinflussen Organisationen Menschen und ihre Beziehungen auf eine sehr umfassende Art und Weise. Man ist aber nicht gewohnt, psychische und Interaktionsphänomene aus ihrem organisatorischen und institutionellen Verursachungskontext heraus zu verstehen. Man hat die Eigendynamik beider Arten von Phänomenen isoliert erforscht und dabei jede Menge von Erkenntnissen über Psychodynamik und Gruppendynamik gewonnen. Bestenfalls ist man der Interdependenz beider nachgegangen. Organisationen als eigenständige, soziale Systeme waren zur Blütezeit der Entwicklung dieser Forschungsgebiete noch kein vorrangiges Objekt wissenschaftlicher Aufmerksamkeit, sondern sind es aus den genannten Gründen erst in den letzten Jahrzehnten geworden.

Wir werden diesem Punkt des Einflusses der Organisationen auf die Persönlichkeit und auf menschliche Beziehungen den letzten Abschnitt dieses Kapitels mit einer sehr ausgewählten Betrachtung widmen. Im vorliegenden Abschnitt werden wir uns den Punkten 1. und 2. zuwenden.

ad 1.

Der Mensch ist sowohl in seiner menschheitsgeschichtlichen als auch in seiner psychosozialen Genese ein Kleingruppenwesen. Die menschliche Evolution, für die heute mehrere Jahrmillionen veranschlagt werden, fand in kleinen Gruppen, in Horden oder Clansystemen statt, in denen die Muster unseres emotionellen Erlebens individueller und sozialer Zusammenhänge nachhaltig geprägt wurden. Organisationen als eigenständige soziale Systeme bestehen demgegenüber seit mehreren tausend Jahren, was einen verschwindenden Prozentsatz im Rahmen der Evolution ausmacht.

Man wird sich vorstellen müssen, dass sie in ihrer ersten klassischen, uns überlieferten Form als große Hierarchie dem menschlichen Erleben als derart fremdartige, staunenswerte, unnatürliche Gebilde erschienen, dass es massivster Vorkehrungen zu ihrer Absicherung bedurfte: Einerseits stilisierte man das an der Hierarchie als unnatürlich Erscheinende, weil gegenüber dem „natürlichen" familiären System viel Abstraktere, zu etwas Übernatürlichem, Heiligem, Göttlichem. Andererseits versuchte man sehr erfolgreich, der hierarchischen Struktur ihre Fremdheit zu nehmen, indem man es unternahm, den gesamten Aufbau der Welt inklusive des Denkens, das ja in der Lage sein soll, diesen objektiv wiederzugeben, nach hierarchischem Prinzip zu konstruieren. Die formale Logik als die Grundlage richtigen Denkens spiegelt diesen Versuch ebenso wider wie das Denken in Ursache-Wirkungs-Kategorien. (Die Ursache ist das hierarchisch übergeordnete, die Wirkung das untergeordnete Phänomen, das aber seinerseits auf einer nächsten Stufe wiederum als Ursache wirksam werden kann.) Erst in allerjüngster Zeit beginnt man, diese hierarchischen Denkgewohnheiten durch die neueren Erkenntnisse der Systemtheorie in Frage zu stellen.

Trotz dieser nachhaltigen Prägung unseres Denkens durch hierarchisch-organisatorische Kategorien ist es nicht gelungen, die Eigenständigkeit von Organisationen in unserem Erleben anders zu verankern als durch den Rückgriff auf Bilder aus dem familiären System. So ist die Rede davon, dass die Organisation eine große Familie sei. Es wird versichert, an ihrer Spitze stehe ein guter, sorgender, gerechter Vater. Es gibt Institutionen, die sich als Ganzes zu Eltern stilisieren (Mutter Kirche, Vater Staat) und von ihren Mitgliedern direkt als von Kindern sprechen (und sie auch so behandeln).

Sieht man sich die Leitbilder moderner Organisationen insbesondere aus der Wirtschaft an – also jenem gesellschaftlichen Subsystem, in welchem man am ehesten auf die der Organisation eigene kalte Funktionalität bewusst achten muss –, so findet man den Familienmythos der Organisation dort sehr lebendig, so z. B., wenn versichert wird, im Zentrum der Organisation stehe das Wohl des einzelnen Mitarbeiters, seine persönliche Entfaltung und Zufriedenheit stelle das oberste Anliegen dar und Ähnliches mehr. Natürlich möchte man durch diesen Mythos die emotionale Zugehörigkeit und Loyalität der Mitarbeiter zur Organisation im Dienste einer hohen Arbeitsmotivation festigen. Doch spätestens mit der nächsten Rationalisierungswelle, die dazu zwingt, Personal abzubauen, stellt sich der gut gemeinte Schwindel als solcher heraus.

Arbeitsanfänger haben oft mit der Neigung, Organisationen nach dem Muster familiärer Systeme misszuverstehen, ihre liebe Not. Sie hoffen, in der Organisation eine bessere Familie zu finden, bemühen sich, gute Söhne und Töchter zu sein und dafür liebevolle Zuwendung und Anerkennung zu erhalten. Die Gelegenheiten können nicht ausbleiben, die sie lehren, dass sie nicht so sehr als Person, sondern vielmehr als Funktionen gefragt sind. Die Enttäuschung ist groß, wirkt sich aber selten im Sinne einer optimalen Frustration aus, in deren Folge ein Reifungsschritt ausgelöst wird: Der Familienmythos wird nicht fallengelassen. Es steht kein anderes Muster, sich in der Organisation zu orientieren, zur Verfügung. Es fehlt eine korrekte Theorie – woher sie auch nehmen, wenn die Organisation selbst den naheliegenden Mythos unterstützt? Also entschließt man sich dazu, die Organisation als schlechte Familie einzustufen, und bleibt das enttäuschte Kind.

Erst wenn es gelingt, den Familienmythos zugunsten eines adäquaten Modells der Organisation (als eines kalten, nicht personenbezogenen Modells von Strukturen und Kommunikationen zum Zweck der Lösung von Sachproblemen) aufzugeben, ist man von Erwartungen an die Organisation entlastet, die deshalb enttäuscht werden müssen, weil sie in einen anderen sozialen Kontext gehören.

Erst dann ist man in der Lage, den funktionellen Anforderungen voll gerecht zu werden. Man kann sich einen sachlichen Überblick über die Strukturen verschaffen und sie zum Zweck der optimalen sachlichen Problemlösung mit kühler Kalkulation nutzen.

ad 2.

Organisationsstrukturelle Phänomene sind als solche unserer Wahrnehmung und unserem Erleben nicht unmittelbar zugänglich. Wir können sie erst in ihren Auswirkungen wahrnehmen, die sie unter anderem im Verhalten der Mitarbeiter und in den Arbeitsbeziehungen zwischen ihnen oder zwischen einzelnen Abteilungen zeitigen. Individuelles Verhalten und menschliche Beziehungen stellen aber psychische und soziale Phänomene dar, die für unser Erleben vertrauter sind als Prozesse in Organisationen. Wir begegnen ihnen auch außerhalb von Organisationen. Wir haben Theorien entwickelt, in denen kein Wissen über Organisationen nötig ist, um sie in ihrer Eigendynamik zu verstehen. Ebenso haben wir organisationsunabhängige Instrumente entwickelt, um ihnen praktisch zu begegnen. Es ist daher naheliegend, dass wir diese Phänomene, auch wenn sie uns in Organisationen begegnen, aus dem vertrauten familialen Kontext heraus bzw. mit dem darin entwickelten psychologischen Instrumentarium zu begreifen versuchen. Wir sind wenig geneigt, nach den organisatorischen Hintergründen zu forschen, die sich in solchen individuellen und Beziehungsphänomenen zeigen könnten. Aber selbst, wenn wir das einmal versuchen würden, wäre unsere Aufmerksamkeit selten für solche Zusammenhänge derart geschärft, dass wir in der Lage wären, eine korrekte Diagnose des organisatorischen Sachverhaltes zu stellen.

Es gibt viele organisatorische Probleme, die lösbar sind. Nun begegnen wir in komplexen Organisationen immer häufiger unvermeidlichen, strukturell bedingten Widersprüchen, die ebenso ihre Wirkungen als Konflikte auf der individuellen und auf der Beziehungsebene entfalten. In solchen Fällen wirkt sich ein dem beschriebenen analoges Missverständnis in der Problemdiagnose noch kontraproduktiver aus. Denn sollte es wirklich gelingen, das unvermeidliche strukturelle Problem auf der Beziehungsebene zu lösen, so kann man sicher sein, dass man damit der Organisation Schaden zufügt. Würde es z. B. gelingen, dass Verkauf und Produktion eines Betriebes ein tiefes Verständnis füreinander entwickelten und sich in ihren Tätigkeiten konfliktfrei an den Ansprüchen der jeweils anderen orientierten, so würden sie miteinander den Betrieb zugrunde richten. Die Verkäufer würden Kunden abweisen, die Dinge verlangen, durch welche die Produktion unter Druck geraten würde, anstatt die Kunden zu halten und sich mit der Produktion auf Schwierigkeiten einzulassen. Die Produktion ihrerseits würde ganz nach den Versprechungen, die der Verkäufer dem Kunden gemacht hat, ihre Arbeit hinschludern, anstatt mit dem Verkauf um sinnvolle Produktionsmöglichkeiten zu kämpfen.

In solchen Situationen erhält nur ein Verständnis von Konflikt als einem unvermeidlichen strukturellen Konflikt handlungsfähig. Diesen gilt es nicht zu beseitigen, sondern vielmehr immer wieder produktiv so zu managen, dass er als Konflikt erhalten bleibt. Ein entsprechendes Verständnis setzt allerdings eine genaue Kenntnis der Eigendynamik der Organisation voraus.

4.3.4 Organisationsbewusstsein als psychohygienischer Faktor

Zwar erhält das Individuum seine primäre Sozialisation in der familiären Klein-gruppe. Aber die Werte, nach denen sein Seelenleben ausgebildet und strukturiert wird, spiegeln üblicherweise diejenigen Haltungen einer Gesellschaft wieder, wel-che die Organisation ihrer zentralen Institutionen auszeichnet.

Unsere Gesellschaft war bis vor kurzem zentralistisch-hierarchisch struktu-riert.[14] Eine entsprechende Struktur charakterisierte ihre Institutionen und deren Organisation. Parallel dazu galt es, in der Sozialisation ihrer Mitglieder auf die Entwicklung einer passenden Psychostruktur zu achten. Die Erziehung war darauf bedacht, Werte des Gehorsams und der Loyalität zu vermitteln. Es galt, die Bere-chenbarkeit und Vorhersehbarkeit des Verhaltens der Individuen zu fördern, die Orientierung an dem, was als richtig vorgegeben war, zu stärken und darauf vorzubereiten, dass Abweichungen von der Norm als Irrtum oder Verfehlung sanktioniert würden. Ein starkes Über-Ich, dem alles andere unterzuordnen war, sollte den dominanten Charakterzug der Persönlichkeit darstellen.

Ganz anders eine Gesellschaft, deren einzelne Subsysteme (wie z. B. Wirtschaft, Recht, Wissenschaft usw.) deshalb nicht mehr durch ein übergeordnetes Zentrum steuerbar sind, weil sie in sich maximal ausdifferenziert sind: Sie entwickeln sich nach einer eigenen Logik, in die von außen gar nicht mehr sinnvoll oder nur mehr in sehr beschränktem Ausmaß eingegriffen werden kann. Sie beziehen sich deshalb in ihrer Weiterentwicklung vorwiegend auf die Prozesse, die sie selbst hervorbrin-gen. Sie haben ein Höchstmaß an dezentraler Autonomie erreicht. Die Institutio-nen und Organisationen dieser Gesellschaft weisen ganz analoge Strukturen auf. Eine solche Gesellschaft bedarf zu ihrem Überleben ganz andere Werte, welche denen einer hierarchisch strukturierten Gesellschaft weitestgehend entgegengesetzt sind. Sie wird darum bemüht sein, diese in ihren Individuen zu verankern.

Nun befindet sich unsere Gesellschaft in einer von langer Hand vorbereiteten und heute mit rasanter Beschleunigung ablaufenden Übergangsphase von der hie-rarchischen Struktur zu jener, welche durch die funktionale Ausdifferenzierung ihrer Subsysteme gekennzeichnet ist. Genauer gesagt, entsprechen die an sie ge-stellten Anforderungen der letztgenannten Gesellschaftsstruktur, während die Ant-worten, die sie darauf zur Verfügung stellt, häufig die Muster einer hierarchischen Struktur aufweisen. Deshalb erscheinen sie oft so ineffizient.

Seit dem Beginn der Neuzeit gewinnen die Fragen der Autonomie, des selbst-bewussten Ich, der Emanzipation aus selbstverschuldeter Abhängigkeit an Raum. Der Verlust fragloser Sicherheit in einer vorgegebenen gesellschaftlichen Ord-nung, die sich zugleich als kosmische Ordnung versteht, ohne Aussicht auf gleich-wertigen Ersatz, ruft das zweifelnde, nur mehr seiner selbst in seinem Zweifel gewisse Ich auf den Plan. Die zunächst mehr verdeckt als offen um sich greifende Notwendigkeit, in mehreren, nicht deckungsgleichen, vielmehr tendenziell einan-der widersprechenden sozialen Systemen zu leben (wie z. B. dem der Religion und dem der Wissenschaft), gibt dem Gedanken der Emanzipation und Autonomie einen starken Auftrieb. Gerade wenn dieser nur negativ erlebbar wird (wie bei Galilei) als der Druck, sich einem dieser Systeme auf Kosten der Entfaltung des

---

14 Siehe hierzu Kapitel 4.1.

anderen zu unterwerfen, wächst der Gegendruck, der dann nach eruptiver Befreiung verlangt.

Die Industrialisierung bringt – ob beabsichtigt oder nicht, spielt keine Rolle – einen weiteren Schub in Richtung Autonomie. Im Laufe ihrer Entfaltung setzt sich für weiteste gesellschaftliche Kreise die Trennung von Arbeit und Familie durch. Damit erfährt das vorhandene Potential des autonomen Ich aus handfesten, pragmatischen Gründen eine besondere Aktualisierung. Es ist offenkundig geworden, dass der Einzelne zumindest in zwei sehr verschiedenen sozialen Systemen zu leben hat, die einander widersprechende Anforderungen an ihn stellen. Das Ich repräsentiert nunmehr diejenige psychische Funktion, die dies gestattet. Es stellt die nötige, Ich-Autonomie genannte Äquidistanz zu allen diesen sozialen Systemen dar, aufgrund derer es möglich ist, die unauflöslichen Widersprüche einer solchen Mehrfachzugehörigkeit auszuhalten. Ich-Autonomie bedeutet also keineswegs, dass man nach dem Motto „Ich bin ich" nur sich selbst angehört. Es ist vielmehr die unerlässliche Funktion der Mehrfachzugehörigkeit. Nur wenn ich weder ausschließlich diesem sozialen System (sagen wir der Familie) noch ausschließlich jenem (sagen wir der Arbeit) vollständig angehöre, sondern wenn ich darüber hinaus oder vielmehr in jeder Zugehörigkeit ich selbst bin, kann ich dem Anspruch, sowohl hier als auch dort integriert zu sein, Genüge tun. Eine Eigenschaft, die erst heute in hohem Ausmaß bewusst und verlangt wird, findet hier ihre erste psychische Voraussetzung: Rollendistanz bzw. Rollenflexibilität.

(Gesellschaften, die es dem Individuum nicht abverlangen, in mehreren sozialen Systemen gleichzeitig integriert zu sein, entwickeln auch kein Autonomiebewusstsein ihrer Mitglieder – zumindest nicht in dem Ausmaß, in dem es in der skizzierten Situation als eigene hervorragende psychische Instanz verlangt wird. Selbstbewusste Identität genießt in einer solchen Gesellschaft nicht so sehr das einzelne Individuum als vielmehr diejenige soziale Einheit, in der es ganz aufgeht. Relikte davon finden wir in unserer Gesellschaft in denjenigen ihrer Subsysteme, in denen die Trennung von Arbeit und Familie nicht radikal durchgeführt ist. Dies ist z. B. in weiten Bereichen der Landwirtschaft der Fall. Dementsprechend überwiegen dort die Werte der Tradition, der Zugehörigkeit zum Hof diejenigen der persönlichen Autonomie. Deren Entwicklung führt vielmehr zur Auflösung jenes sozialen Systems im Sinne der Abwanderung.)

Obwohl also die gesellschaftliche Notwendigkeit, mehreren nicht deckungsgleichen sozialen Systemen anzugehören, zur Weiterentwicklung der Ich-Funktion führte, blieb jedes einzelne dieser Systeme in sich weiterhin (die längste Zeit) in streng hierarchischem Muster organisiert. Innerhalb jedes Systems blieben also Loyalität und Unterordnung, 100%ige Identifikation mit einer vorgegebenen Rolle und ihren Normen die dominierenden Werte. Ein starkes Über-Ich blieb weiterhin mehr gefragt als das immer unentbehrlicher werdende Ich. Man befand sich also in dem Dilemma, dass es galt, ein starkes Ich zu entwickeln, dass es aber ebenso galt, dieses unter ein noch stärkeres Über-Ich zu beugen.

Die radikale neue Situation, vor der die modernen Organisationen heute stehen, vor die sie aber auch ihre Mitglieder stellten, ist dadurch gekennzeichnet, dass die gesellschaftlich notwendig gewordenen Autonomieanforderungen in bisher ungewohntem Ausmaß auch *innerhalb* der Organisationen Eingang gefunden haben. Der funktionalen Ausdifferenzierung innerhalb der Organisation entspricht ein neuer Individualisierungsschub von bisher ungeahntem Ausmaß – mit ungewohnten Anforderungen an den einzelnen Funktionsträger. Er hat die verschiedensten heterogenen Rollen mehr oder weniger gleichzeitig inne und muss die mit ihnen verbundenen, einander widersprechenden Anforderungen korrekt und zufriedenstellend erfüllen – ohne dass er dazu ausreichend in der Lage sein könnte:

Die meisten Führungskräfte sind Zwischenvorgesetzte, also gleichzeitig Vorgesetzte mit der Aufgabe, die an sie gerichteten, durchaus berechtigten Erwartungen der Mitarbeiter zu erfüllen, und Untergebene mit der Aufgabe, den ebenso legitimen Erwartungen ihrer eigenen Vorgesetzten an sie zu entsprechen. Das Problem besteht darin, dass sich die Erwartungen der einen mit denen der anderen nur in den geringeren Fällen decken. In weit größerem Ausmaß stehen sie vielmehr zueinander in Gegensatz. Versucht man, den einen gerecht zu werden, so enttäuscht man die anderen und umgekehrt.

Man kann diesen unvermeidlichen Rollenkonflikt je nach Arbeitssituation und Position um weitere Dimensionen anreichern, die das Problem verschärfen. Der Zwischenvorgesetzte hat auch Kollegen, mit denen er je nach Differenziertheit seines Arbeitsgebietes oft allein schon deshalb kooperieren muss, um seine eigenen fachlichen Ziele angemessen zu erreichen. Diese Kollegen haben üblicherweise Erwartungen an ihn, die sich ebenso wenig mit denen von Vorgesetzten und Untergebenen decken wie diese untereinander.

Nehmen wir an, unser Zwischenvorgesetzter hätte auch Klienten, Kunden (als Primararzt Patienten) zu betreuen. Da diese nicht der Organisation angehören, sind sie in ihren Ansprüchen auch nicht von Rücksichten auf innerorganisatorische Verhältnisse geleitet, sondern von ihren Bedürfnissen. Die Wahrscheinlichkeit ist daher hoch, dass es zu einem noch größeren Gegensatz zu den anderen Ansprüchen kommt. Da die Organisation aber vorgibt, nur für ihre Klienten da zu sein, steht der Mitarbeiter hier erst recht vor der Notwendigkeit, dem Klienten 100%ig gerecht zu werden. Unter Berücksichtigung aller anderen an ihn gestellten Ansprüche ist klar, dass er dazu immer weniger in der Lage sein wird.

Der Versuch, all diesen Anforderungen in 100%iger Identifikation mit allen diesen Rollen, d.h. mit jeder von ihnen, unter Mobilisierung der Tugenden des Gehorsams und der loyalen pünktlichen Pflichterfüllung völlig zu entsprechen, würde unseren armen Zwischenvorgesetzten entweder sofort in den Wahnsinn oder zumindest in schwere psychische bzw. psychosomatische Krisen stürzen.

Der Versuch, es sich in dieser unangenehmen Situation durch 100%ige Identifikation mit nur einer dieser Rollen leichter zu machen, z.B. mit der des Untergebenen, würde zu einer sträflichen Vernachlässigung aller anderen ihm übertragenen Rollen führen. Damit würde er gerade das anvisierte Ziel, Gehorsam dem Vorgesetzten gegenüber zu zeigen, verfehlen. Denn dieser verlangt ebenso pünktliche Erfüllung der mit den anderen Rollen verbundenen Aufgaben.

Die beschriebene Situation verlangt vom Mitarbeiter die Entwicklung eines hohen Ausmaßes an Rollenflexibilität und Rollendistanz und die Radikalisierung der Ich-Stärke als des entsprechenden psychischen Korrelats. Eine solche Radikalisierung ist insbesondere deshalb vonnöten, weil die komplexen Organisationen ihren Mitarbeitern zwar Rollendistanz in hohem Ausmaß praktisch abverlangen, die dazu nötige Autonomie auch dulden, beides aber in der formellen Organisation meist nicht entsprechend abgesichert ist. Die formellen Verantwortungsstrukturen sind nach wie vor meist hierarchisch.

Der Mitarbeiter ist daher nicht nur aufgefordert, die skizzierten Widersprüche zwischen seinen Rollen autonom zu managen. Er muss darüber hinaus den Widerspruch zwischen dieser Anforderung und der formellen Organisation, in der solches nicht vorgesehen ist, auf seine Kappe nehmen.

Das führt dazu, dass verantwortungsvolle und erfolgreiche Führungskräfte zwar das „Richtige" tun, d. h. in Rollendistanz und sehr flexibel Prioritäten setzen im Bewusstsein, dass sie es niemandem vollkommen recht machen können. Sie tun dies aber häufig ebenso im Bewusstsein, sich auf verbotenem Terrain zu bewegen. Der wichtige Unterschied besteht dabei darin, ob dieses Bewusstsein von schlechtem Gewissen und Schuld- bzw. Insuffizienzgefühlen begleitet wird oder nicht. Im ersten Fall handeln sie zwar aus Sachüberlegungen in durchaus angemessener Weise, sind aber in ihrem Selbstverständnis geleitet von den hierarchischen Vorstellungen des vorvorigen Jahrhunderts. Im zweiten Fall handeln sie ebenso funktional, jedoch nicht nur aus Sachüberlegungen, sondern sie tun dies auch aus einem angemessenen Selbstbewusstsein dessen, was sie tun. Sie haben ein ihrem professionellen Handeln adäquates Organisationsverständnis entwickelt. Dieses erlaubt es ihnen, in der Beurteilung ihres Vorgehens mit der radikalisierten Rollendistanz und Autonomie kongruent zu sein. Sie sind sich bei bestem Gewissen der Diskrepanz zwischen Sachanforderung und formeller Verantwortungsstruktur bewusst und riskieren die Möglichkeit, in einen Skandal verwickelt zu werden, in den man unter den gegebenen Umständen auch die am verantwortungsvollsten handelnden Führungskräfte jederzeit involvieren kann, wenn man nur will – kein leichtes Leben, das ohne hoch entwickeltes Organisationsbewusstsein vielleicht noch schwerer zu ertragen wäre. Dieses bringt nicht nur eine psychische Entlastung für die Führungskraft, sondern gerade dadurch kann es auch zu einem lustvolleren, der Dynamik komplexer Organisationen angemessen und dienlichen sachgerechten Einsatz der Kräfte führen.

Die Dynamik komplexer Organisationen und die Bedeutung der Expertise des Nicht-Wissens werden nachfolgend am Beispiel von Organisationen der Wirtschaft und damit an einem konkreten Feld noch einmal veranschaulicht.

4.4 Supervision in Wirtschaftsunternehmen[15]

Gibt es einen Unterschied zwischen der Supervision in Organisationen der Wirtschaft und der Supervision in anderen Organisationen? Supervision war, wie in den Einganskapiteln dargestellt, immer schon, soweit sie sich als eigene Form professioneller Beratung entwickelt hatte, Supervision in Organisationen: Reflexion auf Arbeitsprozesse, die in Organisationen stattfinden. Die Unterscheidung von Supervision im gesellschaftlichen Subsystem der Wirtschaft zur Supervision in anderen gesellschaftlichen Feldern könnte bestenfalls in der besonderen Veränderungsdynamik der Wirtschaft liegen, die in der oben beschriebenen Dynamik ihrer Organisationen zum Ausdruck kommt. Hier lösen sich die herkömmlichen Vorstellungen von Organisation gemeinsam mit den herkömmlichen Sicherheiten, Arbeitsvorstellungen und Arbeitsidentitäten am rasantesten auf. Neue, ungewohn-

---

15 Grundlage dieses Kapitels siehe Buchinger (2002a).

te Anforderungen werden an Organisation und Mitarbeiter gestellt. Das konfrontiert wiederum die Supervision mit neuen Aufgaben.

Diese Dynamik ist aber keine Besonderheit der Wirtschaft mehr. Mit etwas Verzögerung erfasst sie seit einiger Zeit die Organisationen der anderen gesellschaftlichen Bereiche. Zwar kann sie sich dort nicht derart ungebremst entfalten wie in der Wirtschaft, aber die Weichen sind gestellt, und der Zug beschleunigt sich. Denn auch jene Bereiche sind aufgefordert, sich dem Diktat wirtschaftlichen Denkens und Handelns zu unterwerfen. Dies sogar dort, wo es ihrer Eigenlogik zuwiderläuft. Man denke z. B. an viele soziale und an manche Bildungseinrichtungen, die auf einen anderen Sinn als den des wirtschaftlichen Erfolgs hin, die ökonomisch gesehen manchmal vielmehr auf Verlust hin konzipiert sind.

Vielleicht findet sich also gar kein relevanter Unterschied zwischen Supervision in der Wirtschaft und in anderen gesellschaftlichen Feldern. Aber vielleicht ist gerade dieses Ergebnis das Interessante, und es gilt, genauer festzustellen, was es denn ist, was die Veränderungsdynamik in der Wirtschaft der Supervision abverlangt. Denn das wird ihr demnächst auch in den anderen Feldern abverlangt werden.

Aber gibt es überhaupt Supervision in der Wirtschaft? Werden dort nicht Coaching nachgefragt und andere beratende, fortbildende, personalentwickelnde Maßnahmen? Allen voran Organisationsberatung? Und wie unterscheidet sich das alles von Supervision? Oder handelt es sich dabei nicht ohnehin um die verschiedenen Funktionen der Supervision?

4.4.1 Wie ist die Supervision in die Wirtschaft gelangt?

Der Weg der Supervision in die Wirtschaft weist Ähnlichkeiten auf zu dem der Professionalisierung der Supervision generell: Erst wenn sich zur „primären" Reflexivität der beruflichen Tätigkeit (also der professionellen Gestaltung der beruflichen Interaktion zwischen dem Profi und seinem Klienten) die „sekundäre" Reflexivität der beruflichen Rolle (bedingt durch einen Rollenwiderspruch) gesellt, und in der Folge eine „tertiäre" Reflexivität der Organisationseinheit, in der die Arbeit geleistet wird – erst dann, so haben wir eingangs festgestellt, beginnt die Supervision sich einer Professionalisierung zu unterziehen.[16]

Wie gelang jedoch die Supervision von hier in die Wirtschaft? Dazu folgende Thesen:

1. Der Reflexionsbedarf, der in der Sozialarbeit durch die Professionalisierung des Berufs zustande kommt, entsteht in der Wirtschaft durch die Entwicklung ihrer Strukturen und Organisationen.
In der Sozialarbeit führt die Professionalisierung des Berufs zu Veränderungen in der Organisation (die nicht vorgesehen waren) und zu den beschriebenen mehrfachen Reflexionsansprüchen. In der Wirtschaft führt die Veränderung in den Organisationen zur Professionalisierung eines Berufsbildes (die nicht vorgesehen war): der Führungskraft. Die Auswirkungen auf die Reflexivität der Tätigkeit

---

16 Siehe auch Kapitel 2.2 zur Entstehung und Verbreitung der Supervision im Kontext reflexiver Professionen.

laufen parallel zu den in der Sozialarbeit beschriebenen. In der Sozialarbeit steht die Professionalisierung am Anfang, und die Turbulenzen in den organisatorischen Rahmenbedingungen folgen ihr. In der Wirtschaft stehen die Turbulenzen in der Organisation am Anfang, und die Professionalisierung folgt daraus. Der Reflexionsbedarf, der somit entsteht, ist ähnlich komplex wie in der Sozialarbeit. Nicht nur die Tätigkeit, auch ihre organisatorischen Rahmenbedingungen werden reflexiv.

2. Der Reflexionsbedarf entwickelt und verändert sich entsprechend zur Entwicklung und Veränderung der Organisationslandschaft. Damit differenziert sich auch der Stellenwert der Supervision.

Die bereits beschriebenen Phasen der Entwicklung von Organisationen sollen nun in ihrer Bedeutung für die Supervision in der Wirtschaft dargestellt werden.

Phase 1: Die Hierarchiekrise in der Wirtschaft

Etwa seit der Mitte des letzten Jahrhunderts zeigt die Zunahme und Beschleunigung weitreichender Entwicklungen im Wirtschaftsleben tiefgehende strukturelle Auswirkungen auf die Organisationen. Das rasche Anwachsen der Konkurrenz, die Entwicklung eines flexiblen Marktes, die Zunahme der Komplexität der Aufgaben haben die bislang dominierende Organisationsform in eine Krise geführt:

- Auch hier führt die zunehmende Spezialisierung der Fachkräfte zu einer Dependenzumkehr: Zu Zeiten funktionierender Hierarchie waren die Untergebenen von den Vorgesetzten abhängig und konnten per Anweisung und Kontrolle geführt werden. Nun werden die Vorgesetzten von den Untergebenen abhängig. Denn diese verfügen über Kompetenzen und Informationen, die den Vorgesetzten nicht zugänglich sind. Sie müssen daher anders geführt werden als bisher. Die Gestaltung der Arbeitsbeziehungen wird zur professionellen Anforderung, die reflexive soziale Kompetenz erfordert.
- Komplexer gewordene Aufgaben erfordern Arbeitsinstrumente, die der Hierarchie fremd sind, weil sie einer Funktionslogik folgen, die den in ihr geltenden Normen widersprechen. Es ist die Zeit des ersten Booms der Teamarbeit in Organisationen und des Projektmanagements. Diese Instrumente verlangen, wie schon ausgeführt, eine andere Art der Steuerung, als sie in der Hierarchie vorgesehen ist (Heintel & Krainz 1994).
- Die wachsende Komplexität der Aufgaben erzeugt organisationsintern einen höheren und flexibleren Abstimmungsbedarf zwischen den einzelnen Organisationseinheiten, als ihn die hierarchische Koordination über die Linie leisten kann.

Ganz ähnlich wie in der Sozialarbeit entsteht ein mehrdimensionaler Reflexionsbedarf in den Wirtschaftsorganisationen:

- Den Vorgesetzten wachsen Führungsaufgaben zu. (Zumindest dem Anspruch nach, in der Realität braucht es noch weitere Entwicklungen, damit der Anspruch sachgerecht wahrgenommen und ansatzweise erfüllt werden kann.) „Führen" ist eine professionelle Tätigkeit, welche Beratungs- und Moderationsanteile hat.

- Aber die entstehenden Führungskräfte sind weiterhin vorwiegend Vorgesetzte, ihre Kontrollaufgabe bleibt erhalten. Zu ihr gesellt sich eine Aufgabe mit entgegengesetzter Logik: Der bekannte Rollenwiderspruch entsteht.
- Somit entsteht eine weitere, ungeplante Bewegung in den Organisationseinheiten: Mit denselben Mitarbeitern wird einmal in Teamarbeit, das andere Mal hierarchisch gearbeitet. Das bedarf einer gemeinsamen Reflexion.

Supervision (Einzelsupervision für Führungskräfte und Teamsupervision) würde als geeignetes Instrument der Reflexionshilfe erscheinen. Sie wird jedoch ebenso, wie andere Notlösungen zur Bewältigung der Krise (Teamarbeit und Projektmanagement und bestenfalls die dazu nötige Weiterbildung in Gruppendynamik und Projektorganisation), mit Abstoßungsreaktion der Hierarchie beantwortet. Dies führte zu einer Verschärfung der Hierarchiekrise und somit zu einer weiteren, bereits dargestellten Entwicklung in der Organisationslandschaft.

Phase 2: Die funktionale Ausdifferenzierung von Wirtschaftsunternehmen

Als Grundtendenz dieser Phase kann man die Zunahme der Autonomie organisatorischer Subsysteme und die Bemühung um verschiedene organisatorische Formen der Dezentralisierung ansehen: vom Aufbau und der Stärkung dezentraler Einheiten (z. B. im Verhältnis Filiale – Zentrale), über die Matrixorganisation, die Errichtung von Profitcentern, bis zum Outsourcing ganzer Bereiche und der Kooperation mit ihnen. Der Bedarf an situativer Abstimmung und Vernetzung nimmt weiter zu. Es kann nicht mehr alles organisatorische Geschehen widerspruchsfrei einem zentralistischen Prinzip untergeordnet werden. Um ihre Aufgaben zu bewältigen, müssen die einzelnen Einheiten der Organisation ihre eigenständigen Formen der Problemlösung entwickeln. Mit der nun einsetzenden Entfaltung der Eigenlogik der organisatorischen Bereiche treten die Gegensätze zwischen ihnen deutlicher hervor, Widersprüche halten Einzug ins zentrale Geschehen der Organisation. Es gilt, die unvermeidlichen Konflikte als Ressource zu verstehen und zu managen (Schwarz 1999).

Welche neuen Anforderungen erwachsen den Organisationen in dieser Lage und wie wirken sie sich auf ihr Selbstverständnis und auf das innerorganisatorische Geschehen aus? Zunächst fallen zwei einschneidende Neuerungen auf:

1. Führung wird im Laufe dieser Entwicklung zu einer nunmehr anerkannten, zentralen professionellen Aufgabe in der Organisation (Neuberger 1990).
2. Die Organisationen müssen sich mehr oder weniger umfassenden Umbaumaßnahmen unterziehen (Sievers 1977).

Anhand der beiden neuen Anforderungen Führung und Organisationsentwicklung wird nachfolgend veranschaulicht, wie das „Mischungsverhältnis" von hierarchischen und nicht-hierarchischen Momenten in dieser Phase aussieht.

War die Aufgabe der Führung bislang zu weiten Teilen im Reglement der Organisation festgefroren, so wird sie nun aufgeteilt auf immer mehr Stellen. Nicht nur die Abwicklung, sondern auch die Gestaltung von organisatorischen Prozessen wird damit zu immer weiteren Teilen in die Hände der Beteiligten gelegt. Die Problematik der Führung, die sich schon in der Hierarchiekrise angedeutet hat, entfaltet sich nun voll. Der uns schon bekannte Rollenwiderspruch zwischen Vorgesetztem (Kontrollaufgabe) und Führungskraft (mit der Aufgabe, soziale Prozesse ohne hierarchisches Gefälle zu steuern, Selbstorganisation zu fördern) breitet sich aus.

Die Wahrnehmung der Führungsaufgabe ist abhängig von der Kompetenz der jeweiligen Entscheidungsträger/innen. Diese Kompetenz will erworben werden. Längst ist es nicht mehr nur Teamarbeit und Projektmanagement, die beherrscht werden müssen. Es geht um Grundlagen des Konfliktmanagements, um Kommunikation und Kooperation als allgemeiner sozialer Basis vielen organisationsinternen Geschehens. Und da Befehlsausgabe und Kontrolle zwar nicht verschwinden, aber einen untergeordneten Stellenwert erhalten, werden Fragen der Motivation virulent.

Weiterbildung zum Erwerb der entsprechenden Qualifikationen findet in den Organisationen mehr und mehr Anerkennung. Denn sie soll helfen, die organisatorischen Prozesse auf festen Boden zu stellen und die Organisation tatkräftig und sicher zu steuern. Wenn schon höhere Unsicherheit durch nicht mehr abgesicherte Vernetzung und Prozesssteuerung unvermeidbar geworden ist, dann soll wenigstens höchstmögliche Sicherheit in dieser Unsicherheit durch die Kompetenz der Steuernden gegeben sein, damit sie das Richtige richtig machen.

Dass es das Richtige, Wahre nicht mehr gibt, erhält noch nicht die angemessene Anerkennung. Zwar ist Führung nunmehr ganz eindeutig auf mehreren Ebenen eine reflexive Tätigkeit geworden – auf der Ebene der eigentlichen Führungstätigkeit, auf der Ebene der Rollenwidersprüche und auf der Ebene der Folgen für die Mitarbeiter bzw. für andere interne Kooperationen. Aber Reflexion als Daueraufgabe, die in bleibender Unsicherheit helfen soll, zwischen Alternativen auf eigenes Risiko zu entscheiden, das jeweilige Ergebnis zu überprüfen, um daran anschließend die nächste Entscheidung zu treffen, mit der man genauso verfährt – dieser Sachverhalt bleibt nach wie vor organisationsfremd.

Zwar wächst der Reflexionsbedarf nun auf allen Ebenen an – nicht nur Führung ist zur reflexiven Aufgabe geworden, die Organisation als Gesamte wird, wie wir im nächsten Punkt sehen werden, reflexiv. Doch das Tabu organisatorischer Reflexion wirkt nach: Reflexion von Prozessen kann immer noch nicht als produktive organisationsinterne Aktivität gesehen werden. Sie ist immer noch ein Indiz dafür, dass etwas falsch gelaufen ist, ein Fehler behoben werden muss. Reflexionshilfen wie die Supervision sind, wenn überhaupt, dann dort angezeigt, wo es Probleme gibt, und sie werden nur für die Dauer und zum Zweck von deren Behebung toleriert.

Dennoch kommt es in besonders turbulenten und anspruchsvollen Sachlagen vor, dass die Begleitung eines Prozesses durch einen externen Spezialisten akzeptiert wird und dass man sich nicht nur die Behebung von Störung und Fehlern, sondern die Erhöhung der internen Gestaltungskompetenz davon verspricht. In diesem Fall soll wenigstens der Aspekt der Reflexivität nicht derart hervorgehoben werden. Schließlich geht es in der Wirtschaft ums erfolgreiche Tun, nicht ums Reflektieren. Dennoch: Führungskräfte müssen in der Lage sein, soziale Situationen professionell zu steuern, und diese Aufgabe hat Ähnlichkeit mit den Aufgaben von Trainern und Beratern. Ihre Tätigkeit wurde in ähnlicher Weise reflexiv und damit anfällig für Coaching. Das bedeutet jedoch nicht, dass die Führungskräfte ihre professionelle Identität wechseln und zu organisationsinternen Vertretern dieser Beratungsform mutieren.

Die Organisationsberatung

Der Weiterbildungs- und Beratungsbedarf breitet sich aus. Die Weiterbildungs- und Personalentwicklungsabteilungen, ihrerseits junge Ausdifferenzierungen der Personalressorts, stellen ein differenziertes Angebot zur Qualifikation von Führungskräften und Mitarbeitern zur Verfügung: Der Erwerb von sozialer Kompetenz und Qualifikation zur Bewältigung der neuen Anforderungen ist eine anerkannte, genuine organisatorische Aufgabe geworden, die man nicht gänzlich nach außen delegieren kann. Eine Kooperation zwischen internen und externen Trainern beginnt. Zögerlich entsteht auch eine Nachfrage nach Coaching – dieses muss man sich allerdings meist in Eigenregie extern besorgen.

Aber für das Überleben der Organisation scheint der gelingende Umbau der Organisation wichtiger. Er wird zu dieser Zeit noch als eine Maßnahme zur Wiedererlangung der in Frage gestellten, aber als Idee nicht aufgegebenen Stabilität und Dauerhaftigkeit der Organisation gesehen. Der hierarchische Rest der Vorstellung, dass Organisationen stabile Gebilde sind, ist erhalten geblieben. Leider sind sie gezwungen, zu diesem Zweck sich einer für sie befremdlichen Prozedur der Organisationsentwicklung zu unterziehen. Die Gestaltung dieses Prozesses wird daher nicht als eigene organisationsinterne Aufgabe angesehen, sondern an externe Profis delegiert.

Es ist die Zeit der großen Organisationsentwicklungsprojekte, in welcher die Organisationsberatung als die dominante Beratungsform zu blühen beginnt und sich sowohl das vielfältige Repertoire als auch die Theorie der prozessorientierten Organisationsberatung entwickelt.

Der Supervision kommt ein wichtiger neuer Platz in diesem Zusammenhang zu. Zusätzlich zu ihrer traditionellen Aufgabe der Reflexion von Arbeitsprozessen erhält sie die Funktion der begleitenden Reflexion von Veränderungsprozessen und der Reflexion der Steuerung dieser Veränderungsprozesse. Supervision kann seither auch als eines von vielen Instrumenten der Organisationsberatung, integriert in ein Set von aufeinander abgestimmten Maßnahmen, gesehen werden.

Für die hier vorgestellte Phase ist ein anderer Aspekt charakteristisch: *Die Kontroverse zwischen Supervision und Organisationsberatung.* Von Organisationsberatern werden unter verschiedenem Titel Beratungsprozesse angeboten, die den Charakter von Supervision haben. Das mag als Missachtung einer eigenständigen Beratungsform verstanden werden – einer Beratungsform noch dazu, die einen weit höheren Grad von formeller Professionalisierung erreicht hat als die Organisationsberatung. Es gibt einen Berufsverband, der sich um Qualitätssicherung auf hohem Niveau bemüht. Es gibt akademische Ausbildungen, Fachzeitschriften usw.

Aber die Kontroverse geht tiefer. In der Supervisionsszene erhebt sich die Frage, ob die Supervision nicht immer schon und ob sie nicht die eigentliche Organisationsberatung sei (Pühl 1999, Weigand 1994) – hat sie doch seit je die Dimension der Organisation in ihrem Vorgehen integriert. Und dies zu einem Zeitpunkt, als es Organisationsberatung als Beratungsform mit eigener Professionalität noch gar nicht gab. Ja, es war gerade ein organisatorischer Sachverhalt, der zur Professionalisierung der Supervision geführt hatte – der eingangs beschriebene institutionell bedingte Rollenwiderspruch der Sozialarbeiter/innen und seine weitere Auswirkung auf die Organisationen, in denen Sozialarbeit hauptsächlich ausgeübt wurde.[17]

Die Kontroverse scheint praktisch inzwischen irrelevant, aber theoretisch von seiten der Supervision nicht ganz ausgetragen (Bartsch-Backes 2001). Dennoch ist klar, dass die Supervision mit ihrem methodischen Vorgehen und vor allem mit ihrem limitierten Setting allein nicht in der Lage ist, die groß angelegten Prozesse des organisatorischen Umbaus in dieser Phase der Organisationsentwicklung zu bewältigen. Dazu bedarf es eines ganzen Sets von Instrumenten (z. B. des Einsatzes von Steuerungsteams, bestehend aus organisationsinternen Entscheidungsträgern und externen Berater/innen, Strategieworkshops, Klausuren, Trainings usw.) und einer komplexen Beratungsarchitektur, die für eine zielorientierte Vernetzung aller Elemente Sorge trägt. All das kann angemessen nur in einem multi-professionellen Team entworfen und betreut werden.

Das Verhältnis von Supervision und Organisationsberatung ändert sich allerdings noch einmal mit dem Eintritt der Wirtschaftsunternehmen in die nächste Phase der Entwicklung der Organisationslandschaft. Darin erhält die Supervision im Zusammenhang mit der Bewältigung größerer organisatorischer Umstellungen wieder eine neue und zentrale Funktion.

Phase 3: Die Organisation als permanenter Prozess des Organisierens

Seit über einem Jahrzehnt scheint die Phase der funktionalen Ausdifferenzierung der Wirtschaftsunternehmen zu einem Ende gekommen. Nicht dass Prozesse dieser Art aufgehört hätten, aber sie sind an Bedeutung hinter eine andere Entwicklung zurückgetreten.

Langsam verbreitet sich in den Organisationen das „Bewusstsein", dass sie sich in einem unabschließbaren Prozess der Entwicklung befinden. Das herkömmliche Bild von Organisation beginnt, sich aufzulösen, die Grenzen zwischen Organisation und ihren Umwelten verschwimmen (Davis & Meyer 2000). Der Prozess des Organisierens (Weick 1985) wird zu einer Funktion des permanenten Austausches mit den Umwelten, die, selbst in Bewegung, immer neue Antworten verlangen und gelegentlich zum Teil der Organisation werden.

Die Gestaltung dieses Prozesses ist zur Anforderung geworden, die hauptsächlich organisationsintern als neue genuine Aufgabe der Organisationen bewältigt werden muss (Senge 1996). Damit gesellt sich zum bisherigen, inzwischen gut etablierten Steuerungsbedarf eine neue, nicht minder reflexive Steuerungsaufgabe: Die Verantwortung für die permanente Mitgestaltung der Organisation. Es reicht nicht mehr, im klassischen Sinn Führungskraft zu sein. Gefragt sind Leadership-Persönlichkeiten. Die Führungskraft wird zum Change-Manager und übernimmt Aufgaben der Organisationsentwicklung.

Sie erfüllt diese Aufgaben üblicherweise in Kooperation mit eigens dazu abgestellten internen Organisationsberater/innen. Die Funktion der Beratung und der prozessbegleitenden Reflexion hat als organisationsinterne Daueraufgabe Anerkennung gefunden. Zwar geschieht dies zögerlich und ist begleitet von einiger Ambivalenz, denn Reflexion, gar als organisationseigene Aufgabe, bleibt immer noch verdächtig.

---

17   Siehe hierzu auch Kapitel 2.1 und 2.2.

Natürlich werden auch die externen Berater nicht arbeitslos – aber ihre Funktion beginnt, sich zu verändern. Seltener treten sie als die Entwickler und Gestalter groß angelegter Organisationsentwicklungsprozesse auf (auch wenn sie das gelegentlich noch sind). Sie werden mehr und mehr angefragt als Reflexionshilfen für die zunehmend intern durchgeführten und verantworteten Prozesse der Veränderung. *Sie werden zu Supervisoren von internen Prozessen der Organisationsentwicklung. Sie beraten internes Change-Management.*

Nun hat sich in den Organisationen das, was ursprünglich Aufgabe der Führungskräfte war, weit über diese Funktion hinaus ausgeweitet. Auch Mitarbeiter ohne klar definierte Führungsaufgabe müssen soziale Situationen kompetent steuern, um ihre fachliche Aufgabe erfüllen zu können. Sie müssen (wie im Projektmanagement schon immer) in der Lage sein, ihre Kooperationen und organisatorischen Bedingungen ihrer Tätigkeit situationsangemessen zu gestalten. Dabei auftretende Konflikte müssen sie diagnostizieren, bewältigen und Ähnliches mehr.

Das heißt, immer mehr berufliche Tätigkeiten in den Organisationen sind infolge der laufenden Flexibilisierung organisatorischer Strukturen und Prozesse ebenso reflexiv geworden wie die Tätigkeit der Führungskraft. Damit ist die Aufgabe der Führungskraft um einen zusätzlichen Aspekt erweitert worden: Sie muss den Mitarbeiter/innen begleitende Reflexionshilfe leisten für die Bewältigung der nötigen Reflexivität ihrer Aufgabe. Zu diesem Zweck muss die Führungskraft nicht nur über soziale Kompetenzen verfügen. Es reicht auch nicht mehr aus, Kompetenzen wahrzunehmen, die ursprünglich Monopol externer Berater/innen waren. Neuerdings braucht die Führungskraft auch Kompetenzen, die zur Professionalität des Coach gehören. Die Übernahme solcher Aufgaben durch das Klientensystem entspricht aber durchaus dieser Beratungsform. Denn wenn Coaching eine Reflexionshilfe zur Professionalisierung der nötigen Reflexivität der verschiedenen Berufe darstellt, dann gehört es zu seinen Aufgaben, den Klienten in die Lage zu versetzen, das, was im Coaching geschieht, auch ohne Coaching kompetent tun zu können. Das heißt, er muss in der Lage sein, solche Reflexionsaufgaben bei seinen Mitarbeitern zu unterstützen. Dementsprechend ist immer häufiger von der *Führungskraft als Coach* die Rede.

Unter Bezugnahme auf die vorherigen Ausführungen und die wichtigsten Aspekte kann festgestellt werden: Führen heißt widersprüchliches Handeln. Diese Widersprüchlichkeit hängt mit der Entwicklung der Organisationslandschaft in den letzten 50 Jahren zusammen.

Heute gibt es alle bisher genannten Funktionen nebeneinander oder miteinander vermischt, so dass es oft schwer ist, den Kontext zu definieren, in dem die Führungskraft handelt:

- Hierarchische Elemente: die Führungskraft als Vorgesetzter.
- Elemente von Projektorganisation: Vorgesetzter und Führungskraft.
- Funktionale Ausdifferenzierung der Organisation: Führung als widersprüchliches Handeln: Autonomie versus organisatorische Vorgaben.
- Lernende Organisation: Leadership – die eigene Einheit unternehmerisch führen in Vernetzung mit den anderen Einheiten.

Die Führungskraft muss hier wechseln können: Sie gehört zu verschiedenen, in ihren Strukturen, Prozessen und Anforderungen einander widersprechenden Systemen, die noch dazu heute in ihrem Bestand gar nicht gesichert sind. Das verlangt

Autonomie. In diesem Sinne verlangt Führung heute ein Höchstmaß an Autonomie und Enttäuschungsgleichgewicht: Welchen Systemteil kann ich heute zugunsten eines anderen soweit enttäuschen, dass ich morgen wieder mit ihm kooperieren kann, weil ich morgen einen anderen in gleicher Weise entäusche?

Welche Führungskräfte brauchen wir in Zukunft?

Wie sehen zukünftige Anforderungen an die Persönlichkeit der Führungskraft aus?

- *Leadership*: bedeutet Handeln im Widerspruchsfeld von Vision, Realität, Ethik und Mut.
- *Ressourcenorientierung versus Defizitorientierung*:[18] zur Vision als der Fähigkeit, nachhaltige Ziele zu setzen. Es gibt zwei Arten von Zielen: 1. Ziele, die dazu dienen, Probleme zu bewältigen, Störungen zu beseitigen. Hier bin ich motiviert durch etwas, was ich nicht will (Traditionell hierarchische Ausrichtung der Aufmerksamkeit. Alles ist geregelt, ich muss nur darauf achten, dass, und kontrollieren, ob es gut geht. *Defizitorientierung*, die mit jeder Fehlerbeseitigung neue Defizite produziert.). 2. Ziele, mit denen ich etwas bewirke oder hervorbringe, was es vorher nicht gegeben hat. Hier bin ich motiviert durch etwas, was ich wirklich will (*Zukunftsorientierung*, *Ressourcenorientierung*, mit der die Fehlersuche an Bedeutung verliert, weil die Mängel durch die wirklichen Ziele überwogen werden und oft, ohne Beachtung zu finden, verschwinden).
- *Handeln im Spannungsverhältnis von Loyalität und Eigeninteresse*: Unter den Bedingungen unberechenbarer Veränderung kann Loyalität nicht heißen, eingeschworen sein auf Zugehörigkeit zu einer Organisation. Es muss passen mit dem Eigeninteresse. Veränderung des psychologischen Vertrages: *Employability statt Employment*. Handeln im Spannungsverhältnis von Zugehörigkeit zur Organisation und draußen aktiv sein: Führungskräfte sollen durch freiberufliche Arbeit in anderen Organisationen Erfahrung und Wissen sammeln, das auch dann der Organisation zu Gute kommt, wenn sie abgeworben werden. Das Verhältnis von Kooperation und Konkurrenz verändert sich.
- *Balancing*:[19] gezieltes Management des Spannungsverhältnisses von Arbeits- und Privatleben. Aufbau von Gegenwelten gegen die Arbeitswelt. Das dient erstens der Herstellung der nötigen Distanz, aus der heraus die erforderliche Autonomie und Kreativität unterstützt, wenn nicht hergestellt wird. Und zweitens baut es dem Verschleiß vor.
- *Führen heißt Führung stimulieren*: die Führungskraft als Coach. Hier bedeutet Führen die Anleitung zur Selbstorganisation statt Anschaffen, Einfluss nehmen über Reflexion und Anleitung zur Selbstorganisation (das ist eine viel stärkere Einflussnahme als Anschaffen).
- *Ein hohes Ausmaß an Selbstreflexion und Entscheidungskraft*: Früher war das ein Gegensatz, heute bedingt eines das andere. 1. Mit der Abnahme von Routinelösungen ist der Einbau von Reflexionsschleifen in den Handlungsablauf nötig, um Ergebnisse hervorzubringen. 2. Immer mehr Arbeitsinstrumente sind

---

18 Siehe hierzu auch Kapitel 3.5.
19 Zu Balancing siehe auch Kapitel 3.6.8.

reflexiv. 3. Es braucht hohe Reflexivität der Person, um in den vielfachen Widersprüchen handlungsfähig zu bleiben. Führungskräfte brauchen dazu Selbsterfahrung.

- Das alles kann unter dem Stichwort *Prozessorientierung statt reiner Resultatorientierung* zusammengefasst werden. (In der Hierarchie war Prozessreflexion ein Zeichen, dass was nicht in Ordnung war, heute zeigt ihr Fehlen an, das was nicht in Ordnung ist.)

4.4.2 Anforderungen an Supervision in Wirtschaftsunternehmen[20]

Mit dieser neuen Funktion sind auch die Anforderungen an die Supervision gewachsen. Zur kompetenten Wahrnehmung ihrer neuen Aufgabe bedarf es mehr denn je eines hoch entwickelten Organisationsbewusstseins. Es reicht nicht aus, Arbeitsprozesse mit Klienten zu reflektieren und dabei die Bedeutung von Person, Interaktion und organisatorischen Rahmenbedingungen in ihrer Interdependenz im Auge zu haben. Es reicht auch nicht aus, sich mit anderen beratenden Berufen in einem umfassenden Beratungsprojekt abstimmen zu können. Es bedarf, um nur einiges zu nennen, eines fundierten Verständnisses der Eigendynamik der heutigen Wirtschaftsorganisationen, die als lose gekoppeltes Netzwerk teilautonomer Einheiten aufgebaut sind. Es braucht Wissen um die Bedeutung der Beziehung der Organisationen zu ihren relevanten Umwelten und um die Formen ihrer Gestaltung. Der Supervisor muss um die Übergänge von externen zu internen und ebenso von internen zu externen Umwelten Bescheid wissen. Folgende Kenntnisse sind dazu erforderlich:

1. Der organisationsinterne Aufbau von Prozessketten, die um den wohl definierten und angestrebten Kundennutzen herum konstruiert sind, muss ihm bekannt sein, ebenso wie
2. die Stellung und Funktionsvielfalt von Teamarbeit in der Organisation,
3. die Notwendigkeit organisationsinternen Wissensmanagements,
4. die Möglichkeiten, welche die EDV in allen diesen Zusammenhängen eröffnet.
5. Er muss die Anforderungen kennen, die all das an die Kompetenz, die Innovationsfreudigkeit und Kreativität von Führungskräften und Mitarbeitern stellt, und über Möglichkeiten verfügen, eine entsprechende Haltung in der ganzen Organisation zu fördern.

Die neue Aufgabe der Supervision wäre zwar geeignet, die alte Kontroverse zwischen Supervision und Organisationsberatung wieder zu beleben. Denn nun hat sich das Gewicht von der externen Organisationsberatung zur Supervision von – intern mehr oder weniger in Eigenregie abgewickelten – Organisationsentwicklungsprozessen verlagert. Dennoch wäre eine solche Kontroverse angesichts der wachsenden Bedeutung der Kooperation zwischen den Professionen und Beratungsformen müßig. Denn auch wenn der Supervisor in dieser neuen Funktion

---

20 Zu den erforderlichen Kompetenzen von Supervisor/innen siehe auch Kapitel 3.4, 3.5, 3.6 und 4.5.2.

häufiger als Einzelperson in Aktion tritt, so wird er mehr denn je im Hintergrund ein multi-professionelles Team benötigen.[21] Die Komplexität seiner neuen Aufgabe bedarf selbst der Beratung und der Reflexion bzw. der Kooperation in vielen Hinsichten.

Diese neue und vorwiegend in Wirtschaftsorganisationen nachgefragte Funktion der Supervision macht ihre bisherigen Funktionen nicht überflüssig. Im Gegenteil, sie werden durch die Auswirkungen des neuen Verständnisses von Organisation mit zusätzlichen Aufgaben angereichert, die folgende Zusammenfassung abschließend skizziert.

4.4.3 Die Funktionen der Supervision in Wirtschaftsunternehmen

1. *Einzelsupervision als reflexive Beratung von alltäglichen reflexiv gewordenen Arbeitsprozessen in der Wirtschaft:* Die Instabilität und Veränderungsdynamik in den Unternehmen konfrontiert dabei mit neuen Fragestellungen, die in die Supervision Aufnahme finden (Buchinger 2001a): Die Mitarbeiter müssen erhöhte Bereitschaft zeigen, ihre beruflichen Aufgaben immer wieder zu wechseln. Sie müssen vermehrt damit rechnen, dass die Organisation sie nicht mehr braucht, auch wenn sie erfolgreiche Arbeit leisten. Gleichzeitig wachsen die Anforderungen an ihre Arbeitsfähigkeit, sodass es gilt, gegen Verschleiß Gegengewichte aufzubauen – dies gerade dann, wenn man in der Arbeit erfolgreich ist. Damit finden Themen der beruflichen Identität, der Loyalität und Autonomie gegenüber der Organisation, des Verhältnisses von beruflicher und sonstiger Identität (Buchinger 2000a) und des Balancing (Buchinger 1994a) vermehrt Eingang in supervisorische Arbeit – ohne dass ihr legitimer Fokus, die Erhaltung und Erweiterung der Arbeitsfähigkeit des Klienten, aufgegeben werden müsste.[22] Im Gegenteil, er wird dadurch vertieft.

2. *Supervision als reflexive Beratung von Arbeitsteams in Organisationen:*[23] Die Stellung der *Teamarbeit* hat sich mit der Entwicklung der Organisation strukturell gewandelt. Immer mehr Aufgaben des Arbeitsalltages verlangen aus Gründen der wachsenden Komplexität ihre Bearbeitung im Team. Aber nicht nur diese traditionelle Funktion breitet sich aus. Mit der loser werdenden Koppelung innerhalb der Organisation wird auch die interne Vernetzung häufiger in Teams hergestellt. Strategische und andere Entscheidungen können nicht mehr sinnvoll von einer Person getragen werden und verlangen die Kooperation mehrerer Entscheidungsträger. Die Steuerung der gesamten Organisation geschieht ebenfalls häufig im Team. Teams haben also im Gegensatz zu früher eine vielfältige organisationskonstitutive Bedeutung. Wir finden ihren Einsatz an allen möglichen neuralgischen Punkten in der Organisation. Ihr Erfolg wird daher von einem klaren Verständnis der jeweiligen Aufgabe und ihrer organisatorischen Positionierung abhängen.

Längst geht es auch nicht mehr um den Widerspruch von Team und Organisation. Die organisatorischen Vernetzungen sind zum integralen Bestand der Team-

---

21 Siehe hierzu auch Kapitel 3.6.7.
22 Siehe hierzu auch Kapitel 3.6.8.
23 Zur Geschichte der Teamsupervision siehe auch Kapitel 4.5.

arbeit geworden. Teams müssen z. B. damit rechnen, in wechselnder Zusammensetzung immer schneller arbeitsfähig zu sein, auch wenn das den gruppendynamischen Vorstellungen eines sorgfältigen Teamaufbaus und der Stabilität dieses personenorientierten Systems widerspricht.

So muss man in der Lage sein, zu mehreren Teams gleichzeitig zu gehören, auch wenn die Arbeit in einem Team die Mitarbeit in den anderen beeinträchtigt. Man muss in der Lage sein, sofort mit der Zusammensetzung des Teams arbeitsfähig zu sein und schnell wieder aus der Teamarbeit aussteigen zu können – auch wenn man dann in derselben personellen Zusammensetzung in anderer Form, die andere Arbeitshaltungen verlangt, zusammenarbeiten wird. Und obwohl Gruppen personenbezogene Sozialsysteme sind, müssen Teams in der Lage sein, einen Wechsel ihrer personellen Zusammensetzung möglichst störungsfrei zu bestehen.

All dies setzt eine besondere Form von Teamfähigkeit in der gesamten Organisation voraus. Es handelt sich um eine Teamfähigkeit, die nicht auf die Zugehörigkeit zu einem einzelnen oder gar fixen Team in der Organisation konzentriert oder beschränkt ist bzw. daran entwickelt sein sollte. Es sollte so etwas wie eine allgemeine virtuelle Teamzugehörigkeit als Basis der Organisation sein, die jederzeit in neuen Teams realisierbar ist und erfahrbar gemacht werden kann.

Zu diesem Zweck müssten alle in die vielfache Teamarbeit involvierten Mitarbeiter über theoretische und praktische Kenntnisse einer organisationsbezogenen Gruppendynamik verfügen. Zu dieser gehört auch das Wissen um und das Verständnis für die dauernde, verschiedenartige Beeinflussung der Teamarbeit durch organisatorische Anforderungen (die aus der Innensicht des Teams gerne als Störfaktoren erlebt und abzuweisen versucht werden). Diese Kenntnisse und Haltungen müssen in der Organisation, jenseits der konkreten Teamarbeit, aber natürlich auch in ihr verankert sein. Dazu gehört, dass die Praxisrelevanz und praktische Umsetzbarkeit bzw. reale Umsetzung dieses Know-hows anschließend an durchgeführte Teamarbeit in einer Art Selbstreflexion (im Sinn der laufenden Qualitätskontrolle der Teamarbeit durch weitere Teamarbeit) überprüft bzw. gesichert wird – sozusagen in dauerhafter Arbeit an einem gruppenbezogenen Organisationsleitbild. Teamsupervision heißt längst nicht mehr nur Arbeit an der Kooperation verschiedener Personen im Team – hat es übrigens nie geheißen, auch wenn die Praxis häufig so ausgesehen hat. Aber heute bedarf es mehr als je eines differenzierten Verständnisses der Teams als Organisationseinheiten mit sehr verschiedenen Zielen.

3. Supervision als Instrument der Organisationsberatung in umfassenderen Organisationsentwicklungsprojekten: Als Teil eines Projektes ist Supervision mit zusätzlichen Aufgaben konfrontiert. Gemeinsam mit den anderen Mitgliedern des multi-professionellen Projektteams trägt der Supervisor die (Mit-)Verantwortung für den gesamten Prozess. In sorgfältiger Abstimmung mit den anderen Maßnahmen der Beratung muss sein Einsatz an den verschiedenen Stellen des Projektes geplant, anfallende Prozesse reflektiert, ihre Begleiterscheinungen sichtbar und bewältigbar gemacht werden.

4. Supervision als Reflexionshilfe für Changemanagement: Changemanagement, das in Eigenregie von den Unternehmen vorgenommen wird, ist die jüngste Funktion der Supervision in der Wirtschaft. Sie löst damit die traditionelle Organisationsberatung nicht ab. Sie nimmt vielmehr an der Veränderung teil, welche die

Organisationsberatung dann erfährt, wenn die Unternehmen ihre Entwicklung als organisationsinterne Aufgabe selbst übernehmen, wenn Changemanagement zu einer Führungsfunktion wird. Damit allerdings wächst ihre Bedeutung innerhalb der Organisationsberatung (Schardt & Schwendenwein 1998).

   5. Supervision als autonomes oder vernetztes Angebot einer Beratungsfirma:[24] Die Organisation der professionellen Beratungsangebote muss der Komplexität von Organisationen gewachsen sein. Der Reflexionsbedarf in den Organisationen ist derartig vielfältig, dass der Klient, der in einer Organisation Supervision anfordert, damit überfordert wäre herauszufinden, ob sein Anliegen wirklich einen Fall für Supervision darstellt. Es ist die Aufgabe des Supervisors zu diagnostizieren, welches der möglichen Angebote des Beratungs- und Trainingsmarktes seinem Anliegen angemessen ist. Vielleicht ist es eher eines, das mit einem Training, einer Konfliktberatung, einer Psychotherapie oder einer komplexeren Organisationsberatungsmaßnahme, bestehend aus mehreren Schritten, beantwortet werden kann. Schon zum Zwecke einer solchen Diagnose ist der Supervisor gut beraten, ein Team mit entsprechenden Spezialisten im Hintergrund zu haben (Rappe-Giesecke 1999). Mehr noch braucht er es, um geeignete Maßnahmen vorschlagen und anbieten zu können. Man kann im Rennen bleiben, ohne persönlich an der Durchführung beteiligt zu sein. Man ist beteiligt als Beratungsfirma. Aus all diesen Gründen wird es, wie uns scheint, unerlässlich, dass die Supervision in ihrer praktischen Organisation die Komplexität der Aufgaben widerspiegelt, zu deren Bewältigung sie als eines von nunmehr vielen Instrumenten herangezogen wird. Supervision wird sich am besten – es sei hier noch einmal betont – in multi-professionellen Beratungs- und Trainingsorganisationen am Markt halten und weiter entwickeln können.

   Die Dynamik, die sich in der Wirtschaft bisher ungebremst ausbreitet und die hier dargestellte Funktionsvielfalt der Supervision vorangetrieben, wenn nicht hervorgebracht hat, erfasst, wie schon angedeutet, unsere ganze Gesellschaft. Sie zeigt sich, wenn auch abgeschwächt und modifiziert, in den anderen Feldern (Scala & Grossmann 1997). Daher wird die Supervision in Zukunft ganz generell mit dieser Art von Funktionen rechnen müssen.

4.5 Teamsupervision – Supervision in Organisationen[25]

Lange Zeit konnte man eine unauffällige, aber für die Entwicklung von Theorie und Technik der Supervision konsequenzenreiche Tendenz beobachten, Teamsupervision und Supervision in Organisationen gleichzusetzen. Als interne Ausdifferenzierung wurde in dieser Zeit, wie oben schon erwähnt, zwischen Team- und Fallsupervision unterschieden. Sicher handelt es sich, wie in jeder Entwicklung, um eine Reihe kleiner, im Einzelnen kaum wahrnehmbarer Schritte, deren Resultat erst dann ins Auge fällt, wenn es als qualitative Veränderung im Feld

---

24 Siehe hierzu auch Kapitel 3.6.7.
25 Grundlage dieses Kapitels siehe Buchinger (1989, 1990, 2002d, 2003b, 2004b).

gehandelt wird. Uns scheinen zwei solcher Differenzierungsschritte, die zu einer qualitativen Veränderung geführt haben, benennbar. Ihre Beobachtung kann uns helfen, die Problematik der Teamsupervision besser zu verstehen. Der erste Schritt besteht in der Herausbildung der Alternative Fallsupervision – Teamsupervision. Im zweiten Schritt wird Teamsupervision als eine von mehreren Anwendungsformen der Supervision in Organisationen unterschieden. Im dritten Schritt wird dann auf einige methodische Besonderheiten in der Teamsupervision eingegangen.

4.5.1 Die Alternative Fallsupervision – Teamsupervision (und der „institutionelle Faktor")

1. Eine gängige und im guten Gefühl, eine professionelle Unterscheidung getroffen zu haben, immer wieder in Anspruch genommene Alternative lautete: entweder Fall- oder Teamsupervision. Die Unterscheidung bezog sich nicht auf Aspekte des Settings (man kann auch Fallsupervision in einer Gruppe oder mit einem Team durchführen), sondern auf den Gegenstand der supervisorischen Arbeit. Es macht einen Unterschied, ob man sich in der Supervision direkt mit der professionellen Arbeit des Supervisanden beschäftigt oder mit deren Rahmenbedingungen und ihren Auswirkungen auf diese Arbeit. Man lernte, dieser Unterscheidung zwischen Supervision der professionellen Arbeit (Fallsupervision) und Supervision von deren Rahmenbedingungen (Teamsupervision) größere Aufmerksamkeit zu schenken, als erstens die Nachfrage nach Supervision in Organisationen einen größeren Stellenwert einzunehmen begann und als sich zweitens in diesem Zusammenhang immer deutlicher herausstellte, dass bestimmte Probleme der supervidierten Arbeit nicht ausreichend verstanden, geschweige denn bewältigt werden können, wenn der Supervisionsprozess sich nur mit der Professionalität der Supervisanden in der Gestaltung der supervidierten Interaktion befasst. Man merkte, dass die Interaktion zwischen Supervisanden und ihren Klienten nicht nur vom beruflichen Können der Supervisanden (also von ihrer Fähigkeit, die Interaktion professionell zu gestalten) abhing, sondern auch von Arbeitsbedingungen, die ihnen vorgegeben waren und jenseits ihrer Professionalität lagen (also anderen als im Fall und seiner internen Dynamik liegenden Bedingungen).

Nun leuchtet ein, dass mit der Differenz von Fallsupervision und Supervision „anderer" relevanter Bedingungen der Arbeit des Supervisanden nur dann sinnvoll gearbeitet werden kann, wenn sie begrifflich gefasst wird, d. h. wenn das „Andere" selbst einer weiteren Unterscheidung zugänglich ist. So könnte es z. B. in der besonderen Art der Dienstleistung liegen, die supervidiert wird, in einem strukturellen Verständnis ihrer Widersprüche, die zu erheblichen Belastungen des Supervisanden führen können. Das „Andere" könnte in den Auswirkungen liegen, welche organisatorische Rahmenbedingungen der Arbeit zeitigen. Es könnte im Einfluss liegen, den rechtliche Regelungen auf die supervidierte Arbeit haben. Es könnte in der Kooperation von Kolleg/innen liegen oder in Fragen der Dynamik des Teams, in oder mit dem der Supervisand seine Arbeit verrichtet usw.

Steht allerdings als Alternative nur Fall- oder Teamsupervision zur Verfügung, so kann alles hier genannte „Andere" nur unter dem Fokus Team in den supervisorischen Blick geraten, und das heißt vielfach etwas verzerrt oder gar nicht. Aber so weit sind wir noch nicht, wir müssen erst verstehen, wie es zu dieser Alternative gekommen ist. Denn Team scheint nicht der primäre übergeordnete Begriff zur Bezeichnung alles dessen, was jenseits der internen Eigendynamik des mit dem professionellen Instrumentarium der Supervision erfassbaren „Falls" liegt. (Dieses Instrumentarium war zugeschnitten auf Beziehungsdynamik und Person unter dem Fokus des Arbeits*inhaltes* der supervidierten beruflichen Interaktion.) Der übergeordnete Begriff scheint eher mit dem, was in der Supervision die längste Zeit als der „institutionelle Faktor" herumgeisterte, gefasst worden zu sein.

Ihm begann man daher Aufmerksamkeit zu schenken. Aber man wusste nicht so recht, was mit ihm tun, wie ihm supervisorisch gerecht werden – mit einem Instrument, das abgestimmt war auf die professionelle Analyse und Gestaltung beruflicher *Interaktion*. Institution, geschweige denn Organisation, kamen darin im Sinne methodisch handhabbarer Aspekte der supervisorischen Arbeit lange Zeit nicht vor. Der Hinweis auf den „institutionellen Faktor" blieb daher häufig ein hilfloser Appell, dass es da noch etwas gäbe, was Einfluss auf die supervidierte Beziehung hat, in der Supervision daher Berücksichtigung finden sollte, aber mit ihren Mitteln nicht adäquat erfasst werden konnte.

Was diesen ominösen „institutionellen Faktor" noch unsympathischer machte, als er wegen der professionellen Hilflosigkeit, die man ihm gegenüber empfand, ohnehin schon war, ist die Tatsache, dass er aus mehreren Gründen negativ besetzt war:

- Ein Grund hängt mit der (ehemals) dominanten Aufgabe der Supervision zusammen: Sie sollte helfen, Probleme und Hindernisse der professionellen Gestaltung der Arbeitsbeziehung zwischen Supervisanden und deren Klienten zu bewältigen. Die Aufmerksamkeit auf den „institutionellen Faktor" war daher von Anfang defizitär, also auf ein Problem gerichtet, an dessen Behebung gearbeitet werden sollte.
- Ein zweiter Grund für diese negative Besetzung hängt mit der schon beschriebenen Geschichte der Entstehung und Verbreitung der Supervision zusammen.[26] Sie scheint einige Besonderheiten des institutionellen Ortes widerzuspiegeln, an dem die Supervision lange Zeit ihre solideste Verankerung hatte. Gemeint sind die einschlägig helfenden Berufe, allen voran das Sozialwesen. Durch sie sollen Personen und kleine Gruppen, wie Familien, in bestimmter Weise unterstützt werden – und zwar häufig gegen den Zugriff von Institutionen, deren Räderwerk meist die Gestalt großer bürokratischer Organisationen hat. Die naturwüchsige Organisationsfeindlichkeit, von der gleich noch die Rede sein wird, erhält hier sozusagen professionelle Unterstützung und Fundierung, ebenso wie die positive Bewertung emotionaler Bindungen in Kleingruppen. Es ist naheliegend, dass diese für die berufliche Tätigkeit der Sozialarbeiter/innen funktionale Sicht auch auf die Organisation übertragen wurde, in der sie ihre Arbeit traditionellerweise verrichteten: Dies waren meist Ämter des Staates oder der Gemeinden, selbst bürokratische Einrichtungen, in denen sie dennoch auf unbürokratische Weise ihrem Auftrag nachkommen sollten. Sie konnten also die Behinderung ihrer Tätigkeit durch die institutionell festgeleg-

---

26 Zur Entstehung der Supervision siehe auch Kapitel 2.1 und 2.2.

ten Möglichkeiten der Organisation am eigenen Leib erleben. (Der Tatsache, dass ihnen die Institution gleichzeitig ihre Arbeit ermöglichte, wurde als einer Selbstverständlichkeit keine Aufmerksamkeit zuteil.)

Die Behinderung erlebten sie umso mehr, als sie den uns schon bekannten widersprüchlichen Arbeitsauftrag zu erfüllen hatten. Sie sollen von Amts wegen meist Kontrolle über ihre Klienten ausüben und ihnen gleichzeitig beratend zur Seite stehen – und dies häufig in sehr heiklen, belasteten und labilen sozialen Situationen, in denen die korrekte Erfüllung der einen Aufgabe die der anderen behindert oder gar unmöglich macht. Nun verlangt die Erfüllung der Kontrollaufgabe keine besondere professionelle Fertigkeit. Wohl aber bedarf es dieser in der Ausübung der beraterischen Funktion.

Ihre berufliche Identität als Expert/innen werden sie daher mehr aus ihrer beratenden Tätigkeit beziehen. Und gerade in dieser fühlen sie sich durch die mehr mit der Institution assoziierte Kontrolltätigkeit, mit der sie sich ohnehin etwas weniger identifizieren, behindert.

- Die meisten der helfenden Berufe, die ursprünglich Gegenstand der Supervision sind, haben einen emanzipatorischen Anspruch. Im Kontext ihrer Arbeit bedeutet das Befreiung des Individuums von den Behinderungen seiner autonomen Entfaltung (oder was man so nennt). Dieser Anspruch ist häufig deshalb mit einer Organisationsfeindlichkeit verbunden, weil Organisationen nicht personen-, sondern funktionsbezogene soziale Systeme darstellen, es ihnen also nicht um die Entwicklung von Personen, sondern um die Erfüllung von Aufgaben geht. Unter dem Primat des genannten Anspruchs wird diese Besonderheit von Organisationen als menschenverachtende Kälte interpretiert – insbesondere in ihrer bürokratisch-institutionellen Ausprägung.
- All das setzt auf einer quasi naturwüchsigen Organisationsfeindlichkeit des Menschen auf, der als Kleingruppenwesen seine emotionalen und sozialen Prägungen aus der personenbezogenen Primärgruppe erhält, längst bevor er in Kontakt mit Organisationen und ihrer relativen Personenunabhängigkeit kommt.

Die Aufmerksamkeit auf den „institutionellen Faktor" in der Supervision ist also in mehrfacher Hinsicht die Aufmerksamkeit auf einen Feind, der umso lästiger erscheint, je weniger man professionell gegen ihn gewappnet ist.

2. Allerdings findet die Supervision bald einen Verbündeten, der scheinbar aus dieser Hilflosigkeit herausführt: Es verwundert nicht, dass die Nachfrage nach Supervision in Organisationen in einem ersten Schub zu einem Zeitpunkt zuzunehmen beginnt, als die Frage der Organisation auch in anderen Zusammenhängen ein Thema wird. Die Rede von der Hierarchiekrise kommt in Gang.[27]

Es ist allerdings nicht ganz klar, ob der Fokus der Kritik mehr den Fragen der Funktionalität und Aufgabenerfüllung der Hierarchie gilt oder mehr den Problemen der Menschen und ihrer psychischen und sozialen Bedürfnisse. (Natürlich lässt sich beides nicht trennen, solange es Menschen sind, die in Organisationen

---

27 Zur Hierarchiekrise siehe auch Kapitel 4.2.

Arbeit verrichten, aber die klare Unterscheidung zwischen diesen beiden Schwerpunkten ist wichtig.) Jedenfalls gibt das, in seiner ausschließlichen Brauchbarkeit brüchig werdende Prinzip der Hierarchie ausgiebig Anlass, von der Kälte und Menschenfeindlichkeit der Organisation zu sprechen, von den deformierenden Auswirkungen auf psychisches Befinden und soziales Verhalten der Menschen. Es wird Kritik an hierarchischer Über- und Unterordnung laut – wobei es wiederum unklar bleibt, ob damit mehr das Prinzip der funktionalen bzw. eben nicht mehr funktionalen Aufteilung von Aufgaben und Tätigkeiten angesprochen werden soll oder ob es gilt, ein institutionalisiertes System der Unterwerfung von Menschen ins Auge zu fassen. Die Frage der Autorität in der Organisation wird zum beliebten Thema: Sie wird gerne verwechselt mit Fragen familiärer Autorität. Dementsprechend werden die aus dem familiären Kontext stammenden Fragen persönlicher Emanzipation an funktionalen hierarchischen Autoritäten abgehandelt. (Gelegentlich liegt man mit dieser Verwechslung deshalb wiederum nicht ganz daneben, weil sie von den Instanzen, gegen die man sich wehrt, geteilt wird – was allerdings insgesamt die Verwirrung vermehrt.) Die Vereinzelung des Menschen wird der Hierarchie zum Vorwurf gemacht usw.

All das entspricht der Institutionsfeindlichkeit, die der Supervision aus professionellen Gründen immer schon eigen ist und dort manifest wird, wo sie in Organisationen nachgefragt wird. Es ist daher schon deshalb naheliegend, dass auch die Supervision in diesem Zusammenhang nach dem Allheilmittel greift, das gegen all das hierarchisch verursachte Leid zu dieser Zeit in Mode gerät: die Gruppe als Alternative. Nicht nur der schon erwähnte Gruppendynamik-, auch der Sensitivity- und Selbsthilfegruppenboom dieser Zeit legen ein beredtes Zeugnis für diese Entwicklung ab.

Unterstützt wird diese Ideologisierung der Gruppe wiederum durch die Kehrseite der naturwüchsigen Organisationsfeindlichkeit des Menschen, durch seine primäre Familienbezogenheit. Wir kennen die allgemeine Tendenz, Organisationen so zu behandeln, als wären sie Gruppen.[28] Man denke an die weit verbreitete Rede von der Organisation als einer großen Familie – ein Mythos, mit dem man meint, die Mitarbeiter zu größerer emotioneller Identifikation mit der Organisation bewegen zu können. Diese allgemeine Tendenz, Organisationen mit Gruppen zu verwechseln, tritt insbesondere dort auf, wo die Organisation in ihrer Eigendynamik nur reduziert sichtbar wird. Das ist z. B. in sehr kleinen Organisationen der Fall oder auch in kleinen Organisationseinheiten, die durch ein geringes Ausmaß an formalisierten Strukturen und ein hohes Ausmaß an direkter Kommunikation gekennzeichnet sind. Die Verwechslung von Organisation mit Gruppe (oder Familie) und von Gruppe mit Team ist in solchen Arbeitskonstellationen kaum zu vermeiden. Verstärkt wird diese Tendenz dann, wenn die darin geleistete Arbeit andere Menschen zum Gegenstand hat, wie das in den helfenden Berufen der Fall ist.

Was geschieht also, wenn die Supervision, wie es aus den erwähnten Gründen naheliegt, die Ideologisierung der Gruppe als Alternative zur Organisation übernimmt und überdies noch Organisation mit Institution gleichsetzt?

Der „institutionelle Faktor" scheint in seiner Verwandlung ins Team professionell greifbar zu werden. (Natürlich verschwindet er dabei, und deshalb scheint er

---

28 Siehe hierzu auch Kapitel 4.3.2.

auch in dieser Reduktion auf das Team greifbar zu werden, nach dem Motto: Ich suche den verlorenen Schlüssel dort, wo ich Licht habe, nicht dort, wo er hingefallen ist, in der Hoffnung, dass sich beides deckt.) Das methodische Instrumentarium der Supervision, das der Analyse beruflicher Interaktion dient, lässt sich ohne große Brüche auf die Interaktion in Gruppen erweitern. Dabei ergeben sich neue Probleme, denen jedoch leichter begegnet werden kann:

Es war schon die Rede davon, dass man begann, der Unterscheidung zwischen der supervisorischen Arbeit an Fall- und an Teamproblemen Aufmerksamkeit zu schenken. Dabei stellte sich heraus, dass die gleichzeitige supervisorische Bearbeitung beider Aspekte, ohne sorgfältige Markierung der Differenz, die Effizienz der Supervision erheblich beeinträchtigen, wenn nicht gar zunichte machen konnte. Der Wechsel von einem Aspekt der Arbeit zum anderen, z. B. in ein und derselben Supervisionssitzung, konnte dazu dienen, heikle und folgenreiche Fragen zu vermeiden. Zur Markierung der Differenz erwies es sich häufig als günstig, im Arbeitskontrakt sich entweder auf das eine oder auf das andere zu beschränken, sich aber nicht der gleichzeitigen Bearbeitung von beidem zu verpflichten.

Häufig fand man sich deshalb in der Verpflichtung, beides in der Supervision zu bearbeiten, weil diese Differenz als solche nicht zur Verfügung gestanden hatte. Dann konnte es schon geschehen, dass der Supervisand mitten im Prozess einer Fallsupervision aus „Dringlichkeitsgründen" zur Analyse einer Teamproblematik wechselt, welcher er großen Einfluss auf seine professionelle Arbeit zugesteht – ohne dass sichtbar werden müsste, dass er damit versucht, einem heiklen und belastenden Arbeitsproblem aus dem Weg zu gehen, oder dass er seinen Widerstand in diesem Wechsel mit Hilfe des Supervisors ausagiert (der über eine für seine Arbeit hilfreiche Differenz entweder nicht verfügte oder sie nicht entsprechend handhabe). Genauso gut konnte es umgekehrt vorkommen, dass ein kollektiver Widerstand in einem Teamsupervisionsprozess plötzlich „unabweisbare" Fallprobleme zutage förderte, die sofortige Bearbeitung verlangten. Häufigere Erfahrungen dieser Art ließen eine entsprechende Handhabung der Differenz als zur Professionalität des Supervisors gehörig erscheinen. Sie führte nicht nur zur Herausbildung zweier unterschiedlicher Fokusse supervisorischer Arbeit, sondern zweier sehr verschiedener Formen der Supervision: Fall- und Teamsupervision.

Supervision in der reduzierten Alternative von Fall- und Teamsupervision legt also in mehrfacher und selbst wieder undifferenzierter Art und Weise die Gleichsetzung von Team und Organisation nahe, auch wenn dies nicht deklariert geschieht oder ausgesprochen wird bzw. werden kann. Genauer gesagt, die Dimension der Organisation als eines sozialen Systems, dessen Eigendynamik sich weder auf die Psychodynamik des Individuums noch auf die Interaktionsdynamik von Gruppen reduzieren oder aus dieser ableiten lässt, wird in dieser Alternative in der Supervision nicht greifbar. Bei der genannten Gleichsetzung wird nicht etwa das Team in seiner sozialen Eigendynamik unterbelichtet und nur aus der Perspektive organisatorischer Funktionalität gesehen, sondern vielmehr umgekehrt, die Organisation gerät, wenn überhaupt, so nur aus der Binnenperspektive des Teams in den Blick der Supervision – und das heißt, bestenfalls als unerschöpflich phantasierte Ressource, schlechtestenfalls (aber wahrscheinlich häufiger) als Störfaktor.

Dementsprechend beschränkt sich der Supervisor in seiner Begleitung des (vermeintlichen oder wirklichen) Teams (bei der Selbstreflexion seiner Arbeitssituation in der Organisation) häufig auf ein vertieftes Verständnis interaktionsbezogener Aspekte in ihrer Bedeutung für die Erfüllung der beruflichen Aufgaben. Mangelnde

Kooperation wird anvisiert, Untergruppenbildungen werden aufgezeigt, Außenseiterrollen thematisiert, Autoritätsprobleme besprochen und ihre Auswirkung auf die berufliche Arbeit reflektiert usw.

Zielsetzung der supervisorischen Arbeit ist, bei der zugrunde liegenden Leitdiffererenz von Fall und Team unter der Fokussierung des Teams die Stärkung des Teams um jeden Preis. Die implizite und nicht weiter hinterfragte Voraussetzung besagt, dass das Team eine förderliche Arbeitsbedingung darstellt. Es kann im Rahmen dieser Unterscheidung nicht gesehen werden, dass das Team ein Arbeitsinstrument unter anderen darstellt, das die Organisation unter funktionalen Gesichtspunkten in Anspruch nimmt oder nicht. Es kann auch nicht gesehen oder gewürdigt werden, dass die Organisation und das Team in einem Gegensatz zueinander stehen, in dem sie immer konflikthaft aufeinander angewiesen sind. Bestenfalls, und unter dem genannten Fokus konsequenterweise, kann die Organisation negativ, wie schon gesagt, als Störfaktor ins Bild geraten.

Die in dieser Weise kurzschlüssig vorgehende nicht fallorientiert arbeitende Supervision hat nicht nur mit Teamsupervision nichts zu tun, sie kann auch ganz allgemein ihrem Auftrag, der Reflexion im Dienste der beruflichen Arbeit des Supervisanden stehender kommunikativer Strukturen und Verhältnisse, nicht gerecht werden.

Die reduzierte Begrifflichkeit, von der die Supervision geleitet wird, verwandelt sie von einer professionellen Tätigkeit in eine Ideologie: Sie dient der Installierung einer per se als wertvoll angesehenen sozialen Realität in die „supervidierten" Arbeitsbereiche, unabhängig davon, ob sie der Arbeit der Klienten dient oder sie vielmehr behindert. (Man kann davon ausgehen, dass letzteres häufiger geschieht, als unmittelbar auffällt, weil der mit einer unreflektierten Teamideologie vorgehende Supervisor sich jenseits aller arbeitsbezogenen Überlegungen mit einem ebenso unreflektierten emotionalen Bedürfnis der Supervisanden heimlich verbündet: mit dem unausrottbaren Wusch, Arbeitssituationen, so gut es geht, mit Elementen von Familialität auszustatten.)

Diese reduzierte Begrifflichkeit gestattete es nicht, zu unterscheiden

- zwischen Teams, die als Organisationseinheit ein Subsystem einer Organisation darstellen (z. B. eine kooperativ arbeitende Abteilung, Krankenhausstation etc.),
- und solchen, die eine eigenständige Organisation sind (z. B. eine Gemeinschaftspraxis, Beratungsbüro etc.),
- bzw. Teams, die keines von beidem sind (z. B. Reflexionsteams gleich gesinnter Professioneller).
- Die Alternative Team- oder Fallsupervision lässt es auch nicht zu, mit einer anderen ebenso wichtigen Differenz zu arbeiten: Sie gestattet nicht, zu unterscheiden, ob man es in einer nicht fallorientierten Supervision, die man in einer Gruppe durchführt, wirklich mit einem Team zu tun hat oder einfach mit einer Organisationseinheit in Gruppengröße, d. h. es kann nicht ausreichend untersucht werden, ob die Arbeit der Supervisanden überhaupt Kooperation im Team verlangt, oder ob die Entwicklung von Teamstrukturen der Lösung von Arbeitsproblemen nicht sogar hinderlich bzw. für diese nicht notwendig wäre. (Streng genommen dürfte nur dann von Team die Rede sein, wenn es sich um Arbeitseinheiten handelt, in denen die berufliche Arbeit jedes Einzelnen nur in direkter fachlicher Kommunikation mit der aller anderen Gruppenmitglieder

erfolgreich durchgeführt werden kann. Hat man es mit einer Organisationseinheit in Gruppengröße zu tun, so verführt die Möglichkeit der direkten
Kommunikation – sogar wenn diese für die Erledigung der beruflichen Arbeit
weder nötig ist noch in Anspruch genommen wird – auch ohne die zugrunde
liegende Teamideologie dazu, die Organisationseinheit fälschlicherweise Team
zu nennen.)

- Auch die, unter Umständen mögliche, organisationsbezogene Funktionalität,
  die Untergruppenbildungen, Außenseiterrollen, Autoritätsprobleme usw. im
  „Team" haben, kann so nicht gesehen, angemessen gewürdigt und supervisorisch bearbeitet werden.

4.5.2 Teamsupervision – Supervision in Organisationen und erforderliche Kompetenzen[29]

Die Kritik an dem flächendeckenden, undifferenzierten Einsatz von Teamsupervision hebt zu einem Zeitpunkt an, zu dem die Nachfrage nach Supervision in
Organisationen einen quantitativen und qualitativen Sprung macht. Die Gründe
dafür hängen mit vielfältigen und bereits dargestellten Entwicklungen der Organisationen zusammen.[30] Sie konfrontieren die Organisationen und ihre Mitarbeiter
mit dem Erwerb neuer, bislang ungewohnter Haltungen und Kompetenzen, die
vielfach in Widerspruch zu allem bisher Verlangten stehen. Das Vorhandensein der
dazu erforderlichen Fähigkeiten und Fertigkeiten kann nicht einfach vorausgesetzt
werden. Es ist die Folge von Lernprozessen eigener Art. Ihr Erwerb geschieht nicht
in traditionellen Fortbildungen, in denen man an einem Ort Dinge lernt, die man
dann an einem anderen Ort (am Arbeitsplatz) anwendet. Es geschieht auch nicht
einfach durch die Ansammlung von Erfahrung am Arbeitsplatz, sondern es geschieht durch die gezielte Selbstreflexion dieser Erfahrung.

Die nun erforderliche *Kompetenz* eines Supervisors unterscheidet sich von den
bislang in Ausübung der Supervision nötigen Fähigkeiten und Kenntnissen:

1. Organisatorische Phänomene sind der vergleichsweise unmittelbaren auf psychische und Beziehungsprozesse gerichteten Wahrnehmung nicht zugänglich. Sie
weisen einen höheren Grad von Abstraktheit auf, der es nötig macht, sie durch
organisationsspezifische Hypothesenbildung aus den wahrnehmbaren Phänomenen zu erschließen. Das verlangt ein Denken in Strukturen und Prozessen, die
wenig mit der Eigenart von psychischen und von Interaktionsprozessen zwischen
Menschen zu tun haben, auch wenn sie sich auf diese auswirken und in ihnen ihren
Niederschlag finden.

2. Je komplexer die Organisation, umso widersprüchlicher und konflikthafter sind
die in ihr vorfindbaren Sachverhalte und ablaufenden Prozesse. Die meisten dieser,
auf sehr unterschiedlichen Ebenen stattfindenden Konflikte sind nicht Ausdruck

---

29 Zu den erforderlichen Kompetenzen von Supervisor/innen siehe auch Kapitel 3.4, 3.5
    und 4.4.2.
30 Siehe hierzu Kapitel 4.1, 4.2 und 4.4.

dafür, dass etwas nicht in Ordnung sei in dem konflikthaften Bereich, im Gegenteil. Das verlangt eine ungewohnte Sicht auf Konflikte und ein hochdifferenziertes Know-how, was deren Management betrifft.[31] Einige der gängigen unvermeidlichen Konflikte seien hier genannt:

- Der Konflikt zwischen verschiedenen, in ihrer Arbeit aufeinander angewiesenen Organisationseinheiten einer funktional ausdifferenzierten Organisation (Verkauf und Produktion in einem Wirtschaftsbetrieb, Forschung und Verwaltung an der Universität, Innere Medizin und Pathologie an einer Klinik).
- Der Konflikt zwischen Organisation und relevanter Umwelt (Organisation und Mensch, Organisation und Markt oder Organisation und Konkurrenz).
- Der Konflikt zwischen Organisation und Gruppe (sei es, dass es sich um ein Team handelt, um Projektorganisation in einer Hierarchie oder um den Zusammenstoß von Teamarbeit und hierarchischer Einzelarbeit).
- Der Konflikt zwischen verschiedenen, von ein und derselben Person wahrgenommenen Funktionen, die zueinander in Widerspruch stehen (z. B. der Konflikt zwischen Kontrolle und Beratung).
- Der Konflikt zwischen Vorgesetzten und Mitarbeitern, der meist kurzschlüssig personenorientiert ausgehandelt wird und deshalb so viel überflüssige Schwierigkeiten bereitet, weil man ihn für einen vermeidbaren Konflikt hält, seine strukturelle Dimension aber nicht in den Blick bekommt.

3. *Führen* ist in komplexen Organisationen zu einer sehr voraussetzungsvollen Angelegenheit geworden, die nicht auf psychologische Einfühlung oder Beziehungsgestaltung zu reduzieren ist.[32] Davon war schon mehrfach die Rede. Hier sei bloß hinzugefügt, dass Führen heißt: a) Organisationseinheiten zu steuern, b) den organisatorischen Austausch zwischen ihnen zu steuern, c) in immer höherem Ausmaß in der Lage zu sein, für die jeweilige Aufgabe die angemessene Organisationsform flexibel und situativ zu konstruieren – eine Fähigkeit, die bislang Trainern und Organisationsberatern vorbehalten war, mit der Aufweichung institutionalisierter Strukturen immer mehr zu einer alltäglichen Managementaufgabe geworden ist. All das ist ohne Organisationsphantasie und -bewusstsein bzw. ohne die Fähigkeit, in Strukturen und Prozessen zu denken und zu handeln, nur höchst unangemessen möglich.[33]

Es erscheint klar, dass Supervision in Organisationen nicht einfach Teamsupervision der oben beschriebenen Art sein kann, dass es vielmehr um die differenzierte Reflexion organisatorischer Verhältnisse und Notwendigkeiten sowie ihrer Auswirkungen auf die Gestaltung der Arbeitsbeziehungen geht. Dies kann in den verschiedenen Settings supervisorisch geschehen, solange sie der besonderen Zielsetzung der jeweiligen Nachfrage angemessen sind. Das zu entscheiden, ist Aufgabe des Supervisors. So kann die organisationsbezogene Supervision eines Mitarbeiters indiziert sein, die Supervision einer Führungskraft, eines Entscheidungsgre-

---

31 Zu Konfliktmanagement und Konflikten als Wert siehe auch Kapitel 3.6.8 und 6.1.3.
32 Siehe hierzu auch Kapitel 4.4.1, insbesondere Ausführungen zu Führung und Führungskraft als Coach.
33 Siehe hierzu Kapitel 4.3.

miums, der Beziehung zwischen wichtigen Konfliktpartnern, die Supervision einer Organisationseinheit oder auch eines wirklichen Teams – ohne dass daraus jeweils eine besondere Form der Supervision gemacht werden bräuchte.

Das Verständnis von Teamsupervision verlangt jedoch eine Modifizierung im hier beschriebenen Sinne. Das Team behält als Arbeitsinstrument in der Organisation einen hohen Stellenwert, der mit der Zunahme von Komplexität in den Organisationen in ganz neuer Form steigt. Denn die skizzierte Bewegung, in die Organisationen geraten sind, gibt dem Team aus ganz anderen Gründen erhöhte Bedeutung, als deshalb, weil in ihm familiale, von der Organisation sonst vernachlässigte Bedürfnisse der Mitarbeiter so gut befriedigt werden können. Das Team ist heute aus funktionalen und nicht aus ideologischen Gründen von unverzichtbarer Bedeutung für das Gelingen vieler Arbeitsprozesse in Organisationen. Einige Gründe seien angeführt:

- Viele Entscheidungen sind so komplex, dass sie ein einzelner Mitarbeiter aus fachlichen Gründen nicht mehr allein treffen kann, sondern dass sie im Team fallen. Vor allem weitreichende strategische Entscheidungen an der Spitze vieler Organisationen sind Teamentscheidungen.
- Viele fachliche Aufgaben sind derart komplex, das dazu nötige und auch vorhandene Wissen derart hochgradig spezialisiert bzw. die zu ihrer Lösung nötigen Kompetenzen so weit verteilt, dass fach- und abteilungsübergreifende Kooperation angesagt ist. Solche relativ neuen Formen der Kooperationen müssen allerorten aufgebaut werden.[34] Dies ist nur in Teamarbeit möglich, welche in diesem Fall mit besonderen Belastungen zu tun hat. Denn sie muss sich mit gewohnten, in den meisten beruflichen Sozialisationen tief verankerten, für die anstehenden Aufgaben allerdings dysfunktional gewordenen Arbeitshaltungen beschäftigen: Gerade hochdifferenzierte Spezialistentätigkeiten, die traditionell in hierarchisch relativ gut abgesicherter Einzelarbeit durchgeführt worden sind, können heute immer häufiger nur mehr in fachübergreifender horizontaler Kooperation ausgeübt werden. Es leuchtet ein, dass der Aufbau und die Erhaltung der Arbeitsfähigkeit von solchen Teams mit weit mehr beschäftigt sind als mit der Dynamik von Gruppen.
- Projektmanagement, das auf Teamarbeit beruht, wird immer häufiger in Organisationen in Anspruch genommen. Es stellt eine in seiner Lebensdauer limitierte, nicht hierarchisch strukturierte Form der Organisation von komplexer Arbeit dar, die quer liegt zur dauerhafteren Organisation. Das bringt eine Reihe organisationsbezogener Schwierigkeiten mit sich, die in den Teams – welche ja aus den Mitarbeitern der Organisation zusammengesetzt sind – ihren Niederschlag finden.

In diesen und ähnlichen Fällen ist das, was bisher Teamsupervision genannt wurde, ein geeignetes Instrument, mit dem das Team unterstützt werden kann, organisations- und aufgabenbezogen an der Gestaltung und Erhaltung seiner Arbeitsfähigkeit zu arbeiten. Allerdings wird aus den Andeutungen zum Bedarf nach Supervision von Teams in Organisationen deutlich, dass es sich dabei um eine Form von Supervision in Organisationen handelt. Sie kann sich nicht darauf beschränken,

---

34 Siehe hierzu Kapitel 3.6.7.

Reflexion von Arbeitsbeziehungen pur zu sein, durchgeführt unter Zugrundelegung gruppendynamischer Kenntnisse und mit dem Hinweis auf irgendeinen „institutionellen Faktor". In ihr müssen vielmehr differenzierte Kenntnisse über die angedeuteten organisatorischen Sachverhalte und über den jeweiligen besonderen Widerspruch, in dem sie sich zur internen Eigendynamik von Gruppen befinden (also die Dialektik von Gruppe und Organisation und deren Niederschlag in der Gruppe), zum Tragen kommen.

Abschließend sei noch einmal betont, dass Teamsupervision nicht identisch ist mit Organisationsberatung, auch wenn sie nach systemischen Einsichten vorgehende Beratung eines Subsystems einer Organisation darstellt und sich daher mit der institutionellen Dimension der Arbeit befasst. Klient ist hier das Subsystem. Auf der übergeordneten Ebene der gesamten Organisation kann sie nicht direkt intervenieren. Wohl aber kann Supervision den Anstoß zur Organisationsberatung geben, ebenso wie sie in einem übergeordneten Konzept ein immer wichtiger werdendes Instrument (systemischer) Organisationsberatung darstellen kann.

4.5.3 Zur methodischen Besonderheit (systemisch orientierten Vorgehens) in der Teamsupervision

a) Die erste und wichtige Aufgabe der Teamsupervision liegt darin, die Aufmerksamkeit dafür geschärft zu halten, dass man im Laufe der Supervision institutionell bedingten Arbeitsproblemen direkt sachlicher wie auch individuell-persönlicher und interaktionaler Art begegnen wird, die aus den strukturellen Gegensätzen und Widersprüchen in Organisationen hervorgehen.[35] Institutionell bedingte Probleme äußern sich nicht direkt als solche, sondern finden ihren Ausdruck in anderen Bereichen, und es ist naheliegend zu versuchen, sie auch dort, d. h. am Symptom zu lösen: Wenn sie sich als sachliche Arbeitsprobleme äußern, meint man oft, einen Mangel an Sachkompetenz als Ursache zu sehen, den man durch Fortbildung, bessere Sachausrüstung, den Erwerb zusätzlicher fachlicher Fähigkeiten usw. beheben will. Wenn sie sich als individuelle oder persönliche Störungen zeigen, welche die Arbeit direkt behindern, meint man, dem Übel durch individuelle Entlastung im Sinne von Beratung, Psychotherapie, Versetzung usw. Herr werden zu können. Wenn sie sich als Kooperations- bzw. Teamprobleme zur Geltung bringen, meint man, die Lösung in der Behebung von gruppendynamischen Störfaktoren zu finden. Da sich institutionelle Widersprüche und Konflikte besonders dort niederschlagen, wo es auf den sachlichen, individuellen und interaktionalen Ebenen Schwachstellen gibt, ist es nicht verwunderlich, wenn ein Sog dahin entsteht, dass die Supervisionsarbeit vom *Symptom*, an dem sie ansetzen muss, nicht mehr wegkommt. Als Supervisor erfährt man, welch intensive Bedürfnisse und Erwartungen einem auf diesen Ebenen entgegengebracht werden. Man erfährt, wie auch nur teilweise Befriedigung nach mehr dergleichen verlangt (Pühl 1994). Und man weiß, dass man endlos auf diesen Ebenen Probleme finden, also auch mit Berechtigung an ihnen arbeiten kann, ohne zum Kern der Störung zu gelangen und für dessen Management professionelle Kompetenz zu fördern. Es gilt daher, als

---

35 Zum methodischen Vorgehen siehe auch Kapitel 3.6, insbesondere zur Wahrnehmung mit der Interdependenz der verschiedenen Aspekte in der Supervision.

Supervisor seine gesonderte Aufmerksamkeit für institutionelle Problemdimensionen wach zu halten.

b) Nicht nur manifestieren sich institutionelle Probleme auf indirekte Art und Weise, man findet auch in der Analyse keinen emotionellen Zugang der Betroffenen zu ihnen. Der Zugang ist vermittelt über ein erhebliches Ausmaß an Abstraktion von der unmittelbaren Betroffenheit, er verlangt Beobachtung und Reflexion oft weit über den Rahmen der eigenen unmittelbaren Arbeitsumgebung, mit der man täglich zu tun hat, hinaus. Dementsprechend müssen in der Supervision nicht nur abstrakt scheinende Informationen über die Institution gesammelt werden, die erst nachträglich in ihrer Bedeutung verständlich werden. Es kann nötig sein, in der Supervision gelegentlich theoretische Erklärungen über bestimmte Aspekte der Dynamik von Organisationen zur Verfügung zu stellen und sie in Verbindung mit der vorgelegten Situation zu bringen.

c) Dennoch bleibt es wichtig, den Kontakt zur Betroffenheit der Teilnehmenden nicht zu verlieren. In der mühsamen Herstellung eines Gleichgewichtes zwischen Abstraktion und konkretem Erleben geht es darum, ein Gefühl für organisatorische Prozesse und ihre Dynamik zu provozieren. Den Ausgangspunkt der Supervisionsarbeit bilden die sichtbaren, greifbaren und erlebbaren Situationen und Probleme. Von dort gilt es, weiterzuführen zu den institutionell-organisatorischen Bedingungen, die nicht mehr in gleicher Weise greifbar und erlebbar sind. Von ihnen dann geht der Weg zurück zu den Auswirkungen, die man spürt. Dies fördert die zunehmend wichtiger werdende individuelle Kompetenz zur emotionellen Distanzierung, die dadurch charakterisiert ist, dass sie sich in einer Situation, von der man unmittelbar, vielleicht auch existentiell betroffen ist, so entfalten kann, dass sie das Engagement für diese Situation und die Betroffenheit in ihr nicht auflöst. Genauer gesagt, handelt es sich um die Herstellung einer emotionalen Balance zwischen Engagement und Distanzierung, welche die Voraussetzung für ein brauchbares Management organisatorischer Probleme darstellt (Elias 1983).

d) Management kann hier nicht bedeuten, zugrunde liegende organisatorische Spannungen und Widersprüche immer aufzulösen. Noch ist bei der Erkenntnis der Unauflöslichkeit solcher struktureller Spannungen die Einübung in Resignation eine Alternative, die Supervision zu bieten hat. Es gilt vielmehr zu unterscheiden, wo es sich um vermeidbare Gründe problematischer Folgeerscheinungen handelt und wo man es mit unvermeidlichen Widersprüchen zu tun hat. Eine treffende Diagnose zu stellen, ist dabei in der Beratungspraxis nicht ganz leicht. Nur wo es sich um vermeidbare Spannungen und Widersprüche handelt, ist es sinnvoll, um deren Auflösung bemüht zu sein. Dies kann bedeuten, dass man, geleitet durch die in der Supervision gewonnenen Einsichten, den Rahmen der Supervision verlässt und versucht, die Bedingungen für eine Organisationsberatung herzustellen.

Wo es sich um unvermeidliche Widersprüche handelt, gilt es, auch im Verständnis von Ressourcenorientierung, deren positive, sinnvolle Arbeit ermöglichende und entlastende Dimension herauszustellen und damit die nötige Konflikttoleranz bei den Betroffenen ebenso zu fördern, wie deren durch das Symptom verdeckte Handlungsspielräume freizulegen.

5 Verhältnis der Supervision und ihres Gegenstandes zu Methoden und „Schulen"[1]

5.1 Psychoanalytisch und/oder systemisch – ist ein Schulbezug der Supervision angemessen?

Eine derart gestellte Frage lässt schon vermuten, in welche Richtung die Antwort gehen soll: Skepsis gegenüber einem Schulbezug, wenn nicht gar ein klares Nein. Diese Vermutung ist beabsichtigt. Sie soll in der Folge genährt und entfaltet werden, so gut es geht. Fangen wir mit dem Resultat an, das einfacher klingt, als es ist: Supervision ist – wie bereits dargestellt – eine Beratungsform, kein methodisches Verfahren. Sie ist definiert durch ihren Gegenstand, nicht durch die Methoden, derer sie sich bedient.[2] Das heißt nun nicht, dass die Methodenauswahl in der Supervision beliebig oder untergeordnet ist. Denn die Supervision beansprucht eine professionelle Beratungsform zu sein und verfügt auch über die entsprechenden Merkmale der Professionalität, wie wissenschaftliche Fundierung, methodisches Vorgehen, elaborierte Ausbildungsgänge, Verankerung an Hochschulen und Universitäten, anerkannte Publikationsorgane, rege wissenschaftliche Diskussion, nationale Berufsverbände, sogar einen internationalen europäischen Dachverband (Combe & Helsper 1996).

Wenn also doch methodisches Vorgehen, woher nimmt die Supervision dann ihre Methoden? Sie entwickelt diese nicht selbst, sonst wäre sie eben nicht nur eine Beratungsform, sondern auch eine Beratungsmethode. Die Supervision borgt sich ihre Methoden – und damit zum Teil auch ihre gegenstandsbezogene Perspektive (oder zumindest die Konkretisierung dieser Perspektive) – von anderen Beratungsformen und ihrem methodischen Repertoire, das hauptsächlich in den einzelnen psychologischen Schulen der Psychotherapie entwickelt wurde. Man kann getrost sagen, dass sich die Supervision ihre Methoden borgt – denn sie gibt sie den Schulen, angereichert um ihren spezifischen Gegenstandsbezug, wieder zurück.

Aber welche dieser Schulen ist geeigneter oder besser für die Supervision – immerhin ist das Beratungsfeld heute gesegnet mit einer Fülle anerkannter, in ihrer Professionalität zumindest ebenso wie die Supervision ausgewiesener Schulen. Ist es die Psychoanalyse, die Verhaltensmodifikation, die systemische Beratung, die Gestalt, Neurolinguistisches Programmieren (NLP) oder sonst was? (Man braucht sich nicht auf die Alternative psychoanalytisch oder systemisch zu beschränken,

---

1 Grundlage dieses Kapitels Buchinger (1988b, 1993a, 2003a, 2004a).
2 Siehe hierzu auch Kapitel 3.1.

auch wenn es einen gewissen Sinn hat, das zu tun, was noch deutlich wird.) Diese Frage ist weniger konstruiert, als es scheint. Denn immerhin gibt es sehr seriöse schulbezogene Supervisionslehrgänge. Es finden sich Ausbildungen zum psychoanalytischen, zum systemischen oder Gestalt-Supervisor. Es gibt also schulbezogene Supervision. Und sie scheint sich im Feld zu bewähren.

Ja, aber es gibt auch nicht-schulbezogene Supervisions-Ausbildungen, nicht zuletzt, das sei mit einigem Stolz erwähnt, den lange Jahre einzigen universitären Ausbildungsgang in Kassel, der die Absolvent/innen zum Diplom-Supervisor graduierte und der mittlerweile zum Masterstudiengang „Supervision, Coaching und Organisationsberatung" weiterentwickelt wurde und sich bislang im Feld recht gut hält. Damit könnte sich die Frage nach dem, was für die Supervision geeigneter ist, von der Frage nach der schulbezogenen Methodik zur Frage nach den Ausbildungsgängen verschieben. Welche Ausbildungen sind also dem Anliegen der Supervision angemessener, die schulbezogenen oder die nicht-schulbezogenen, wobei den letzteren die Frage zu stellen wäre, woher sie ihr methodisches Repertoire nehmen? Natürlich wieder aus den Schulen, aus der Psychoanalyse, der Verhaltensmodifikation, der systemischen Beratung, der Gestalt, aus dem NLP usw.

Aber dann kann die nicht-schulbezogene Ausbildung von der eindeutig schulbezogenen Supervision nur die Tatsache unterscheiden, dass sie sich gleich mehrerer Schulen bedient, also eklektisch vorgeht. Damit verbinden wir üblicherweise den Makel einer gewissen Oberflächlichkeit. (Denn sich in mehreren Schulen gleichzeitig fundiert auszubilden und, was heute unentbehrlich ist, auch kontinuierlich auf dem Laufenden zu halten, scheint ein Ding der Unmöglichkeit.) Auch diese Überlegung ist weniger konstruiert als es scheint. Denn manchmal erhält man in der Supervision von Supervisor/innen tatsächlich den Eindruck, unter dem Titel der Supervision wird laienhaft psychoanalytisch beraten, schlimmer noch, es wird psychoanalytisch-psychotherapeutisch gepfuscht oder organisationsberaterisch herumgefuhrwerkt, gelegentlich gar mit dem theoretisch verbrämten Anspruch, die Supervision sei die bessere Organisationsberatung.[3]

Also heißt die Alternative in der Supervision vielleicht eher: Oberflächlichkeit, die nicht wünschenswert ist, versus fundierter Schulbezug, der unserer Meinung nach der Sache nicht angemessen ist. Wenn aber doch fundierter Schulbezug, warum dann nicht gleich entweder gute psychoanalytische, systemische oder sonst eine Ausbildung in einer der Schulen und dann darauf aufsetzend supervisorische Spezifizierung? Doch auch damit wäre es wieder der Gegenstandsbezug, der die Supervision auszeichnet, nicht die Methoden, dies allerdings ganz anders, als von uns gemeint. Denn es wäre dann der Gegenstandsbezug, der die psychoanalytische Supervision von der Psychoanalyse oder der psychoanalytischen Therapie unterscheidet bzw. die systemische Supervision von der systemischen Therapie oder Beratung usw. Was ist in einem solchen Fall aber mit der Eigenständigkeit der Supervision als Beratungsform, wenn sie jeweils einer Schule zugeordnet würde?

---

3 Siehe dazu etwa Supervision 1984/6, die Diskussion um „Supervision als angewandte Psychoanalyse", bzw. Supervision 1985/7, die Diskussion um „Supervision als Organisationsberatung". Zudem sei erwähnt, dass die Tätigkeit der Psychotherapie nach dem PsyThG gesetzlich geregelt ist und der Approbation oder Heilerlaubnis nach dem Heilpraktikergesetz bedarf.

5.2 Zum Verhältnis des Gegenstandes von Supervision und ihrer Methoden

Supervision hat also nie eigene Methoden der Beratung entwickelt, sondern sich immer der Methoden bedient, welche die anderen Beratungsformen zur Verfügung gestellt haben. Sie ist insofern zwar einerseits abhängig vom jeweiligen Stand der Entwicklung der anderen Beratungsformen. Andererseits beeinträchtigt das nicht ihre Eigenständigkeit.

Die Abhängigkeit hatte sie lange Zeit in Fragen der Organisation schmerzlich erlebt. Erst nachdem die Organisationsberatung ihr begriffliches Repertoire zum Verständnis der Eigendynamik organisatorischer Strukturen und Prozesse, ihre Analysemethoden und entsprechende Interventionsformen zur Verfügung gestellt hatte, konnte die Supervision ihrem alten Anspruch nach Beachtung der organisatorischen Rahmenbedingungen auch praktisch gerecht werden.

Wegen dieser methodischen Abhängigkeit von anderen Beratungsformen und wohl auch deshalb, weil sie auf keiner der Ebenen, weder der Person noch der Interaktion noch auch der Organisation, ausreichend elaboriert und in die Tiefe gehend arbeiten kann, hat man der Supervision oft Oberflächlichkeit und Eklektizismus vorgeworfen. Sie wäre eine Beratungsform, die in die anderen Bereiche hineingrase, ohne das ausreichend profund tun zu können. Solche Vorwürfe gehen am Wesen der Supervision vorbei. In Bezug auf ihre ganz eigene Aufgabe könnte man ihr, im Gegenteil, dann Oberflächlichkeit vorwerfen, wenn sie nur auf einer der Ebenen, sagen wir der Person, auf dieser aber dann vergleichbar der psychotherapeutischen Tiefe arbeiten würde. Nur wenn sie bei ihrem Fokus, dem Verständnis und der Reflexion von Arbeitssituationen, bleibt und – gerade wegen ihres Fokus – alle beteiligten Aspekte nur soweit beleuchtet, als es für ihre Aufgabe nötig ist, geht sie ihrer Aufgabe entsprechend fundiert vor.[4]

Aus diesem Grund scheint, wie oben angedeutet, auch eine Schulzugehörigkeit für die Supervision nicht angemessen (Buchinger 2003a). Das würde auf die Dominanz eines der ihr zur Verfügung stehenden Instrumente hinauslaufen und wahrscheinlich gute supervisorische Arbeit behindern. Denn jede der Schulen ist in ihrem Schwerpunkt auf eine, bestenfalls auf zwei der genannten Ebenen supervisorischer Arbeit spezialisiert. Eklektische Ausbildung in den entsprechenden Schulen bedeutet hier nicht Oberflächlichkeit, sondern eine klare Konzentration auf die Basiskompetenzen der Supervision.

Der Einsatz von Methoden in der Supervision ist auf ihren Gegenstand beschränkt. Welche Methoden eingesetzt werden, hängt von den meist schulenbezogenen Ausbildungs- und Praxishintergründen des Supervisors ab. Solange diese beim Gegenstand der Beratungsform Coaching bzw. Supervision bleiben und die relevanten Ebenen in ihrer Verbindung berücksichtigen, wird gut gearbeitet.

Besonders beliebt ist die sich immer mehr vom Arbeitsgegenstand entfernende personenorientierte Selbsterfahrung in der Einzelsupervision bzw. im Einzelcoaching. Dies birgt ein Risiko: Den Beteiligten fällt dabei längere Zeit nicht auf, dass sie nicht mehr Supervision oder Coaching miteinander durchführen, weil das

---

4 Siehe hierzu Kapitel 3, insbesondere Kapitel 3.6.

Bedürfnis nach Selbsterfahrung von beiden Seiten vorhanden ist (beim Coach und Klienten) und Coaching dazu benutzt wird, unter diesem Titel etwas anderes zu tun. Besonders wichtig, aber auch anspruchsvoll und schwierig erscheint es, in der Supervision und im Coaching der Dynamik der Organisation gerecht zu werden. Schwierig deshalb, weil in den vorgelegten Arbeitssituationen zumeist Fragen der Psychologie und Beziehungsdynamik in den Vordergrund gestellt werden und die Verführung groß ist, es dabei bewenden zulassen. Fragen der Psychologie und der Beziehung sind eben auch von emotionell dichterem Erlebnisgehalt als die Beschäftigung mit der relativ personenunabhängigen Organisation.

Wie kann die Supervision ihrem Gegenstand gerecht werden und sich Methoden, Haltungen und Verfahren aus den verschiedenen „Schulen" borgen, ohne der entsprechenden Schule verpflichtet zu sein? Trotz – oder gerade wegen ihrer Abhängigkeit von den Methoden anderer Beratungsformen und deren „Schulen" können Supervisor/innen sich in deren Auswahl und praktischer Umsetzung frei fühlen und großen Nutzen aus diesen ziehen. Dieser Nutzen für die Supervision soll im Folgenden am Beispiel der Bedeutung psychoanalytischer Konzepte in Supervision und Coaching sowie am Beispiel des systemischen Denkens verdeutlicht werden.

5.3 Die Bedeutung psychoanalytischer Konzepte in Supervision und Coaching[5]

Die Beschreibung der Bedeutung psychoanalytischer Konzepte in Supervision und Coaching ist komplexer, als es zunächst den Anschein hat, da sowohl die Psychoanalyse als auch die Supervision sehr Unterschiedliches bezeichnen. Mit Psychoanalyse wird erstens ein Theoriegebäude bezeichnet, das Erkenntnisse über die Psyche des Menschen, seiner Genese und seiner pathologischen Besonderheiten beinhaltet. Zweitens wird unter Psychoanalyse eine Methode zur Psychotherapie verstanden. Und drittens ist die Psychoanalyse eine Forschungsmethode.

Mit dem Begriff Supervision wird einmal eine besondere Begleitung während einer psychotherapeutischen oder beraterischen Ausbildung verstanden. Zweitens bezeichnet man damit die Beratung von reflexiven Professionen, in denen die Gestaltung von Beziehungen zu anderen Menschen im Mittelpunkt steht, die entweder über Schwierigkeiten berichten oder drittens Reflexion und Selbstreflexion im Dienste ihrer beruflichen Tätigkeit in Anspruch nehmen wollen. Allein das letzte ist Gegenstand unserer Ausführungen.

Egal, ob Supervision im Rahmen der Ausbildung, zur Lösung eines aktuellen beruflichen Problems oder im Dienste der Professionalisierung beruflicher Selbstreflexion zum Einsatz kommt, immer geht es um die Reflexion der beruflichen Tätigkeit des Klienten, nicht um die Reflexion seiner seelischen Prozesse. Dies unterscheidet die Supervision grundlegend von der Praxis der Psychoanalyse, auch und gerade dann, wenn psychoanalytische Konzepte in ihr zur Anwendung gelangen sollten.

---

5 Grundlage dieses Kapitels Buchinger (1993a).

Selbstverständlich kann die als Psychotherapie angewandte Psychoanalyse im Kontext der Selbstreflexion der Klienten auch Auswirkung auf deren berufliche Interaktionen haben. Jedoch ist es dabei weder ihr Ziel, die Professionalität des Klienten in seinem Beruf zu erhöhen, noch verfügt sie dazu über die erforderlichen Methoden. Ebenso kann die Supervision auch Auswirkungen auf das Seelenleben des Klienten haben. Dies ist jedoch nicht ihr Ziel, noch verfügt sie dazu über die entsprechenden Methoden.

Wird diese Grenze zwischen Psychoanalyse und Supervision nicht scharf gezogen, so besteht gerade bei Anwendung psychoanalytischer Konzepte in der Supervision die Gefahr, dass illegitime Ausflüge in den psychotherapeutischen Bereich unternommen werden. Denn es ist naheliegend, dass in der Supervision auch psychotherapeutisch gelagerte Bedürfnisse berührt werden bzw. dass diese in der Art in Bewegung geraten, die den Supervisor zum unreflektierten Wechsel des Kontextes bzw. der Beratungsform einlädt.

Psychoanalytische Konzepte sind in der Supervision mit Vertretern reflexiver Berufe[6] sehr gut geeignet, die Reichweite von deren Selbstreflexion zu vergrößern. Insbesondere von Bedeutung ist dabei die psychoanalytische Auffassung vom Prozesscharakter der Interaktion zwischen Professionellen und ihren Klienten, in der sich unbewusste Beziehungskonstellationen bilden, die häufig konflikthaft und von unterschiedlichem Wert für das Arbeitsziel sind. Will man in einem Lern-, Behandlungs-, Beratungs- oder pädagogischen Prozess die Interaktion nutzen, so bedarf es der Kompetenz, eine tragfähige Arbeitsbeziehung herzustellen, die auf wohlwollender Neutralität des Professionellen beruht. Das wird besser gelingen, wenn er über ein Verständnis der vielfältigen Hindernisse verfügt, die dieser Beziehung durch Übertragung, Gegenübertragung und Widerstand entgegengebracht werden können. Ein differenziertes Wissen um die Mechanismen, die von beiden Seiten unbewusst aktiviert werden können, ist zweckmäßig. Man denke an den psychoanalytisch gut erforschten Mechanismus der *projektiven Identifikation*: Davon kann man z. B. sprechen, wenn ein Schüler eine zwingende und ihm in ihren Besonderheiten nicht bewusste Angst hat, zutiefst abgelehnt zu werden, die ihn zu einem Verhalten treibt, das wiederum den Lehrer unbewusst dazu führt, sich seinerseits so zu verhalten, dass die Angst des Schülers Bestätigung in der Realität erfährt. Von Bedeutung ist auch die in der Psychoanalyse geschärfte Fähigkeit, die eigenen Reaktionstendenzen, Phantasien usw. als Informationsquelle und Diagnoseinstrument über den Klienten und dessen Situation und Probleme zu nutzen.

In diesem Sinne können psychoanalytische Konzepte in der Supervision genutzt werden, um das Beratungsziel zu erreichen. Darüber hinaus spielen sie in der Beratungsbeziehung zwischen Supervisor und Supervisand eine Rolle, für die Gleiches gilt, wie in der Beziehung zwischen Supervisand und dessen Klienten. Dabei ist allerdings ein zusätzlicher Aspekt zu beachten: Die Eigendynamik des Interaktionsprozesses wird in der Supervision überlagert durch das, was man als *Resonanzphänomen* bezeichnet. Ein von Supervisand und Supervisor gemeinsam geteiltes Verständnis davon macht einen wesentlichen Lern- oder Beratungseffekt der Supervision aus. Resonanzphänomen besagt, dass der Gegenstand der Supervision, also die zur Bearbeitung in der Supervision präsentierte Arbeitsbeziehung zwischen

---

6 Siehe hierzu auch Kapitel 2.2.

Supervisand und Klient, sich in der Supervisionssituation *spiegelt*. Die schwierigen Interaktionsaspekte erfahren in der Beziehung des Supervisanden zum Supervisor eine Neuauflage – analog zur *Übertragungsneurose* in der Psychoanalyse. Diese Neuauflage oder *Reinszenierung* gilt es zu erkennen und zu nutzen.

Die Interaktionsdynamik innerhalb der Supervision wird also zu Lernzwecken thematisiert hinsichtlich der in ihr auftauchenden Resonanz des berichteten und bearbeiteten beruflichen Problems des Supervisanden, jedoch nicht hinsichtlich dessen Psychodynamik.

Zudem ist die Art des Thematisierens in der Supervision nicht Vorbild für die Arbeit des Supervisanden, denn sowohl die Analyse seiner beruflichen Interaktionen als auch die Analyse der Resonanzphänomene in der Supervision dienen keinesfalls dazu, dass der Supervisand lernt, z. B. in seiner Rolle als Lehrer oder Manager mit seinen Interaktionspartnern das Gleiche zu tun.

In diesen beiden Punkten unterscheidet sich die Analyse von Prozessen in der Supervision von der psychotherapeutischen Psychoanalyse: Es geht in der Supervision also erstens nicht um die Psychodynamik des Supervisanden oder von dessen Klienten, sondern um die arbeitsbezogene Interaktionsdynamik mit ihren psychischen Auswirkungen und Effekten. Zweitens soll der Supervisand in der Supervision in der Regel nicht lernen, wie er selbst solche Prozesse mit seinen Klienten methodisch thematisiert, sondern er soll lernen, diese für sich zu erkennen, sie adäquat zu diagnostizieren und so zu steuern, dass sie seinem Arbeitsziel möglichst dienlich sind.

Die Beziehung zwischen Supervisor und Supervisand erfährt je nach Variante der Supervision im Rahmen der Ausbildung (z. B. zur Psychotherapie, Gruppendynamik, Organisationsberatung) eine andere Dynamik, je nachdem ob der Supervisor den Supervisanden bei der Arbeit beobachtet, ob er mit diesem arbeitet oder ausschließlich auf dessen Erzählung angewiesen ist. Im ersten Fall kann der Supervisor mit seinem Supervisanden seine eigenen Beobachtungen und nicht nur dessen Sichtweise mit ihm besprechen. Beide Sichtweisen können einander gegenübergestellt werden.

Richtet man in der Supervision die Aufmerksamkeit auf die Ebene der Organisation und die Organisationsdynamik, kann sich die Berücksichtigung psychoanalytischer Konzepte eher störend auswirken. Die Schwierigkeit in diesem Zusammenhang besteht in dem schon erwähnten Sachverhalt, dass die Organisationsdynamik uns lediglich über ihren Niederschlag in der Dynamik berufsbezogener Interaktion und in der Seele einzelner Mitarbeiter in der Organisation zugänglich ist, was in der Supervision dazu verführt, nur diese symptomatischen Auswirkungen in Arbeitsbeziehungen und seelischen Prozessen wahrzunehmen und am Verständnis dieser Symptome kurzschlüssig zu arbeiten, anstatt sich um die Erfassung des organisatorischen Problems, das sie hervorruft, zu bemühen. Kurzschlüssig und daher mit wenig Erfolg geschieht diese Arbeit deshalb, weil die symptomatischen Phänomene auch einer Eigendynamik auf der Ebene gehorchen, auf der sie in Erscheinung treten: also jener der Interaktion und der psychischen Prozesse. Die Verführung besteht darin, immer mehr Verständnis für diese beiden Ebenen aufzubringen und immer weiter in deren Dynamik in der Supervision einzudringen, weil kein Punkt, an dem man Halt macht, den erwünschten Erfolg bringen kann. Hier bieten sich psychoanalytische Erkenntnisse und Methoden in ihrer Differenziertheit und der prinzipiellen Unabschließbarkeit besonders gut, aber eben irreführend an.

Dennoch sind auch hier psychoanalytische Konzepte hilfreich – unter der Voraussetzung, dass es gelingt, sie auf die in Frage stehende Ebene zu transportieren. Gemeint ist damit das psychoanalytische Konzept des *(neurotischen) Symptoms* und die dazu bereitgestellte Methode, von diesem Symptom auf das zugrunde liegende Problem zu schließen bzw. das Symptom durch ein verändertes Arrangement der an der Symptombildung beteiligten Kräfte aufzulösen.

Die Psychoanalyse hat ein revolutionäres Verständnis dysfunktionaler seelischer Phänomene entwickelt, das durch zwei Elemente beeindruckt. Erstens hat sie nachgewiesen, dass sinnlos erscheinende seelische Phänomene, als welche neurotische Symptome gegolten hatten, einen Sinn haben. Sie stellen Kompromissbildungen dar, in denen ein Ausgleich zwischen einander entgegengesetzten oder zumindest nicht gut miteinander zu vereinbarenden psychischen Strebungen versucht wird. Was sinnlos erscheint, hat damit nicht nur einen aufschlüsselbaren Sinn, es hat zweitens auch eine Funktion im Seelenhaushalt, weil es einen hauseigenen Lösungsversuch des Dilemmas darstellt, das durch den Gegensatz verursacht ist. Allerdings führt der Lösungsversuch zu Folgeproblemen. Dennoch ist die Kenntnis der entsprechenden Zusammenhänge nicht nur wichtig zur konkreten Einschätzung der seelischen Bemühungen, die zur Symptombildung geführt haben. Sie ist auch eine Voraussetzung für eine bessere Lösung des Problems, indem man versuchen kann, einen brauchbareren Ausgleich des Gegensatzes zu ermöglichen.

Dieses Symptomverständnis lässt sich auf Probleme arbeitsbezogener Interaktion, die in der Supervision vorgelegt werden, übertragen, wenn es sich um Arbeit in Organisationen handelt: Man kann davon ausgehen – zumindest als nützliche Arbeitshypothese –, dass das vorgelegte Arbeitsproblem das Symptom eines ungelösten organisatorischen Widerspruchs darstellt. Allerdings gilt es dann nicht, die Ursachen in den psychischen Verhältnissen, sondern in der Eigendynamik organisatorischer Verhältnisse zu suchen, was – wie dargestellt – nicht leicht ist.

Mit der Methode des Symptomverständnisses, das die Psychoanalyse entwickelt hat, und mit der von ihr zur Verfügung gestellten Methode der Nachforschung ausgerüstet, jedoch beide übertragen auf die Organisationsdynamik, können der Spielraum und die Effizienz der Supervision gesteigert werden.

5.4 Vom Nutzen systemischen Denkens für die Supervision

Wenn wir in der Folge von systemischen Konzepten sprechen, so beziehen wir uns weniger auf die Schulen systemischer Beratung mit ihrem ausgearbeiteten Repertoire an Methoden. Wir beziehen uns vielmehr auf einen grundlegenden Zugang zu sozialen Sachverhalten, auf eine Haltung, welche die Konzeption, Wahrnehmung, Beobachtung sozialer Systeme und die Kommunikation über sie bestimmt.[7] Es geht uns also um systemisches Denken in seinem eminenten Praxisbezug. Wir glauben, dass man sich als Berater/in – ganz besonders als Supervisor/in – in der Auswahl der

---

7 Zur Haltung in der Supervision siehe auch Kapitel 3.5.

Methoden auch dann weiterhin frei fühlen kann, wenn man systemtheoretisch denkt und dieses Denken die Grundlage professionellen Handelns in der Beratung darstellt. Mehr noch, wir glauben, dass die Freiheit in der Auswahl der Methoden, die ja gerade für die Supervision charakteristisch ist, durch systemisches Denken erhöht wird. Systemisches Denken limitiert den Profi in der Supervision nicht auf den Einsatz von Interventionen, die sich in Abgrenzung von anderen Schulen als systemische bezeichnen – ganz im Gegenteil. In diesem Sinne glauben wir, dass systemtheoretisches Denken der Supervision nicht nur nützlich ist, sondern ihr mehr als jede andere Denkrichtung entspricht. Denn es ist ein Denken in Zusammenhängen, das besser als jede andere theoretische Ausrichtung der Komplexität des Gegenstandes der Supervision gerecht wird.

Ja, man kann die Aktualität sowohl der Systemtheorie als auch der Supervision als Symptom für die enorm zugenommene Komplexität der Gesellschaft sehen:[8] Mit dem Verlust der Überschaubarkeit, Stabilität und Traditionsausrichtung der Gesellschaft und ihrer Tätigkeitsfelder kann man es sich nicht mehr leisten, sich auf einen isolierten Teil der Realität so zu konzentrieren, als wäre er eine eigenständige Substanz. Man kann die Zusammenhänge, in denen sich der Teil befindet, nicht mehr außer Acht lassen. Man muss sie immer wieder selbst herstellen, die jeweiligen Vernetzungen auf ihre Brauchbarkeit überprüfen, d. h. das *Verhältnis System und Umwelt* wird virulent.

Da die Orientierungsfunktion dessen, was als Wahrheit gegolten hat, verloren geht, erhält die Wahrnehmung besondere Bedeutung. *Beobachtung* wird eine zentrale Kategorie. Und da in sozialen Systemen das Beobachtete selbst beobachtet, werden die *Beobachtung von Beobachtungen* und der Austausch darüber bedeutsam.

Nun ist alle Beobachtung bedingt durch die „Brille" des Beobachters, also durch seine Wahrnehmungsfilter, Einstellungen, Interessen, ihm verfügbare Kategorien zur Hypothesenbildung – sie sind selektiv, sie schöpfen das Beobachtete nie aus, sie könnten auch anders ausfallen, sind also *kontingent*. Da sie auf die Selbstbeobachtung des Beobachteten treffen, treffen sie auch auf dessen *Kontingenz*.

Erst in solcher, sich durch Kommunikation manifestierenden Selbstreflexion kann man von einem sozialen Sachverhalt reden. Im Versuch, einen sozialen Sachverhalt zu verstehen, muss er miteinander konstruiert werden, ohne Absicherung durch Vorgaben der Richtigkeit. Der Aufbau der sozialen Welt entsteht also durch einen doppelten perspektivischen Bezug, ist gekennzeichnet durch *doppelte Kontingenz*.

Soziale Sachverhalte werden somit manifest reflexiv, d. h. soziale Syteme konstituieren sich in *Selbstorganisation*. Das Konzept der *Autopoiesis*, ebenso wie das Konzept der *Selbstreferenz*, das besagt, dass ein System sich nur im Bezug auf sich selbst, d. h. durch Selbstbeobachtung und durch Kommunikation des Beobachteten erhält, erteilt allen Vorstellungen, man könne in ein System von außen kausal eingreifen, eine strenge Absage – was für alle Formen der Beratung von großer Bedeutung ist. Um in einem sozialen System Wirkungen zu erzielen, ohne es zu zerstören – was auch eine extreme Form der unwiderruflichen Wirkung darstellt – muss ich an das System andocken und mit ihm ein eigenes neues System bilden, also das *Beratungssystem* der Supervision, in dem dann die Eigendynamik des Systems

---

8 Siehe hierzu auch Kapitel 3.3, 4.1 und 4.2.

wirksam wird. Und anstelle der Suche nach Richtigkeit wird die *Entwicklung von Alternativen im Bewusstsein ihrer Kontingenz* bedeutsam. Anstelle der Unterwerfung unter Normen, wird *Autonomie* und damit Handlungskompetenz verlangt. Überhaupt wird immer mehr durch professionelles Handeln, das auf Reflexion beruht, zu bewerkstelligen sein.[9] Und die Reflexivität macht Reflexionshilfen verschiedenster Art nötig.

Die genannten systemischen Kategorien sind für das professionelle Selbstverständnis supervisorischen Handelns hilfreich. Das sei an einigen zentralen Aspekten supervisorischen Handelns illustriert:

Nehmen wir den genannten Sachverhalt, dass systemtheoretisches Denken ein Denken in Zusammenhängen ist und dass das *Verhältnis System – Umwelt* eine zentrale systemische Kategorie darstellt: Die Aufmerksamkeit des Supervisors darauf hängt davon ab, ob er einen vorgelegten Fall – also etwa eine Arbeitssituation, in der es gilt, die Beziehung eines Supervisanden und seines Klienten zu verstehen – entweder für sich, isoliert von seiner relevanten Umwelt in den Blick nimmt oder aus einem der „Teile" ableitet. Ein Teil kann sein einer der beteiligten Interaktionspartner, dessen Charakterstruktur oder lebensgeschichtliche Prägung. Die relevanten Umwelten können die Organisation sein, in der die Arbeit stattfindet, die Interaktionspsychologie der Beteiligten oder der Auftrag der Arbeit. Sie alle müssen herangezogen werden, um ein angemessenes Verständnis des Falles miteinander zu entfalten.

Die unmögliche Aufgabe liegt darin, der Komplexität des Falls, der man nicht wirklich gerecht werden kann, weil sie immer die Möglichkeiten, sie zu erfassen, übersteigt, dennoch gerecht zu werden, indem man sie reduziert (dies aber nicht durch Isolierung einer der Variablen, die dem Beobachter als die bestimmende erscheint, sondern durch Herausarbeiten von Mustern), die Reduktion als handlungsleitende Hypothese formuliert, das darauf basierende Handeln hinsichtlich seiner unvorhersehbaren Auswirkungen beobachtet und den Vorgang auf diese Weise fortsetzt, d. h. sich auf einen Prozess einlässt.

Die Kategorie der *Selbstorganisation* ebenso wie das Konzept der *Selbstreferenz* sind Warntafeln gegen die schwer ausrottbare und insbesondere in heiklen und schwierigen Phasen der Supervision sich einschleichende Tendenz des Supervisors, mit seinen Interventionen kausal wirkende Wahrheiten vorzugeben. Das Wissen, dass man in ein System nicht von außen eingreifen kann, es sei denn, man will es zerstören, wird zur Sorgfalt in der Ankoppelung an das System und der Herstellung eines Beratungssystems führen, in dem man Verantwortung übernimmt nicht für das System, das man supervidiert, sondern ausschließlich für die Professionalität in der Supervision, also für das eigene Handeln. Aber auch im so entstehenden Beratungssystem, auf dessen Tragfähigkeit man alle Sorgfalt legen wird und das gekennzeichnet ist durch seine eigene doppelte Kontingenz, wird man bereit sein, sich von den unberechenbaren Auswirkungen auch noch so gezielt gesetzter Intervention überraschen zu lassen, im Wissen, dass man nie wissen kann, was die eigenen Interventionen bewirken. Manche Systemiker sprechen in diesem Zusammenhang von der geforderten Bescheidenheit des Beraters.

Die Kategorie der Selbstorganisation und das Konzept der Selbstreferenz fordern außerdem auf zum Respekt vor dem vorgelegten Sachverhalt und den *auto-*

---

9 Siehe hierzu auch Kapitel 2.2.

poietischen Kräften, die das vorgestellte System im Selbstkontakt erhalten. Sie fördern die Suche nach den im System liegenden Ressourcen anstatt nach Fehlern und Defiziten. Auch wenn man nicht im Sinn lösungsorientierten systemischen Vorgehens arbeitet, wird man schon im Verständnis des vorgelegten Falls mehr an der Lösung interessiert sein als an dem Problem, das dargestellt wird. Nicht nur in der Intervention wird man geleitet sein vom Glauben an die Weisheit des Systems, das nimmt, was es brauchen kann, und nicht zu schnell zum Konzept des Widerstandes greifen, wenn die Interventionen nicht so angenommen werden, wie sie intendiert sind. Schon in der ressourcenorientierten Diagnose wird dieser Glaube wirken. Dies aber auch nicht auf doktrinäre Art und Weise, sondern im Versuch, das Denken in alternativen Möglichkeiten zu fördern.

5.5 Der Stellenwert der neuen Verfahren für die supervisorische Identität: Dialog, Systemaufstellung, Mediation

Dialog, Systemaufstellung und Mediation haben als Verfahren in prozessorientierten Beratungsformen in den letzten Jahren enormen Zulauf erfahren. Es scheint, dass diese drei außerhalb der Supervision entwickelten Verfahren auch und in ganz besonderer Weise zur professionellen Identität in der Supervision passen. Sie spiegeln in ihren Ausgangspunkten, ihrer Arbeitsweise und ihrer Zielsetzung das meiste, was für das professionelle Selbstverständnis sowie die supervisorische Identität von Bedeutung ist.[10] Das wird sichtbar, wenn wir uns genauer ansehen, was dem Dialog, dem Verfahren der Systemaufstellung und der Mediation gemeinsam ist, auch wenn sie unterschiedliche Ziele verfolgen:

- Alle drei wenden sich nicht an Einzelpersonen, sondern an soziale Systeme.
- Sie sind geleitet von der Idee der Selbstorganisation dieser Systeme.
- Sie sind getragen von einem hohen Ausmaß der Expertise des Nicht-Wissens.[11]

5.5.1 Die Bedeutung der sozialen Systeme in diesen Verfahren

Keines dieser Verfahren wendet sich an eine Einzelperson. Sie sind weder mit einer Einzelperson durchführbar, noch dienen sie ihr primär, etwa der Erweiterung des subjektiven Verständnisses der eigenen psychischen Prozesse oder der Erweiterung der individuellen Handlungsmöglichkeiten – selbst wenn solches im Verfahren auch erzielt wird. In allen drei Verfahren geht es, wenn auch in sehr unterschiedlicher Weise und mit unterschiedlicher Zielsetzung, um die Erweiterung der Möglichkeiten eines sozialen Systems. Und diese Erweiterung kann in keinem der Fälle

---

10   Siehe hierzu Kapitel 6.1 zu Ethik, 6.2 zu Politik sowie Kapitel 7 zu Identität.
11   Siehe auch Kapitel 4.2 zur Expertise des Nicht-Wissens.

durch die Aktivitäten einer Einzelperson erreicht werden, sondern nur durch die Kooperation aller Beteiligten.

Im *Dialog* entstehen durch die Methode und durch die Form des Anschließens aneinander, die sie nahelegt, neue Wahrnehmungen, Ideen, Gedanken, Erkenntnisse, die zwar von Einzelnen formuliert, aber nicht deren individuelles Produkt, sondern mehr oder weniger in der im Dialog beteiligten Gruppe verankert sind.

Das Erleben dieser Relativierung der eigenen Individualität ist im Dialog nicht das Erleben eines Verlustes, sondern eines Gewinns – das Erleben der Teilnahme und des Aufgehobenseins. Es ist das gelegentlich beseligende Gefühl, an einem Austausch teilnehmen zu können, der, einfachen Regeln rituell folgend, Ideen generiert, die zu den eigenen werden, ohne dass man sie ursprünglich zu haben bräuchte oder sie gar alleine hervorgebracht hat. Man erlebt das Entstehen von etwas Neuem, von dem keiner weiß, woher es kommt, das allen gehört und von allen getragen wird. Es ist auch das unmittelbare Erleben dieses Austauschs, der besonders kommunikativen und kooperativen Qualität dieses Austauschs, ohne dass es einer Anstrengung bedürfte, in besonderer Weise kooperieren zu wollen.

Die Veränderung, die ein derartiger Austausch aufgrund der gemeinsam geteilten Erlebnisse in den darauf folgenden beruflichen Interaktionen in der Organisation bewirkt, fällt gelegentlich ins Auge: Identifikation mit der gemeinsamen Sache bzw. das Erleben, dass die Sache zur gemeinsamen geworden ist – das ist mehr als ein Gefühl, wie es oft in gut gelungenen Trainings ohne weitere Konsequenzen hervorgerufen wird und wieder verebbt mit der Rückkehr in den Arbeitsalltag. Vielmehr scheint in der Folge des Dialogs oder in der Folge seiner häufigeren Durchführung eine Haltung bzw. die Disposition zu einer Haltung zu entstehen, die auf Fortsetzung angelegt ist.

In den *Systemaufstellungen* wird die Relativierung der Einzelperson besonders markant sichtbar und erlebbar. Das Individuum wird zum Knotenpunkt eines sozialen Systems. Auch wenn die Systemaufstellung der Lösung einer Fragestellung einer Einzelperson dient, so geht es dabei um die Aufstellung von Bezügen und Relationen, in denen sie sich befindet. Es geht um eine mögliche Veränderung der relevanten Konstellationen, nicht um eine Rekonstruktion irgendwelcher innerseelischer Verhältnisse.

Aber auch die psychische Struktur und der individuelle Charakter anderer aufgestellter Einzelpersonen treten in der Aufstellung bis zur Bedeutungslosigkeit in den Hintergrund. Sogar das Gefühl (das doch üblicherweise als besonders individuelle Angelegenheit angesehen wird), das eine aufgestellte Einzelperson im aufgestellten Kontext vorfindet, sagt mehr aus über den Kontext (und wird ausschließlich als Beitrag zu diesem aufgefasst) als über die mitgebrachte individuelle psychische Befindlichkeit der Person. Wer einmal an einer Aufstellung beteiligt war, erlebt diese Relativierung der eigenen, durch einen mühsam erworbenen Charakter, mit einer individuellen Lebensgeschichte ausgezeichneten Person schlagartig und besonders beeindruckend.

In der *Mediation* sind die Fragestellung, das Resultat und der Prozess immer schon Angelegenheit des im Konflikt befindlichen Systems. Obwohl hier der Blick am radikalsten auf das System gerichtet ist, lässt sich die Dialektik von Einzelpersonen und sozialem System dabei am besten vorführen: Durch ihre Relativierung und Vernetzung in ein System wird die Einzelperson auch wieder besonders gestärkt. Die Förderung ihrer Eigenständigkeit und Autonomie wird gerade durch die

Relativierung dieser Momente bzw. durch die Beachtung ihres grundlegenden sozialen Aufbaus gewährleistet. Das Gleiche gilt für die anderen Verfahren.

5.5.2 Die Bedeutung der Selbstorganisation der jeweiligen sozialen Systeme in den drei Verfahren

Keines der drei Verfahren bewältigt seine Aufgabe oder erreicht sein Ziel, indem es eine vorgegebene und definierte wahre Lösung anstrebt und dazu die geeigneten Schritte auswählt. Das Resultat ist nicht festgelegt, sondern entsteht mit dem Prozess. Das Einzige, worauf man achten muss, ist die konsequente Teilnahme an diesem Prozess. Es geht um die Entstehung von etwas Neuem, das zu einer vorher nicht definierbaren Lösung beiträgt. Man braucht kein theoretisches Verständnis dessen, was geschieht, es reicht aus, dass man es tut.

Eine besonders sinnvolle Art von Handlungsorientierung kommt hier gegenüber einem primär auf Reflexion beruhenden Vorgehen zur Wirkung. Eine Handlungsorientierung, die von einer eigenartigen Form von Wahrnehmung getragen wird, ohne dass diese im Vordergrund stünde. Es ist eine Wahrnehmung von Integration in ein soziales System, eine Integration, deren Stimmigkeit erlebbar wird, wenn sie eintritt. Man merkt z. B. in einer Systemaufstellung spätestens dann, wenn das ganze System aufgestellt ist, ob man „richtig" steht oder nicht.

Es braucht kein aus irgendeiner vorgängigen Beschreibung der Problemkonstellation stammendes Verständnis der (meist einigermaßen komplexen) Situation. Es geht um eine andere Weise des Verstehens, das nicht aus einem Verstehen-Wollen, aus einer Anstrengung ums Verstehen kommt, sondern aus einem Tun.

Schließlich bedarf es auch keines Verständnisses und keiner theoretischen Rechtfertigung des zustande gekommenen Resultats. Dieses entfaltet seine eigene Wirkung, wenn man in der Lage ist, es zu akzeptieren. Das Verstehen ist nicht so sehr ein diskursives Verstehen, das sich in seinen Details und Möglichkeiten auch verbal beschreiben lassen muss, sondern ein Verstehen, das erlebbar wird und aus dem Erleben heraus seine Wirkung entfalten kann. Dies ist eine Stärkung des Verstehens durch sein Relativieren.

5.5.3 Die Bedeutung der Expertise des Nicht-Wissens in den drei Verfahren[12]

Das bisher Gesagte impliziert, dass diese Verfahren ebenso auf einer Expertise des Nicht-Wissens beruhen, wie sie diese fördern. Sie sind getragen von einer Bereitschaft, die eigene Position, die bisherigen Hypothesen und Theorien und das, was bisher Selbstbestätigung gegeben hat, loszulassen und sich auf das Abenteuer der Kommunikation und Vernetzung einzulassen, im Vertrauen auf einen gemeinsamen Prozess und in der Bereitschaft, überrascht zu werden. Vertrauen, Offenheit, Glaube an die Selbstorganisation in diesem kommunikativen Prozess sind die hochprofessionellen Voraussetzungen, unter denen sich eine Expertise des Nicht-Wissens,

---

12 Siehe auch Kapitel 4.2 zur Expertise des Nicht-Wissens.

wie sie hier verlangt wird, entwickeln kann. Es sieht so aus, als stünden die drei vorgestellten Verfahren in einem inneren Zusammenhang mit dem, was die Supervision und auf besondere Weise die Identität von Supervisor/innen ausmacht – in einem engeren Zusammenhang als manche anderen Methoden, derer sich die Supervision bisher bedient hat. Sie laden daher zur Nutzung ein.

6 Ethische und politische Dimensionen in der Beratung als Fundament des professionellen Selbstverständnisses

Die Beratung von Menschen und sozialen Systemen verlangt die Entwicklung eines professionellen Selbstverständnisses und entsprechender Haltungen. Dabei treten unumgänglich Fragen in den Vordergrund: Was ist das Gute in und an Beratung? Was will Beratung bewirken? Ist Beratung politisch? Diese Fragen stellen sich in vielen Beratungsformen, so auch in der Supervision, im Coaching und in der Organisationsberatung. Sie berühren Gemeinsamkeiten und sind von so grundsätzlicher Natur, dass sie in zwei Kapiteln näher beleuchtet werden.

Zunächst geht es um die Dimension der Ethik in der *Beratung allgemein*. Hier wird erläutert, welche Relevanz die Frage nach Ethik im professionellen Kontext besitzt und wie mit in der Beratung explizit auftauchenden ethischen Fragen umgegangen werden kann.

Im zweiten Teil des Kapitels wird anhand der Beratungsform Supervision eruiert, ob die Tätigkeit als Supervisor/in und Coach als politische Tätigkeit einzustufen ist. In diesem Kontext wird die Bedeutung der professionellen Haltung und des professionellen Selbstverständnisses als Supervisor/in und Coach deutlich.

6.1 Dimensionen der Ethik in der Beratung[1]

6.1.1 Das ethisch Gute und die Rede davon

Traditionell bezeichnet man als ethisch gut etwas, das sich zwar schwer fassen lässt, aber dennoch dramatisch von allen anderen Formen des Guten unterscheidet.

Das Gute ist nämlich, wie Aristoteles am Beginn dieser Tradition (in der Nikomachischen Ethik) sagt, so vielfältig wie das Sein. Jede menschliche Bemühung, jede Handlung strebt nach einem Gut. Das Gute der Feldherrnkunst ist der Sieg, das Gute der Heilkunde die Gesundheit usw. (Aristoteles 1956). Das Gute in der Beratung, so können wir versuchen zu behaupten, ist die Handlungsfähigkeit des Klienten. In jedem dieser Tätigkeitsbereiche ist das Gute das, um dessen willen alles andere getan wird. Es ist das Ziel der Tätigkeit, und es ist bestimmt durch seine besondere Hinsicht. Gut wird in diesen unterschiedlichen Hinsichten jemand genannt, dessen Handlungen das Gute des Tätigkeitsbereichs zu erlangen verstehen.

---

1 Grundlage dieses Kapitels siehe Buchinger (2006).

Ein guter Feldherr ist einer, der zum Sieg führt. Ein guter Arzt, wer die Gesundheit des Patienten wieder herstellen hilft. Ein guter Berater, wer die Handlungsfähigkeit seiner Klientel fördert.

Das hat aber noch nichts mit Ethik zu tun. Es macht einen Unterschied, ob man sagt: „Das ist ein guter Feldherr" oder: „Das ist ein guter Mensch". Ein guter Feldherr muss kein guter Mensch sein. Und ein guter Mensch muss kein guter Feldherr, er muss überhaupt kein Feldherr sein. Ein guter Mensch zu sein, bezeichnet keinen besonderen Tätigkeitsbereich neben anderen, man kann daraus keinen Beruf machen. Das ethisch Gute wird nicht um eines bestimmten Zwecks, sondern um seiner selbst willen getan, so heißt es immer.

Gegen Ende unserer Tradition hebt Wittgenstein in seinem Vortrag über Ethik (Wittgenstein 1989) noch einen anderen Unterschied zwischen dem, was in Hinsicht auf einen bestimmten Tätigkeitsbereich, auf einen bestimmten Zweck gut ist und was ethisch gut ist, hervor: Was relativ (zu einem bestimmten Ziel) gut ist, das kann man wollen oder auch nicht. Das ethisch Gute entzieht sich in gewisser Weise diesem Unterschied. Sage ich jemandem: „Du bist ein schlechter Tennisspieler" und er antwortet: „Ich weiß, aber ich will nicht besser spielen, mir genügt das", so ist das in Ordnung. Sage ich jemanden: „Du bist ein schlechter Mensch", so ist seine Antwort: „Ich weiß, aber ich will nicht besser sein" nicht in Ordnung. Er sollte es wollen.

Ethik fragt also nicht nach dem, was gut ist in Relation zu einem bestimmten Ziel, das man haben kann oder auch nicht, sondern nach dem, was an und für sich, ohne irgendeine Hinsicht gut ist, und dem gegenüber man zwar sagen kann: „Das will ich nicht", aber das zu sagen, nicht in Ordnung wäre.

Nun ist zwar verständlich, was gemeint ist, wenn man sagt: „Das ist gut für etwas", also z. B. „Dieser medizinische Eingriff ist gut für die Gesundheit des Patienten", oder: „Diese Intervention ist gut für die Überlegung des Klienten, ob er so oder so handeln soll". Aber es ist nicht so leicht verständlich, was gemeint ist, wenn man sagt: „Das ist gut", ohne dass es für irgendetwas gut wäre. Man kann zwar sagen: „Das ist an und für sich, absolut gut", aber was bedeutet das?

In seinem Vortrag über Ethik gibt Wittgenstein Hinweise, was das für ihn bedeuten kann. Er schließt damit an die Tradition an, indem er gleichzeitig einen relevanten Unterschied macht. Und er sagt etwas aus über die Ethik als Disziplin, also über den Versuch, wissenschaftlich oder irgendwie systematisch über Ethik zu reden.

Wittgenstein meint, dass das absolut Gute kein beschreibbarer Sachverhalt ist. Wäre es ein solcher, so müsste ihn jeder notwendig herbeiführen oder sich schuldig fühlen, wenn er das nicht tut. Er spricht daher von keiner Wahrheit, er trifft keine Aussage, die allgemeingültig sein sollte. Er belässt es bei einem Erlebnis, das ihm immer wieder vorschwebt, wenn er versucht ist, sich auf Ausdrücke wie das absolut Gute einzulassen, und um dem Hörer ähnliche Erlebnisse ins Gedächtnis zu rufen, teilt er sein Erlebnis mit. Er spricht von seinem Staunen über die Existenz der Welt und dem Erlebnis der absoluten Sicherheit, in der ihm nichts weh tun kann, egal, was passiert (Wittgenstein 1989).

Aristoteles ist da viel spezifischer. Er nennt das an und für sich Gute Glückseligkeit (Eudaimonia) und geht die ganze Latte von Tugenden durch, die mit ihr zusammenhängen. Heute werden in der Rede über Ethik solche Versuche, es inhaltlich zu bestimmen, selten gemacht, obwohl sie auch gemacht werden, so z. B., wenn Robert Nozick ein Buch „Vom richtigen, guten und glücklichen Leben"

(1991) schreibt und die ihm relevant erscheinenden Lebensbereiche durchgeht. Aber genau besehen, geht es darin auch mehr um Meditationen zu wichtigen Lebensfragen als um eine Tugendlehre.

6.1.2 Der Siegeszug des relativ Guten und das Unbehagen daran – oder Ethik in den Professionen

Es scheint uns nicht sinnvoll, von einer professionellen Ethik zu reden. Es scheint keine Unterdisziplinen der Ethik zu geben, eben weil es ihr nicht um das Gute in einer bestimmten Hinsicht, sondern um das Gute ohne Hinsicht geht. Das an und für sich Gute kann nicht professionsspezifisch sein. Und weil das ethisch Gute nicht in einer Mittel-Zweck-Relation gut ist, kann es auch keine Rezepte zu seiner Befolgung geben. Der Sinn der Rede von der Ethik in den Professionen dürfte woanders liegen.

1. Professionen betreuen Handlungsfelder, die wichtige Lebensbereiche des Menschen betreffen, welche mit hoher Unsicherheit ausgestattet sind. Und Professionen sind einflussreich, weil sie aufgrund ihrer Voraussetzungen über große Eingriffsmacht verfügen: Sie sind meist rechtlich abgesichert und haben damit ein Handlungsmonopol. Sie verfügen über eine wissenschaftliche Grundlage, was ihnen den Eindruck der Objektivität verleiht und ihnen gegenüber immer noch den zwar irrigen, aber unausrottbaren Glauben an Wahrheit und Ausschluss von Willkür weckt. Außerdem sind sie in ihren Handlungsmöglichkeiten methodisch fundiert, also besonders schlagkräftig. Durch die rasante Weiterentwicklung von Erkenntnis und Methoden nimmt ihre Handlungsmacht enorm zu. All das flößt Respekt ein, fördert den Glauben an ihre gute Macht und verführt umso mehr zu Leichtgläubigkeit und Abhängigkeit ihnen gegenüber, als sie die benötigte und erwünschte, dem Laien in seiner bedürftigen Situation aber nicht zur Verfügung stehende Sicherheit fundiert zu vermitteln versprechen.

Damit stellen sich ethische Fragen, die wegen der beschriebenen Charakteristika der Professionen besonderer Aufmerksamkeit bedürfen. Etwa die Frage, ob man als Vertreter/in der Profession alles tun darf, was man in diesem Feld professionell tun kann und was man in guter und nicht verbrecherischer Absicht tun möchte. Man denke etwa an manche Psychotherapie, die den Klienten über längere Zeiträume in eine tiefgehende emotionale Abhängigkeit vom Therapeuten versetzt, so dass man ihm gelegentlich geraten hat, während dieser Zeit, die sich mit der Elaborierung der Methoden immer weiter ausgedehnt hat, keine wichtigen Lebensentscheidungen zu treffen. Ist es ethisch vertretbar, ein solches Abhängigkeitsverhältnis professionell herzustellen? Oder man denke an die Organisationsberatung, in der man gelegentlich den Auftrag erhält, eine ohnehin schon vom Vorstand getroffene unliebsame Entscheidung, die menschliche Schicksale produziert, mit dem wissenschaftlichen Anschein ihrer Notwendigkeit zu versehen.

Also gilt es einerseits, die Aufmerksamkeit auf solche Fragen, die sich durch die immer weiter anwachsende Handlungsmacht der Professionen vermehrt stellen, zu lenken. Andererseits gilt es wegen dieser Macht, genau hinzusehen, ob die Profis auch geleitet sind vom Respekt vor der Klientel. Das sind ethische Fragen, aber sie betreffen nicht die Professionalität, wie es etwa die Frage nach einem Kunstfehler tut. Sie sind auch nicht Fragen einer professionellen Ethik. Sie gehen über die Professionalität hinaus. Sie betreffen den Einsatz der Professionalität so wie den Einsatz jedes anderen Instrumentes, das in menschliche Verhältnisse eingreift. Bloß haben, wie gesagt, die hier zur Diskussion stehenden Instrumente besonderes Prestige, gewaltige Möglichkeiten und große Macht. Man überlässt es daher nicht dem einzelnen Vertreter der Profession, sie für sich nach seinem Gewissen zu beantworten, sondern versucht, Richtlinien aufzustellen (z. B. in Fragen der Triage) bzw. man setzt in den Professionen Instanzen der Kontrolle, sog. Ethik-Komitees ein, die keine professionellen Fachkomitees sind und nicht nur aus Fachvertretern bestehen.

2. Es gibt noch einen anderen Grund, warum sich die Frage nach der Ethik in den Professionen aufdrängt. Aber auch diesmal geht es nicht um die Frage der Entwicklung eines solchen Undings wie einer professionellen Ethik. Es geht vielmehr um ein aus gutem Grund wachsendes Bedürfnis, dem, was ohne jede Hinsicht, ohne jeden Zweck gut ist, in neuer Form Raum zu geben, nachdem es längere Zeit kein Thema war: Die Moderne hat zu einem Siegeszug des Prinzips der Funktionalität geführt. Die funktionale Ausdifferenzierung der gesellschaftlichen Felder hat den Funktionen, die sie erfüllen sollen, größtmögliche Autonomie verliehen, die Entfaltung ihrer Eigenlogik gefördert und illegitime Eingriffe von Außen erschwert. Innerhalb der gesellschaftlichen Felder wurde alles auf seine Funktionalität hin, die es für die Gesamtfunktion des Feldes hat, beurteilt. Befördert wurde diese Entwicklung durch die Wissenschaften, deren Entwicklung der gleichen Tendenz unterworfen war.

Allerdings geschah das unter Ausschaltung der Frage, wozu denn das alles gut ist, welche Funktion, die selbst nicht wieder die Funktion von etwas ist, das alles nun haben soll. Das relativ Gute konnte sich auf Kosten der Abstinenz vom an und für sich Guten entfalten. Es lässt sich auch besser, klarer, greifbarer formulieren und in der Praxis verfolgen.

Vielleicht kann man diese Ausschaltung der Frage nach dem Guten an und für sich auch als eine Rebellion gegen die lange Dominanz eines religiös definierten absolut Guten verstehen, welches das relativ Gute sehr kurz gehalten hatte: Alles, die Wirtschaft, die Wissenschaft, die Politik, die Kunst usw., war nur erlaubt gewesen, soweit es mit der Religion vereinbar war, die ihrerseits mit ziemlicher Macht das Monopol über das absolut Gute ausübte. Mit dem Sieg der Rebellion wurde möglicherweise das Kind mit dem Bade ausgeschüttet: Das traditionelle absolut Gute, in dessen Namen vieles relativ Gute geknebelt worden war, sparte man nun einmal aus. Damit ist aber gerade das neue Prinzip der Entfaltung des relativ Guten in ein Dilemma geraten, das unter seinen eigenen Bedingungen schwer formulierbar war. Zwar breitete sich der Gedanke der Funktionalität über alles aus, drang im Verlauf seines Siegeszuges auch dorthin, wo er nichts zu suchen hatte. So etwa, wenn man heute feststellt, Mozarts Musik wirke wie ein Antidepressivum oder Beten senke den Blutdruck usw. Die implizite Botschaft lautet: Tu etwas, um etwas anderes zu erreichen. Aber letztlich bleibt die Frage, welche im Dienst des Prinzips der Funktionalität gestellt wird, eigentümlich kastriert. Denn sie hört immer auf, bevor festgestellt werden kann, wozu das alles denn gut sein soll. Die Frage nach dem Sinn dieser Entwicklung wird ins Private des Individuums verlegt und verstummt dort.

Damit greift trotz aller wunderschönsten Funktionalität ein vages Gefühl der Sinnlosigkeit von allem zusammen um sich. Denn irgendwie scheint dieser Mangel, den die Beschränkung auf die Funktionalität mit sich bringt, gerade dann dem Erleben zugänglich zu werden, wenn sich das Prinzip der Funktionalität radikal durchsetzt.

Das sind genug Gründe, um bei der Frage nach der Ethik im Zusammenhang mit Beratung zu bleiben und sie genauer zu stellen. Weil man sich aber nicht eines Rückfalls auf die überwundene pseudoreligiöse, zu kurzschlüssige (und der Unterwerfung dienende) Reduktion von allem und jedem auf das absolut Gute verdächtig machen will, geht man sehr vorsichtig vor. Man will nicht wieder das Kind mit dem Bade ausschütten. Man will das neue Prinzip des elaborierten relativ Guten nicht aufgeben, man will bloß seiner neuen, einseitigen Herrschaft entkommen. Also kann es geschehen, dass man die Frage nach dem Guten an und für sich unter vermeintlicher Anerkennung des relativ Guten belebt. Man geht einen Kompromiss ein: Es ist nicht die Frage nach einer Ethik überhaupt, die sich zu Wort meldet, sondern nach dem an und für sich Guten im elaborierten relativ Guten: Man stellt die Frage nach der professionellen Ethik. Der Kompromiss hat einen verschämten Sinn und bleibt ein Unding, aber das Anliegen verdient Würdigung und Aufmerksamkeit.

Folgende drei Fragen nach dem Zusammenhang von Ethik und Beratung werden nachfolgend erörtert:

1. Was ist das Gute (an) der Beratung?
2. Was ist das Gute in der Beratung?
3. Wie geht man mit ethischen Fragen um, wenn sie in der Beratung auftauchen?

6.1.3 Was ist das Gute (an) der Beratung?

Wenn das ethisch Gute weder einen besonderen Tätigkeitsbereich neben anderen bezeichnet noch man daraus einen Beruf machen kann, dann kann es seinen Ort nur in den verschiedenen Tätigkeitsbereichen haben. Und da das ethisch Gute im Tun liegt, wird es wohl auf die Art und Weise ankommen, wie der bzw. die Einzelne in den unterschiedlichen Tätigkeitsbereichen handelt. Ist das in allen Tätigkeitsbereichen gleichermaßen möglich? Gibt es vielleicht solche, in denen das nicht geht oder in denen das besser oder schlechter geht als in anderen? Wir denken, dass verschiedene Tätigkeitsbereiche und ihre Einrichtungen, je nach den Werten, denen sie dienen sollen, mehr oder weniger Gutes an und für sich repräsentieren und dadurch mehr oder weniger zum ethischen und unethischen Handeln einladen – jedoch niemandem die Entscheidung abnehmen. Was ist – in diesem definierten Sinne – das Gute, das die Beratung repräsentiert?

Vorweg eine Kurzfassung unseres *Verständnisses von Beratung:*[2] Beratung ist keine Technik, die Reparaturmaßnahmen am defizienten menschlichen Handeln – sei es beruflich, professionell oder privat – vornimmt. Sie ist auch keine Technik zur

---

2 Zur definitorischen Eingrenzung von Supervision, Coaching und Organisationsberatung siehe Kapitel 2 und 3.

besseren Erreichung der in der Beratung vorgelegten Ziele des Klienten oder Klientensystems, sogar wenn sie das auch ist.

Sie ist vielmehr eine wissenschaftlich fundierte, methodisch geleitete Reflexion vorgelegter Sachverhalte menschlichen Erlebens und Handelns in bestimmten gut definierten Kontexten und eine Reflexion dieser Kontexte – eine Reflexion, die zur Selbstreflexion des Klienten(systems) anregen soll und zu diesem Zweck auch die Reflexion der Beratungssituation mit einbezieht. Sie dient der Erhaltung, Wiederherstellung, Erhöhung der Handlungsfähigkeit des Klienten(systems). Die Gefahr ihrer Einschränkung liegt hier nicht im mangelnden technischen Wissen und Können. Das wäre ein Fall für Fachberatung. Gefährdet oder eingeschränkt kann die Handlungsfähigkeit für unseren Kontext sein durch einander widerstrebende Tendenzen, Interessen, Teilbereiche des Erlebens und der Tätigkeit, die für das Überleben des Systems unabweisbarer sind, oder durch widerstrebende Interessen zwischen ihm und den für sein Überleben relevanten Umwelten.

Anerkennung der Eigendynamiken der Klientensysteme

Selbstreflexion von Tätigkeit ist insbesondere in Beratungszusammenhängen immer auch auf das Ziel der Tätigkeit hin orientiert und auf den Prozess, der zum Ziel führt. Sie überprüft die Brauchbarkeit des Ziels und hilft den Prozess, der zu ihm führen soll, zu optimieren. Sie hat insofern in der Beratung eine Funktion, ist gut für etwas, ist also relativ gut.

Aber sie hat gleichzeitig den Bezug auf das Selbst, sie hat sozusagen auch eine zwecklose Dimension: Sie soll dem Selbst dienen, ohne einen weiteren Zweck. Ihr geht es um die Erhaltung des Selbst als es selbst, d. h. in seiner Fähigkeit, sich in Selbstreflexion selbst zu organisieren und damit sich selbst in seiner Besonderheit, die es unterscheidet, zu erhalten – immer in seinen relevanten und in der Beratung fokussierten sozialen Bezügen. Das kann zur Abwägung einander widersprechender Werte und einer konflikthaften Entscheidung zwischen ihnen führen.

Ist der Klient und Gegenstand der Beratung eine Person, dann wird es um seine Erlebnis- und Handlungsfähigkeit in den relevanten Lebensbezügen gehen (Arbeits- und Liebesfähigkeit hat Sigmund Freud das genannt). Dabei werden einander widersprechende seelische Strebungen miteinander zum Ausgleich kommen müssen. Ist der Klient und Gegenstand der Beratung ein personenorientiertes soziales System (in der Paar- und Familienberatung), dann wird es um dessen Erhaltung gehen, allerdings immer in Relation zu seinen Mitgliedern und deren Selbsten – was gelegentlich auch die Auflösung des Systems zur Folge haben kann (z. B. Scheidung, um die Lebens- und Entfaltungsmöglichkeiten der Personen nicht unangemessen zu beschneiden). Ist der Klient ein funktionsorientiertes soziales System (Organisation), dann sieht es wieder anders aus. Dort geht es um die Überprüfung der Funktionalität oder um die Bewältigung vorgegebener Aufgaben, etwa Veränderung der Strukturen und Abläufe, Zusammenlegung von Abteilungen usw., alles unter Berücksichtigung der Auswirkung auf die Funktionsträger als Menschen. Auch hier wird es zur laufenden Abwägung einander widersprechender Werte kommen, weil die Organisationen im Lauf ihrer funktionalen Ausdifferenzierung die Eigenlogiken der einzelnen Bereiche voll zur Entfaltung gebracht haben und so die bisher institutionell gebändigten Widersprüche virulent geworden sind. Dazu werden sich noch die Widersprüche zwischen den logischen Systemebenen, die in der Organisation miteinander verbunden sind, heute besonders deutlich zeigen. Die Menschen und ihre Eigeninteressen, die der Logik der Organisation widersprechen, fordern ihr Recht als hoch relevante Umwelten der Organisation. Die Teams als personenorientierte Arbeitsformen, die immer zentraler für das Überleben der Organisationen werden, folgen ihrer eigenen Logik, die Konflikte mit der Organisation schaffen usw.

Das heißt, die Beratung als Handlungsfeld ist getragen von der Anerkennung des Klienten(systems) in seiner spezifischen Besonderheit als etwas, das einen Wert an sich darstellt. Das Charakteristische dieser über gemeinsame Reflexion mit dem Klienten hergestellten Anerkennung des Klienten liegt darin, dass sie sehr praxisbezogen zu seiner Selbstanerkennung führt. Das ist sozusagen institutioneller Grundbestand jeder Beratung, fest in ihr eingeschrieben, noch jenseits davon, ob das professionelle Handeln des einzelnen Beraters von diesem Wert geleitet wird oder nicht. Das psychologische Äquivalent dieses an und für sich Guten wird in der Beratung landläufig Respekt vor dem Klienten, seinem Anliegen, seinem Ziel, seiner Fragestellung, seinem Problem, was auch immer, genannt.

Interesse am Gegenstand

Die Anerkennung der Eigendynamik der Systeme verlangt entsprechende Arbeit an einem immer tieferen Verständnis und immer besserer Kenntnis. Beratung muss fundiert sein durch angemessene systematisch vervollständigte Erkenntnis der Eigendynamik der Systeme und ihrer internen Widersprüche. Schließlich gilt es dann, in der Beratung nach bestem Wissen und Gewissen zu handeln. Dazu gehört, dass der Berater den *State of the Art* beherrscht, also ausreichend informiert ist über die neueren Entwicklungen in seinem Feld, theoretisch ebenso wie methodisch-praktisch (Methodenkompetenz) – ohne sich dabei seine situationsbezogene Entscheidungsmöglichkeit abkaufen zu lassen, mit der er sich gelegentlich auch gegen das professionelle Wissen und Können wird wenden müssen, um in einem umfassenderen Sinn professionell zu bleiben.

Eine weitere Haltung, die auch ein Kriterium für die Qualität eines guten Beraters ist, sich aber einer objektiven Überprüfung entzieht, weil sie auf einer ganz anderen Ebene liegt, ist eine menschliche Haltung: Diese lässt sich nicht professionell erwerben und ist dennoch eine Voraussetzung aller Professionalität auf dem Gebiet der verschiedenen Beratungsformen: die grundlegende Akzeptanz des Klienten(systems) verbunden mit einem Interesse an den vorgelegten Situationen und einer Neugier. Das Instrument zur Wahrnehmung dieses Qualitätskriteriums (der Supervision) ist das Gefühl des Klienten.

Der soziale „Lebensstrom" –
oder die Bedeutung von nur beschränkt fassbaren Zusammenhängen

Die Systemtheorie[3] hat einer höchst relevanten Dimension der Beratung einen klaren Begriff zur Verfügung gestellt, der auf ihre Praxis Einfluss hat: das Verhältnis von System und Umwelt als zentrale Kategorie. Wenn man Klienten als Systeme sieht, so heißt das, sie sind nicht als autarke Substanzen zu erfassen, sondern immer nur in Relation zu anderen Systemen zu sehen. Dieses Verhältnis von System und Umwelt

---

3 Siehe auch Kapitel 5.4 zum Nutzen systemischen Denkens für die Supervision.

spiegelt sich innerhalb des Systems, das selbst auch als ein mit einer Grenze verse-
henes System von aufeinander abgestimmten Systemen und ihren Umwelten aufzufassen ist. Letztlich löst sich alles in einen über die jeweiligen Systemgrenzen hoch
vermittelten, sein laufendes Ungleichgewicht ausgleichenden unfassbaren Gesamtzusammenhang von Zusammenhängen auf. So sehr jedes System in seiner Eigendynamik also für sich fassbar ist, so wenig ist es das auch. Pragmatisch wird in der
Beratung das komplexe Verhältnis von System und Umwelt auf die Berücksichtigung
der sog. relevanten Umwelten limitiert. Aber der Tendenz nach weist das Konzept in
Richtung auf ein nicht fassbares Ganzes als einen Wert. Früher hat man von der
Schöpfung gesprochen und Ehrfurcht vor ihrer Unfassbarkeit angemahnt.

Entfaltung der den Beratungsgegenständen eigenen Reflexivität – Selbsterkenntnis als Wert

Von der Reflexion und Selbstreflexion wurde schon unter dem Aspekt der Anerkennung und Selbstanerkennung als Wert gesprochen. Sie soll hier nochmals unter
dem Aspekt der Selbsterkenntnis, die traditionell als an und für sich gut angesehen
wurde, hervorgehoben werden. Es scheint bemerkenswert, dass sie immer als Wert
angesehen wurde – allerdings nur für das Individuum, nicht für soziale Systeme,
denen sie genauso eigen ist wie dem einzelnen Menschen. Traditionell war sie in
hierarchisch strukturierten Systemen eher mit einem Tabu belegt, denn ihr wohnte
die Gefahr inne, die Stabilität des Systems zu erschüttern. Auch dem bzw. der
Einzelnen wurde sie nur abverlangt zum Zweck der Überprüfung seines bzw. ihres
Tuns in Hinsicht darauf, ob es mit den Normen und Geboten, die zum Erhalt der
Stabilität der Systeme aufgestellt wurden, übereinstimmt, also als Gewissenserfor-
schung. Der freien Selbstbestimmung und -entfaltung sollte sie gerade nicht dienen.

Heute ist die Entfaltung der Reflexivität, wie mehrfach betont, zur Überlebens-
Notwendigkeit geworden, weil die Systeme sich in Selbstbeobachtung und Selbstreflexion immer wieder neu konstituieren müssen.

Genauso verhält es sich mit dem „guten" Tun. Es ist auch nicht durch einen
Katalog von Geboten abgesichert, sondern muss vielmehr von Fall zu Fall durch
genaue Beobachtung der relevanten Bedingungen des Handelns, der aufeinander
treffenden Widersprüche aller Art und durch Beobachtung der Beobachtungen,
also durch Selbstbeobachtung und Selbstreflexion situativ entwickelt werden. Reflexion und Selbstreflexion stellen heute Bedingungen der Möglichkeit guten Handelns dar.

Beratung führt durch ihr reflexives Vorgehen eine Ebene der Beobachtung und
damit der Distanz ein, aus der heraus es möglich ist, mit der Relativität der
entscheidbaren Sachverhalte verantwortlich umzugehen.

Das Verhältnis von Vorgabe und Selbstbestimmung: Autonomie und Integration als Werte[4]

Wenn man Beratung in dem hier beschriebenen Sinne definiert, dann ist sie eine
Einrichtung, die durch ihr Vorgehen die Autonomie der Klienten(systeme) fördert.
Sie tut dies unter Berücksichtigung der besonderen Eigendynamik und Unterschie-

---

4 Siehe hierzu auch Kapitel 3.6.8.

de der Klienten. Sie beachtet also die interne Differenzierung, den jeweiligen Kontext, die Vernetzungen mit den relevanten Umwelten, die sich aus all dem ergebenden Widersprüche, die es zu managen gilt. In diesen Zusammenhängen achtet sie auf die Handlungsmöglichkeiten und -fähigkeiten des Klienten bzw. auf die Anschlussfähigkeit der möglichen Handlungen.

Wenngleich sie also allein kraft ihrer Theorien und Methoden darauf angelegt ist, die Autonomie der Klient/innen zu fördern, so hat sie nichts mit den gelegentlich auftauchenden Größenphantasien von grenzenloser Selbsthervorbringung zu tun, wie sie in den Powerseminaren verkauft werden. Sie unterstützt die Möglichkeiten, den Widerspruch zwischen Autonomie und Vorgabe zu gestalten. Oder sie dient, traditionell gesprochen, der Idee der grundsätzlichen Endlichkeit der Freiheit und der Anerkennung ihrer sozialen Grenzen, die zugleich die Bedingungen der sozialen Integration darstellen.

Konflikt und Konfliktmanagement als Werte[5]

Es macht einen Unterschied, wer oder was der Gegenstand der Beratung ist, ob man also von der Beratung von Personen als psychische Systeme (etwa Psychotherapie) spricht, von Personen als professionelle Funktionsträger/innen einer Organisation (Supervision, Coaching) bzw. ob es sich um personenorientierte oder funktionsorientierte soziale Systeme handelt (also um Paare und Familien oder um Organisationen). Jedes dieser Systeme folgt einer anderen Eigenlogik, die man kennen und respektieren muss – diesbezüglich werden Grenzen zwischen den Beratungsformen Supervision, Coaching und Organisationsberatung markiert. Diese Eigenlogik ist ebenso wie die unvermeidliche Integration unterschiedlicher Systemebenen in einem System bzw. seine notwendige Vernetzung mit den anderen Systemen immer charakterisiert durch Widersprüche zwischen Werten. Für diese Wertwidersprüche gibt es in einem hochgradig ausdifferenzierten Gesamtsystem keine klaren Werthierarchien. Basierend auf der Anerkennung der Unterschiede gilt es, sie situativ wahrzunehmen und aus der jeweils dominanten Perspektive zu bewältigen. Also z. B. unterscheiden sich Personen- und Organisationsinteresse, und je nachdem, ob Gegenstand der Beratung die Person oder die Organisation ist, wird die Bearbeitung des Widerspruchs anders aussehen – aufzuheben ist er meistens nicht. Ein positives Konfliktverständnis und entsprechende Fähigkeiten des Konfliktmanagements zu entwickeln, ist eine Hauptaufgabe von Beratung. Ausgehend von der Anerkennung der Unterschiede (Diversity) gilt es, die Bereitschaft zu entwickeln, Einschränkungen der eigenen Rechte vorzunehmen zugunsten der Integration oder andere kreative Möglichkeiten für sie zu finden.

Expertise des Nicht-Wissens als ethische Haltung[6]

Beratung in unserem Verständnis hat für all das keine Rezepte. Weder gibt sie vor, die Realität des Klienten in seinen Vernetzungen wirklich realitätsgerecht zu erfassen, noch gibt sie inhaltliche Lösungen vor oder meint, die richtige Lösung wäre zu finden. Beratung hilft dem Klienten unter Einsatz der bisher genannten Werte,

---

5 Zu Konfliktmanagement und Konflikten in Teams siehe auch Kapitel 3.6.8 und 4.5.2.
6 Siehe auch Kapitel 4.2 zur Expertise des Nicht-Wissens.

seine für ihn passende, vielleicht situative Lösung zu entwickeln. Sie fördert damit einen Wert, der immer schon bekannt, die längste Zeit in unserer Gesellschaft nicht wirklich gefragt war, heute aber höchst relevant ist: die Fähigkeit, sich auf Unbekanntes einzustellen, ohne über Rezepte oder Wahrheiten zu verfügen, die Fähigkeit, in unbekannten Situationen professionell zu handeln, oder noch schärfer mit einem Wort Goethes formuliert: aus dem Bekannten das Unbekannte zu entwickeln. Wir müssen die Fähigkeit erwerben, auf unabgesichertem Terrain sicher zu gehen: die Expertise des Nicht-Wissens. Wenn man so will, ist das eine ethische Haltung, die dem Gebot entspricht: „Du sollst dir kein Bildnis noch irgendein Gleichnis machen, weder von dem, was oben am Himmel, noch von dem, was im Wasser und unter der Erde ist" (Altes Testament, zweites Buch Moses 20.4). Beratung in unserem Verständnis stellt eine solche hoch entwickelte Expertise des Nicht-Wissens zur Verfügung.

6.1.4 Was ist das Gute in der Beratung?

Dass Beratung ethische Werte repräsentiert und transportiert, bedeutet weder automatisch, dass Klienten „gut" beraten werden, noch dass sie zum „Guten" beraten werden – wenn wir einmal vorläufig diesen Unterschied machen, um Raum zu schaffen für eine weitere Frage, die sich aufdrängt:

Heißt „gut beraten werden" auch wirklich „zum Guten beraten werden"? Oder anders gefragt: Muss ein guter Berater auch ein guter Mensch sein? Ist das Urteil: „Das ist ein guter Berater" identisch mit dem Urteil: „Das ist ein guter Mensch"? Wir meinen, nicht.

Die Qualität eines guten Beraters liegt darin, dass er sein Handwerkszeug gut beherrscht, sich am *State of the Art* orientiert, professionell vorgeht, um das Beratungsziel zu erreichen.[7] Seine Qualität kann auch darin liegen, dass er das Beratungsziel sogar dann erreicht, wenn er sich nicht immer auf die etablierten professionellen Vorgaben stützt, sondern Neues versucht, wie das alle Pioniere getan haben – solange er dabei nicht die Werte der Beratung verletzt, also z. B. Abhängigkeit statt Autonomie fördert, Wahrheiten verkündet statt Möglichkeiten entwickelt. Wichtig ist, dass er das Gute der jeweiligen Beratung, das nichts ethisch Gutes sein muss, erreicht.

Die Charakteristika eines guten Menschen hingegen sehen anders aus. Sein Leben ist geleitet von Respekt und Ehrfurcht vor allem, was auch jenseits seiner Brauchbarkeit für bestimmte Zwecke, die man verfolgen kann oder nicht, einen Wert hat, im Besonderen würden wir heute sagen, Mensch und Natur und die kulturellen Schöpfungen der Menschheit. Das wäre, etwas erweitert, der kategorische Imperativ Kants in der zweiten seiner drei Formulierungen: „Handle so, daß du die Menschheit, sowohl in deiner Person, als in der Person eines jeden andern, jederzeit zugleich als Zweck, niemals bloß als Mittel brauchest" (Kant 1956: 61).

Wenn „ein guter Berater sein" und „ein guter Mensch sein" verschiedene Qualitäten bezeichnen, dann ergibt sich die eingangs gestellte Frage unter anderem Aspekt noch einmal: Muss ein guter Berater auch ein guter Mensch sein, d. h. müssen im Fall des guten Beraters die beiden verschiedenen Qualitäten miteinander

---

7 Siehe hierzu auch Kapitel 3, insbesondere 3.4, 3.5 und 3.6.

verbunden sein? Ist der gute Berater auch ein guter Berater, wenn er sich ethischen Fragen gegenüber – z. B. der Frage des Klienten, ob er seinen Partner vergiften soll oder nicht – neutral verhält; oder gar wenn er die Klienten höchst erfolgreich zur Verfolgung unethischer oder verbrecherischer Ziele berät? Würden wir ihn dann wirklich als einen guten Berater bezeichnen, als jemanden, der seine Klientel gut berät – auch wenn er die professionellen Bedingungen seines Berufs hervorragend repräsentiert? Würden wir uns von ihm beraten lassen wollen? Müssten wir dann nicht Sorge haben, rein funktional gut bedient zu werden, ohne dass unsere Ziele auf ihre Sinnhaftigkeit hin reflektiert werden, wir auch nicht zu einer solchen Reflexion angeregt werden?

Aber andererseits, geschieht es nicht ohnehin, dass der Sinn meiner Ziele befragt wird, wenn der Berater sich nur ausreichend professionell verhält und die Zusammenhänge, in denen ein zur Beratung vorgelegtes Ziel steht, mit reflektiert? Ja, das reicht vielleicht für eine gute Beratung, wenn es etwa das Anliegen des Klienten ist, die nächste Stufe seiner Karriereleiter zu erklimmen. Hier wird es nicht allein darum gehen, unter Einsatz beraterischer Professionalität bestmöglich zum Erfolg zu verhelfen, sondern das Karriereziel seinerseits in einen Zusammenhang mit den anderen Zielen des Klienten zu stellen, also dessen Kontingenz zu beleuchten. Aber reicht dieser Einsatz der beraterischen Professionalität auch dann, wenn der Berater mit den genannten unethischen Zielen konfrontiert wird? Wir meinen, dass dies nicht ausreicht.

In den meisten Fallen scheint also die Professionalität des Beraters auszureichen, damit der Klient gut beraten wird – gut nicht allein im Sinn der Funktionalität der Beratung zur Verfolgung eines Zieles, das der Klient mit dem Berater erörtern möchte, sondern gut im Sinn einer Reflexion der Sinnhaftigkeit der Ziele in ihren Zusammenhängen. Dort allerdings, wo es um unethische Anliegen geht, reicht das nicht, dort ist die Ethik des Beraters über seine Professionalität hinaus gefordert. Etwas pragmatisch gesagt: Der gute Berater muss kein guter Mensch sein, er muss vor allem professionell vorgehen, aber er muss darüber hinaus unethische Anliegen von sich weisen.

Sehen wir es uns von der anderen Seite an: Muss ein guter Mensch ein guter Berater sein? Wohl nicht, denn er muss kein Berater sein. Aber wenn ein guter Mensch sich nun einmal entschlossen hat, ein Berater zu sein, kann er es sich leisten, ein schlechter Berater zu sein, d. h. sich nicht um die angeführten Bedingungen guter Beratung zu kümmern? Wenn er das tut, dann täuscht er Professionalität vor, wo er nicht über sie verfügt, das könnte man als mangelnden Respekt vor den Klienten und vor den Werten der Beratung oder als Betrug bezeichnen. Ob er dann ein guter Mensch ist, wenn er sich so verhält? Ob er aber, wenn er die angeführten Bedingungen guter Beratung erfüllt, auch in hohem Ausmaß über entsprechende Begabung zu diesem Beruf, hohe Empathie, analytisches Talent, Kreativität usw. verfügt und in diesem Sinn auch ein guter Berater ist, das ist eine andere Frage, die nicht mit Ethik zu tun hat.

Um die Frage nach dem, was in der Beratung gut ist, abschließend noch zu erweitern, sei auf einen interessanten Befund hingewiesen, der auch für andere Beratungsformen bedeutsam ist: Einschlägige Untersuchungen sollen schon vor Jahren herausgefunden haben, dass der Erfolg von psychotherapeutischen Beratungen weniger vom jeweils eingesetzten Verfahren abhängt, als vielmehr von der Person des Psychotherapeuten, also davon, wie sehr er dem Klienten Wertschätzung, Empathie und Aufmerksamkeit entgegenbringt. Allein das scheint die Selbstorganisationskräfte des Klienten ausreichend zu mobilisieren. Es soll systemische Berater/innen geben, die sich immer mehr auf Interventionen beschränken, die dem Klienten vermitteln, dass er es schon schaffen wird. Ist das nicht eine ethische und gleichsam sehr praktisch wirksame Haltung?

6.1.5 Wie geht man mit in der Beratung auftauchenden ethischen Fragen um?

Wir haben im Lauf der vorliegenden Überlegungen drei Behauptungen aufgestellt, die uns in der jetzt gestellten Frage weiterführen, wenn wir sie in Zusammenhang miteinander bringen:

1. Wir haben gemeint, Beratungsziele müssen keine ethischen Ziele sein, die Anliegen der Klient/innen müssen keine ethischen Fragen sein.
2. Ethik stellt keinen eigenen Handlungsbereich neben anderen Handlungsbereichen dar. Ethik hängt mit allen Bereichen menschlichen Handelns zusammen. Sie betrifft in bestimmter Weise die Art, wie ich darin handle, ob mein Handeln geleitet ist vom Staunen darüber, dass etwas ist, oder ob es nicht davon geleitet ist.
3. Was ethisch gut ist, ist heute inhaltlich nicht allgemein bestimmbar, es muss situativ erwogen werden.

Wenn man das annimmt, dann stellt Beratung einen hervorragenden Ort dar, an dem ethische Fragen abgehandelt werden können, seien sie nun explizit als solche gestellt oder nicht. Mehr noch, sie ist ein Ort, an dem ein zeitgemäßes differenziertes Bewusstsein für ethische Entscheidungen entwickelt werden kann. Denn wenn Ethik keinen eigenen Handlungsbereich darstellt, sondern in allen Handlungsbereichen in der besonderen Art des Handelns präsent ist, dann wird es kaum möglich sein, dort, wo es um die Handlungsfähigkeit geht, um ethische Fragen herumzukommen. Somit geht es der Beratung immer auch um die Möglichkeit ethischen Handelns. Und zwar ganz besonders zeitgemäß und elegant.

Elegant deshalb, weil man nicht darüber zu reden braucht, also der Scheu vor der Bezeichnung einer Handlungsmöglichkeit als ethisch gerecht werden kann, ohne diesen zentralen Aspekt menschlichen Tuns verleugnen zu müssen. Im Gegenteil, man kann umso unbefangener und professionell mit ihm umgehen, ohne sich mit den tief sitzenden Widerständen dagegen herumschlagen zu müssen. Man entfaltet, wie gesagt, die Handlungszusammenhänge, sieht sich die relevanten Umwelten an – und arbeitet die Widersprüche zwischen ihnen heraus, denn diese waren es, derentwegen die Handlungsfähigkeit des Klienten(systems) bedrängt war – und man ist mitten im Bereich der Ethik.

Zeitgemäß ist diese Form der Bearbeitung ethischer Fragestellungen deshalb, weil in der Beratung kein Katalog ethischer Werte oder Tugenden ausgebreitet wird, sondern die Möglichkeit, ethisch zu handeln, situativ entfaltet wird – und unter ausreichender Berücksichtigung der Komplexität, die ja gerade dazu geführt hat, dass Tugendkataloge derart unbrauchbar geworden sind.

Wählt der Klient die direkte Variante und bezeichnet sein Anliegen explizit als ethische Fragestellung, so macht das auch keinen Unterschied, es sei denn, man nutzt die Gelegenheit, ihm die Sachbezogenheit seines Anliegens vor Augen zu führen, indem man ihm z. B. die unaufhebbare Differenz zwischen seinen Interessen der Mitarbeiterförderung und den übergeordneten Gesamtinteressen der Organisation, die genauso große Berechtigung haben, oder Ähnliches hilft zu sehen – und durch derartige Ausbreitung eines vorliegenden Wertekonfliktes die Dimension von Ethik zu verstehen. Man geht also in der Beratung mit Fragen, die sich als ethische Fragen stellen, genauso um wie mit solchen, die sich nicht als ethische Fragen stellen.

6.2 Zur politischen Dimension der Beratung[8]

1. Organisatorische Selbstreflexion enthält einen Sprengsatz, der ihre Integration in den Alltag organisatorischen Geschehens immer spannungsreich und problematisch erscheinen lässt. Denn organisatorische Selbstreflexion ermöglicht organisatorisches Handeln, indem sie es in Frage stellt. Dies ist auch ein Sprengsatz für die Beratung, der – wie jeder Sprengsatz – das Risiko mit sich bringt, denjenigen in die Luft zu sprengen, der ihn handhabt. Es hängt ganz von der Professionalität der Handhabung ab. Man kann diesen Sprengsatz im weiteren Sinn auch die *politische Brisanz* der Beratung nennen. Wir möchten in der Folge deshalb darstellen, was uns die geeignete Haltung in dieser Frage erscheint, weil wir in diesem Zusammenhang immer wieder Einstellungen begegnen, die weder den Beratern, die über sie verfügen, noch der Beratung dienen und, wie wir meinen, auch sonst auf Verwechslungen beruhen.

Wir denken dabei vorwiegend an eine Gruppe von Beratern, die sich etwa durch Folgendes auszeichnet: Es handelt sich um sehr motivierte, kritisch denkende Berater, die ihre primäre berufliche Sozialisation meist in einem der helfenden Berufe erfahren haben. Nicht nur ihr professionelles, auch ihr soziales Engagement erscheint sehr hoch. Sie verstehen ihre berufliche Arbeit in einer eher sinnvoll vermittelten Art und Weise als politische Tätigkeit. Das birgt die Gefahr in sich, dass die Berater in ihrer Arbeit der Verführung erliegen, ihrem politischen Anspruch in kurzschlüssiger Art gerecht zu werden. Das muss nicht immer so auffällig wie im Beispiel eines Kollegen geschehen, der Krankenschwestern, die er beriet, angesichts ihrer unbefriedigenden Arbeitssituation in einer Klinik dazu aufmunterte, sich gegen die herrschenden Verhältnisse etwas heftiger zu Wehr zu setzen z. B. durch Streiks oder Interventionen in der staatlichen Bürokratie des Gesundheitswesens; er würde sie dabei unterstützen. Der Verlust beraterischer Neutralität und die Tendenz, als einseitig Verbündeter gegen die Organisation aufzutreten – und damit seine Rolle als Professioneller selbst dann aufzulösen, wenn er weiterhin dafür bezahlt wird – kann auch unmerklicher stattfinden und sich ausbreiten. Das politische Engagement in solcher Weise nicht vom professionellen Handeln zu unterscheiden, dieses vielmehr zu nutzen, um politische Zielsetzungen zu fördern, mag zwar naheliegend erscheinen, kommt uns jedoch unpolitisch und unprofessionell vor. Denn weder ist damit den politischen Zielsetzungen gedient noch der Sache, die man professionell zu vertreten hätte. Der unmittelbare politische Kurz-

---

8 Grundlage dieses Kapitels siehe Buchinger (1998a, 137–146).

schluss in Ausübung der Profession beschädigt beides: die politischen Ziele und das Image des Berufs.

Der Unterschied zwischen einem solchen Vorgehen und dem Versuch, seine Klienten – z. B. in der Therapie, in der Beratung oder Fortbildung – sexuell zu verführen, erscheint uns nicht besonders groß. Beides kommt einem Missbrauch der professionellen Arbeitsbeziehung zur Durchsetzung arbeitsfremder Interessen gleich. Und *dafür* macht es keinen Unterschied, wie berechtigt, interessant, verwerflich oder sonst etwas solche Interessen immer auch sein mögen.

Nun vertreten wir mit dieser Äußerung nicht die Auffassung einer Trennung von professionellem Handeln und politischem Engagement. Aber ebenso wenig scheint uns ein Standpunkt vertretbar, der besagt: „Weil alles Handeln politisch ist, soll man in Ausübung seiner Profession versuchen, politische Interessen durchzusetzen."

2. Uns stellt sich der Zusammenhang anders dar: Jede Profession hat eine politische Dimension, wirkt mit an der Realisierung politischer oder politisch relevanter Sachverhalte, so auch die Beratung. Die politische Dimension ist zwar präsent im professionellen Handeln, kann aber mittels dieses Handelns nicht direkt intendiert, nicht unmittelbar angesteuert werden. (Es sei denn, man betätigt sich als Politiker oder berufspolitisch – und sieht dies als Handeln an, dem eine spezifische, unverwechselbare Professionalität eigen ist.) Dennoch wird gerade das immer wieder versucht: erstens dadurch, dass man einen Teil der Profession politischen Zielen reserviert. In der Beratung, welcher Form auch immer, ist man dann bestenfalls zum Teil als Berater tätig, zu einem anderen Teil benutzt man das Setting der Beratung, den professionellen Arbeitsauftrag, das entstandene Arbeitsbündnis, das Vertrauen der Klienten, ihre Abhängigkeit usw., um politische Interessen (von denen man meint, sie seien solche der Klienten oder sollten es wenigstens sein) durchzusetzen oder zu unterstützen. Das ist Missbrauch der Beratung, bestenfalls zu Zwecken, die in einem anderen Zusammenhang (z. B. Vertretung berufspolitischer Interessen der Klienten) mit Nachdruck und Geschick, aber nicht mit dem professionellen Instrumentarium der Beratung zu vertreten sind. Es ist unprofessionell, weil es eine illegitime Kontextvermischung darstellt, die weder der Beratung noch den politischen Zielen dient.

Die zweite Art von Versuch, politische Ziele mittels des gewählten Berufs direkt anzustreben, liegt darin, dass man diesen Beruf ausdrücklich aus politischen Gründen wählt und ausübt. Man wird z. B. Supervisor, Coach, Organisationsberater, weil man sich aus demokratischer Überzeugung für Autonomie und Mitbestimmung einsetzen will. Je unmittelbarer solche Motive in der Ausübung des Berufs präsent sind, je stärker sie drängen, umso größer die Gefahr, dass die professionelle Sache, derer man sich zu diesem Zweck bedient, zweitrangige Bedeutung erhält, in ihrem eigenen Recht entwertet wird, sachliche Fehler begangen, die Ziele und der Bedarf der Klienten nicht gesehen, sie deshalb missioniert bzw. kolonialisiert werden. Es ist offensichtlich, dass dies sowohl die Beratung als auch die politischen Ziele beschädigt.

3. Das professionelle Handwerkszeug der Beratung, wie das der meisten anderen Berufe, eignet sich nicht zu direkter Durchsetzung politischer Ziele, so sinnvoll diese immer sein mögen.

Natürlich kann man seine Stellung als Professioneller benutzen, um politische Interessen, entweder dieses Berufes oder ganz allgemein voranzutreiben. Man handelt dann vielleicht in seiner Identität als politisch engagierter Berater oder Arzt usw., aber was man dabei tut, ist nicht beraterisches oder ärztliches Handeln.

Man wird als Berater nicht beeindrucken, wenn man in seiner lege artis durchgeführten Beratung immer wieder politische Parolen zum Besten gibt. Und gerade, wenn man seine Professionalität direkt einsetzt und benutzt, um mit ihrer Hilfe politische Ziele zu verfolgen, wird man gut daran tun, sich dabei primär an seine Professionalität zu halten: Ein Hoch- und Tiefbauingenieur, der seine professionellen Kenntnisse einsetzt, um (mit diesen nicht zusammenhängende) politische Ziele durchzusetzen, indem er, sagen wir, einen unterirdischen Graben ins Gebäude der Militärdiktatur gräbt, um diese zu stürzen, wird sich dabei besser an seinen technischen Kenntnissen orientieren als an seinen politischen Zielen. Dies gerade deshalb, um sie nicht zu gefährden.

Sicher mag es im Extremfall, in dem sich Berater selten befinden, angezeigt sein, die Situation expliziten professionellen Handelns zur direkten Durchsetzung eines politischen Zieles zu missbrauchen. So mag z. B. ein Berater, der eine gute Beratungsbeziehung zu einem Tyrannen aufgebaut hat, sich entschließen, eine Beratungssitzung zu nutzen, um ihn zu erschießen, wenn es ihm gelingt. Aber handelt er diesbezüglich (sogar wenn er bis zum Abdrücken der Pistole technisch korrekt beraten hat) als Berater?

4. Ein weiteres Missverständnis liegt darin zu meinen, die Entscheidung für oder gegen die Arbeit mit bestimmten Klientensystemen habe etwas mit der politischen Dimension der Beratung zu tun. Das kommt einer Verniedlichung des politischen Sprengsatzes der Beratung gleich. Ob man Beratungsaufträge aus der Rüstungsindustrie, von bestimmten Kirchen oder Sekten, von einer bestimmten politischen Partei annimmt oder ablehnt, hat mit einem politischen Verständnis von Beratung wenig zu tun. Weder kann man solche Entscheidungen aus der Professionalität der Beratung ableiten, noch werden sie auf diese (hoffentlich) einen Einfluss haben. Es sind Entscheidungen, die der Berater als verantwortlicher Staatsbürger mit einer bestimmten politischen Entscheidung trifft. (Auch die Beratung von politischen Institutionen hat nichts mit der politischen Dimension von Beratung zu tun.)

5. Ein letztes Missverständnis sei angeführt. Es kommt vor, dass Organisationen und Institutionen Beratung in Anspruch nehmen wollen zur Stabilisierung ins Wanken geratener organisationsinterner Verhältnisse. Supervision soll z. B. nach einem Skandal in Krankenhäusern helfen, die Wellen zu glätten; sie soll durch ihre Konzentration auf allgemeine Probleme professioneller Interaktion ablenken von umfassenderen strukturellen Konflikten, zu deren Bearbeitung die Organisation nicht in der Lage oder willens ist. Auch in diesen Fällen kann eine verantwortungsvolle, korrekte Entscheidung des Supervisors (für oder gegen Supervision) nicht getroffen werden durch Bezugnahme auf eine vermeintliche politische Relevanz der Supervision als Beratungsform. Es gehört schlicht zur professionellen Auftragsgestaltung zu überprüfen, ob die in Frage stehende Aufgabe eine solche für Supervision oder für anderes professionelles oder nicht professionelles Handeln ist: Der Supervisor wird dann in einem Kontaktgespräch seine supervisorische Kompetenz (nicht sein politisches Engagement) einsetzen, um der anfragenden Stelle zu vermitteln, dass der Wunsch nach Supervision im vorliegenden Fall etwas anderes

beinhaltet, als durch Supervision geleistet werden kann. Er wird versuchen klar-zustellen, ob ihm nicht der verdeckte Auftrag übertragen werden soll, eine der Führungskraft unangenehme Managementaufgabe stellvertretend zu übernehmen. Er wird differentialdiagnostisch klären, ob die vorgelegte Zielsetzung eher Gegen-stand von Organisationsberatung ist usw. Er kann sich dann im Bewusstsein seiner Professionalität und im Wissen, dass ihm dieses einen Auftrag gekostet (oder erspart) hat, höflich verabschieden und gehen.

6. Was bleibt über für die politische Dimension der Beratung? Worin liegt ihr politischer Sprengsatz? *Wir glauben, er liegt schlicht und einfach in ihr als Methode der organisatorischen Selbstreflexion.* Es braucht nichts Zusätzliches. In der Bera-tung geht es nicht um Auflösung der Hierarchien, um Aufhebung von Abhängig-keiten, um Aufklärung und Emanzipation des Klienten, um Enttabuisierung der Organisation und dergleichen. Es geht um Selbstreflexion der Organisation und der in ihr zu leistenden Arbeit, die das alles auch bewirken und befördern kann, aber nicht zum Ziel hat.

Worin liegt im Einzelnen der politische Sprengsatz von Supervision, Coaching, Organisationsberatung?

- Weil Supervision, Coaching, Organisationsberatung als methodische Selbstre-flexion von Organisationsystemen und der in ihr geleisteten Arbeit prozess-orientierte Aktivitäten darstellen, liegen sie, obwohl nachgefragt, immer noch quer zu den resultat-(output-)orientierten Normen unserer Arbeitswelt. Der Widerstand, den sie häufig deshalb auslösen, ist getragen von der Ahnung, dass sie einen Beitrag zur Auflösung tradierter, einseitig auf Effizienzsteigerung und Beschleunigung ausgerichteter Arbeitshaltungen darstellen: Beratung verlang-samt Prozesse.

- Als Selbstreflexion beruflicher Tätigkeit heben Supervision, Coaching, Orga-nisationsberatung die Trennung von Arbeit und Lernen in viel radikalerer Form auf, als es irgendeiner Vorstellung von kontinuierlicher Fortbildung möglich ist. Radikaler als z. B. die Idee der *education permanente*, für welche Lernen zu einem integrierten Teil des Lebens geworden ist, der sich auch auf die Arbeit auswirkt; radikaler als die Forderung nach laufender beruflicher Fortbildung, welche eine Antwort auf die Verkürzung der Halbwertszeit von Wissen darstellt, das für den jeweiligen Beruf relevant ist. In der beruflichen Selbstreflexion ist Lernen nicht nur zu einem Dauerzustand, sondern vielmehr zu einem integrierten Teil der Arbeit geworden. Supervision, Coaching, Or-ganisationsberatung relativieren damit eine gängige Alternative, die etwa so lautet: „Entweder Sie beherrschen Ihren Job, oder Sie lernen ihn zuerst." Das heißt natürlich nicht, dass Beratung solide berufliche Ausbildung ersetzt, es heißt vielmehr, dass Arbeitssituationen an Komplexität dermaßen zunehmen, dass sie ohne solche Selbstreflexion oft nicht mehr fachgerecht bewältigt wer-den können.

- Insofern Supervision, Coaching, Organisationsberatung die Aufgabe haben, die Kompetenz organisatorischer Selbstreflexion zu vermitteln, kommt die Erfül-lung ihres Arbeitsauftrages der Verschärfung des tiefen, inneren Gegensatzes gleich, in dem sich die meisten Organisationen heute befinden. Sie helfen allerdings auch, ihn zu verstehen und damit angemessen zu managen. Das enthält im Detail mehr Sprengsatz, als man glaubt.

- Wir haben erwähnt, dass Reflexion immer ein Relativieren des reflektierten Sachverhalts, die Möglichkeit der Entdeckung von Alternativen bedeutet. Über diesen Weg stellen Supervision, Coaching, Organisationsberatung einen Beitrag dar zur Flexibilisierung von Strukturen, zur Entinstitutionalisierung organisatorischer Gegebenheiten. Dies allerdings nur dann, wenn sie professionell und aus einer *Haltung* wohlwollender Neutralität des Beraters durchgeführt werden: Es leuchtet ein, dass dies immer nur entlang des konkreten Beratungsauftrags möglich ist, dessen Erfüllung immer der Erhöhung der Arbeitsfähigkeit des beratenen Systems dienen soll. Das wird nur sehr bedingt oder gar nicht möglich sein, wenn der Berater z. B. die Flexibilisierung, Auflösung oder sonstige Entwicklung von Organisationen zum politischen Ziel hat, das er mit seinem Beratungsauftrag durchsetzen will. Er wird seiner Aufgabe auch dann nicht gerecht werden, wenn er, anstatt professionelle Distanz zum Auftraggeber zu halten, etwa dessen Wunsch nach einer dysfunktionalen Stabilisierung von organisatorischen Strukturen entgegenkommt.

- Ein weiterer Aspekt ist, dass Entwicklung von Alternativen durch Selbstreflexion die Entdeckung und das Verständnis von Widersprüchen mit sich bringt. Beratung kann damit nicht anders, als an der Auflösung eines tief in uns und in den Organisationen verankerten Konflikttabus mitzuarbeiten. Sie fördert, ganz auf der Linie des bisher Gesagten, berufliches Denken und Handeln in Widersprüchen und Konflikten. Sie trägt dazu bei, herkömmliche, unsere berufliche Arbeit (aber nicht nur diese) prägende Logiken außer Kraft zu setzen.

- Zu einer dieser Logiken gehört es, dass man sich mit seiner beruflichen Rolle hochgradig identifiziert. Das Gesagte erhellt, dass dieser Anforderung an Identifikation und Engagement (in Organisationen wird es zur Loyalität der Organisation gegenüber verschärft) durch Beratung eine Eigenheit beigefügt wird, die in Gegensatz dazu steht. Selbstreflexion bedeutet, wie gesagt, in Distanz treten, Relativieren von beruflichen Rollen. Das ist zwar heute nötig. Denn die Vielfalt beruflicher, zueinander gegensätzlicher Rollen, die eine Person in sich vereinigen muss, ist nur mehr erträglich, wenn man sich mit ihnen allen nur relativ identifiziert, und das ist nur mehr über die Stärkung dieser Haltung zu bewältigen. Dennoch hat es unabsehbare Auswirkungen auf berufliche (und persönliche) Identitäten.

- Die zuletzt genannten Punkte legen nahe, dass es gilt, sich in Supervision, Coaching, Organisationsberatung von einer liebgewonnenen Vorstellung zu verabschieden: vom Glauben, es gäbe die eine Wahrheit, an der man sich orientieren kann, die wahre Theorie des beruflichen Gegenstandsbereiches und dementsprechend die wahren professionellen Techniken oder Fertigkeiten. Auch davon war die Rede. Und es bedarf keiner langen Ausführungen, um klar zu machen, dass hierin politischer und auch berufspolitischer Sprengsatz liegt. Man muss damit rechnen, dass berufliches (und sonstiges) Handeln (aufgrund dieser Ausgangslage) Folgen zeitigt, die nicht vorausberechenbar sind, auf die man daher nicht ausreichend vorbereitet ist, auf die man dennoch professionell reagieren können muss. Das verlangt neue, ungewöhnliche Haltungen.[9]

- Um diese Liste mit einem gewissen Pathos zu beenden, sei darauf hingewiesen, dass es hier um die Verabschiedung des Mythos der Machbarkeit geht, an der

---

9 Siehe auch Kapitel 4.2 zur Expertise des Nicht-Wissens.

Supervision, Coaching, Organisationsberatung, wenn sie professionell ausgeübt werden, mitarbeiten. Professionell Handeln geht hier in Richtung „Intervenieren", d. h. einen Impuls setzen, genau sehen, was er bewirkt und wieder
angemessen darauf reagieren mit dem nächsten Impuls. Es heißt, sich auf einen
Prozess einlassen, in dem „Steuern" bedeutet, dessen Eigendynamik zur Entfaltung bringen, Hindernisse wegräumen, nichts (oder nicht zu viel) hinzufügen
von außen. Und vielleicht (um beim Pathos zu bleiben) sich freuen an dieser
Arbeit, die manchen Müttern als fordernde Nicht-Arbeit im Umgang mit ihren
Kindern vertraut ist.

7. All die hier genannten Momente, und es gibt ihrer sicher noch mehr, stehen in
Widerspruch zu herkömmlichen Überzeugungen und Haltungen und sind von
gesellschaftlicher Relevanz. Man kann ihre Vermittlung und Verstärkung als die
politische Dimension der Beratung, als ihre politische Brisanz bezeichnen. Der
Sprengsatz liegt in der professionellen Tätigkeit, ohne dass der Berater sie sich als
ideologisches Ziel setzen muss und, wie wir meinen, soll. Am besten wird man
dieser politischen Dimension gerecht, wenn man sie, anstatt von ihr gebannt zu
sein, in der Arbeit aus den Augen verlieren, vergessen kann, nicht viel darüber
reden muss und die Aufmerksamkeit auf Professionalität lenkt. Das Handwerk
selbst ist der Sprengsatz.

Wo gehört aber das Wissen um die politische Dimension der Beratung hin? Weder
die professionelle Tätigkeit noch ihre Selbstreflexion scheinen der Ort zu sein, an
dem es angemessen ist, der politischen Dimension dieses Berufes inne zu werden.
   Selbstreflexion ist auch in sich ein differenziertes Geschäft: Die politische Dimension von Supervision, Coaching, Organisationsberatung ist Gegenstand der
Selbstreflexion ihres *Stellenwertes* in den gesellschaftlichen Subsystemen, in denen
sie zum Einsatz gelangen. Sie gehört zu ihrem *Selbstverständnis* als eines Berufes
neben anderen Berufen und in Differenz zu diesen. Als solche kann die politische
Dimension der Beratung von Bedeutung für die Wahl des Berufes sein, wenn ihr
auch in seiner Ausübung *direkt* keine Wirkung eignet.
   Die Selbstreflexion und das *Selbstverständnis der Beratung als politisch relevanter Tätigkeit* behindern nicht ihre Selbstreflexion und ihr Selbstverständnis als
professionelles Methodenset. Im Gegenteil, und darin liegt schließlich doch eine
praktische Bedeutung dieses Selbstbewusstseins ihrer politischen Brisanz: Ein entsprechendes Selbstverständnis des gesellschaftlichen Stellenwertes, den Beratung in
Organisationen wahrnimmt, kann von entlastender Wirkung für den Berater sein.
Es kann ihm helfen, Schwierigkeiten und Probleme, denen er in Ausübung seines
Berufes begegnet, besser zu ertragen – soweit es nicht um technische Probleme
beraterischen Handelns geht. Denn diese gehören nicht ertragen, sondern beseitigt,
so gut es geht.

7 Identität als thematische Herausforderung für Supervision und Coaching

7.1 Zum Identitätsthema in der sozialpsychologischen Literatur

Seit etwa 50 Jahren finden sich in der sozialpsychologischen Literatur Beschreibungen neuer Formen von und Hypothesen zu persönlicher Identität. Der Tenor der meisten Hypothesen: Die neuen Erscheinungsbilder von Identität stellen defizitäre Formen von Identität, wenn nicht gar Symptome einer gesellschaftlichen Entwicklung dar, die zur gänzlichen Auflösung bewährter Identitätsmuster führen. Begünstigt erscheinen diese Phänomene nach den meisten Theorien durch die Ausprägung des modernen Kapitalismus und seiner Folgen für psychische und soziale Strukturen. In der Aufeinanderfolge dieser Identitätsbilder kann man versuchen, eine Entwicklung zu sehen, die den jeweiligen Stand des diagnostizierten Auflösungsprozesses wiedergibt. Gegenüber der vorherrschenden kritischen Haltung finden sich aber auch entsprechende Vorschläge, die als mehr oder weniger seriöse kompensatorische Maßnahmen verstanden werden können. Sie spiegeln Inhalt und Ausmaß des vermuteten Verlustes.

Schon bevor sich die sozialpsychologische Literatur des Themas annimmt, kündigt sich mit der Psychoanalyse eine Tendenz in diese Richtung an: Wenn Theorien entstehen, welche die Entwicklung von Persönlichkeitsstrukturen und individueller Identität zum Gegenstand haben, und wenn man beginnt, sich mit der Genese der identitätsbildenden psychischen Strukturen zu befassen, so ist das meist ein Zeichen dafür, dass die Selbstverständlichkeit charakterbildender Werthaltungen und traditioneller Identitätsbilder in eine Krise geraten oder gar verloren gegangen ist. Dies ist umso eher anzunehmen, als mit manchen dieser Theorien ein Repertoire methodischer Interventionen, also eine „Behandlungstechnik" verbunden ist, die es erlaubt, helfende Eingriffe in ein ebenso in die Krise geratenes Seelenleben vorzunehmen.

Die breite gesellschaftliche Resonanz, die derartige Theorien und Methoden erfahren, ist ein Symptom für einen Bedarf, der seinerseits signalisiert, dass Identitätsbildung nicht mehr so fraglos gesellschaftlich abgesichert ist, sondern zu einer reflexiven individualisierten Aufgabe zu werden beginnt. So ist es tatsächlich ein Ziel der psychoanalytischen Kur, die psychischen Strukturen über ein Verständnis ihrer Genese zu beeinflussen, ja, gelegentlich taucht der etwas zu große Anspruch auf, bestehende psychische Strukturen zum Zweck der Behandlung vorübergehend aufzulösen, um dem Einzelnen zu helfen, sie mit einem höheren Ausmaß an Ich-Autonomie wieder aufzubauen.

Ziel der Psychoanalyse ist aber nicht die Entwicklung neuer Formen von persönlicher Identität. Sie diagnostiziert auch nicht die Entstehung neuer Identitätsbilder. Sie entwickelt ihre Theorien der Entstehung und der psychischen Dynamik der Persönlichkeit ebenso wie ihre Methoden im Dienste der Behebung von psychischen Störungen. Auch wenn es ein Ziel der frühen Psychoanalyse ist, rigide Über-Ich-Strukturen, in denen sich traditionelle Werthaltungen niederschlagen, aufzuweichen und dem autonomen Ich mehr Einfluss zu gewähren – es geht ihr um seelische „Gesundheit", um die Rückkehr zu einem quasi als naturwüchsig angenommenen psychischen Normalzustand. Freud entwirft nicht das Bild eines gesellschaftsbedingten neuen Persönlichkeitstypus. Er spricht davon, dass sich die Moral von selbst versteht. Auch in seiner Massenpsychologie beschreibt er pathologische Phänomene, wie die Aufgabe des autonomen Ich durch Identifikation mit einem Führer. Aber er entwickelt kein neues Konzept von Persönlichkeit.

Ganz anders hingegen sieht die wissenschaftliche Beschäftigung mit Fragen der Identität in der zweiten Hälfte des 20. Jahrhunderts aus. Hier steht die kritische Darstellung von neuen gesellschaftsbedingten Persönlichkeitstypen im Vordergrund.

Man denke etwa an die von Riesman, Denney & Glazer (1967) diagnostizierte Auflösung des innengeleiteten Menschen und seine Ersetzung durch den außengeleiteten Charakter.

Man kann diese Diagnose als Indiz für die Auflösung traditioneller Werte und ihre Ersetzung durch wechselnde Antworten auf nun immer rascher wechselnde soziale Anforderungen sehen.

Man denke auch an Adornos und Horkheimers Studien über den autoritären Charakter (Adorno et al. 1950) und entsprechende Nachfolgestudien wie das Milgram-Experiment (Milgram 1974). Sie beschreiben die schicht- und bildungsunabhängige überdurchschnittliche Häufigkeit kritiklosen Autoritätsgehorsams unter vollkommener Zurückstellung autonomer ethischer Überlegungen und leiten daraus einen zwar defizitären, aber doch gängigen Charakter- und Persönlichkeitstyp ab.

Man kann auch diesen Befund als Krisensymptom einer in rasante Bewegung geratenen Gesellschaft interpretieren: Wenn stabile äußere Normen und damit der innere Halt, den die Person über verbindliche Werte erhält, sich auflösen, dann entsteht der dringende Bedarf nach Orientierung. Die Verinnerlichung der verbindlichen Werte hatte den Eindruck erweckt, die Menschen wären innengeleitet gewesen, hatte es ihnen aber in Wirklichkeit erspart, die Fähigkeit zu entwickeln, in radikaler individueller Autonomie sich eigene Orientierungen zu geben. Somit entsteht ein Orientierungsdruck und der Wunsch, ihn zu beheben. Die Unsicherheit, aus der dieser Wunsch geboren ist, führt zu regressiven Bemühungen um seine Erfüllung. Die Unterwerfung unter Parolen, Personen und Systeme, die der Regression entsprechende eindeutige, einfache Sicherheiten anbieten, liegt nahe. Noch dazu entspricht diese Art der Reaktion der bisher geltenden Form der Orientierung an Autoritäten, bräuchte daher gar nicht als regressives Phänomen verstanden zu werden, sondern als das übliche Überleben einer Haltung über den Zeitraum ihrer Brauchbarkeit hinaus. Elias (1987) spricht in solchen Zusammenhängen von einem sozialen Nachhinkeffekt.

Man kann auch versuchen, dieses Krisensymptom (der erhöhten Autoritätsabhängigkeit bei erhöhter Anforderung an die Autonomie der Person) anders zu verstehen. Vielleicht handelt es sich weniger um ein regressives Phänomen der

Unsicherheitsabsorption. Vielleicht ist ein ausgewogenes Verhältnis von Autonomie und Abhängigkeit aus dem Gleichgewicht geraten: Autonomie und Abhängigkeit gehören immer zusammen. Die modernen Ansprüche an persönliche Autonomie sehen aber zunehmend so aus, als würden sie das dialektische Gegenspiel dazu nicht mehr gestatten. Jeder muss sich selbst entwerfen. Dadurch entsteht unter der Hand das Gegenteil, sozusagen, von selbst und entsprechend ungebremst.

Nach dieser Überlegung wäre es also nicht die Auflösung traditioneller Werte und selbstverständlicher Orientierungen, sondern die undialektisch und überdimensional erhöhte Anforderung an die persönliche individuelle Autonomie, welche verstärkte Abhängigkeitswünsche und -bereitschaften als notwendige Gegenbewegung hervorruft.

So beschreibt Herbert Marcuse (1994) in seinem Buch „Der eindimensionale Mensch", dass diese überbetonte einseitige Autonomie ein Scheingebilde ist. Unter den Bedingungen eines entwickelten Kapitalismus wird sie zu einer platten Form der Abhängigkeit von Bedürfnisbefriedigungen, die der größeren Wahlmöglichkeiten wegen (die allerdings auch nur innerhalb vorgegebener Schemata stattfindet) als Autonomie erscheint, in Wahrheit aber eine „repressive Entsublimierung" darstellt.

Etwas später kommt die Rede vom Zeitalter des Narzissmus auf (Lasch 1979). Man kann das, was in diesem Zusammenhang gelegentlich als maßloses „Ichzuerst"-Streben bezeichnet wird (Gergen 1996), vielleicht als unvermeidliche psychische Folge voranschreitender Individualisierung sehen, zu der auch die Auflösung der traditionellen Kleinfamilie gehört. Die Abwesenheit berufstätiger Eltern fördert bestimmte Charakterstrukturen. Die Kritik an dieser Entwicklung eines neuen Typus persönlicher Identität ist offensichtlich.

In den letzten Jahren wechselt der Schwerpunkt in den Analysen dominanter Charakterstrukturen und Identitätsformen. Die Klage um den Verlust von Werten, die Betonung neuer destruktiver Formen der Abhängigkeit und die Rede von der Illusion einer neuen Autonomie treten etwas in den Hintergrund. Ein anderer Aspekt, der für unseren Kontext wichtiger ist, erobert die Bühne. Es geht um die Auflösung von Einheit und Dauerhaftigkeit des Selbst.

Die kritischen Analysen hören sich häufig an wie Klagen um den Verlust stabiler identitätsbildender primärer Beziehungen, in deren Rahmen sich die Ich-Identität als Niederschlag und Verarbeitung dieser „Objektbeziehungen" gebildet hat. Auch der Verlust stabiler Beziehungssysteme, in denen sich die individuelle Identität mehr oder weniger lebenslang in ihrer Stabilität erhalten konnte, wird beschworen. An ihre Stelle ist die wechselnde Vielfalt von Möglichkeiten getreten. Sie soll in allen Lebensbereichen – in menschlichen Beziehungen, beruflichen und anderen Tätigkeiten, in allen Formen des Warenerwerbs – den Vorzug haben. Haben die stabilen Bindungen und Werte es erlaubt, Bedürfnisse zurückzustellen, so verlangt die Vielfalt von Möglichkeiten in der Multioptionsgesellschaft (Gross 1994) nach unmittelbarer Befriedigung.

Manchmal entsteht der Verdacht, nach dem Zerfall der gegensätzlichsten ideologischen Systeme ginge es nur mehr um freigesetzte Gier und Selbstbezogenheit. Die Bemühung, ihre nie erreichbare Befriedigung immer wieder einzufordern, führt zum übersättigten Selbst (Gergen 1996). Die kapitalistische Konsum-, Spaß-, Abenteuer- usw. -Gesellschaft, so heißt es in diesem Zusammenhang, lebt und erhält sich von der Gier aller ihrer Betreiber, die mit der Gier aller anderen rechnen, welche hiermit auch gleichermaßen Betreiber sind. Letztlich verwischt sich unter dieser Perspektive die sonst so wichtige Differenz von „Haves" und „Have-nots", von Besitzenden und Armen, Produzenten und Konsumenten.

In diesen Zusammenhang passt auch die Tatsache, dass alles der Tendenz nach auf seine Funktion hin betrachtet wird – von den zur Bedürfnisbefriedigung hergestellten Gegenständen und den zu Recht auf ihre Funktion hin beurteilten Waren, über Beziehungen, Tätigkeiten usw.

Gegenüber diesen Formen von Kritik sei eine Hypothese aufgestellt, die wenngleich als Experiment formuliert, so doch verspricht, uns in unserem Thema der Identität weiterzuführen. Man muss in den skizzierten Phänomenen nicht die entfesselte Triebhaftigkeit des Menschen sehen. Man kann sie als ungeplante Folgen einer schon lange in Gang befindlichen gesellschaftlichen und kulturellen Entwicklung verstehen, der es schrittweise gelungen ist, sich zu befreien von den Fesseln einer alles umfassenden Wahrheit, die Unterwerfung forderte.

Mit dem Auftreten zumindest einer zweiten Wahrheit, die nicht erfolgreich aus dem Feld geschlagen werden konnte (etwa die reformatorische christliche Auffassung), war der Weg zur Vielfalt gebahnt (Buchinger 1999a). Es wechselte der Fokus von der einen Wahrheit und ihrem Besitz zu der Fähigkeit der Entscheidung zwischen verschiedenen Optionen. Seither gilt als neue, wenngleich nicht als solche deklarierte Wahrheit, dass mehr besser ist. Überall geht es um die Vermehrung von Möglichkeiten. Die Wirtschaft ist nur ein Exponent dieser Maxime. Alle gesellschaftlichen Bereiche sind seit langem von ihr erfasst. Wissenschaft, Politik, Ethik folgen ihr. So formuliert Heinz von Förster (1990) es als einzige ethische Pflicht, so zu handeln, dass man nach jeder Handlung über mehr Möglichkeiten verfügt, weiter zu handeln. (Demnach wäre etwa eine Vorbereitung auf den Tod unethisch.) Dieser Imperativ gilt, das sei nebenbei erwähnt, auch für die meisten Formen der Beratung. Es geht um Entwicklung von Handlungsalternativen, um die Erweiterung von Handlungsspielraum.

Die Optionen werden nicht nur durch einfache Addition vermehrt. Sie werden erneuert, verändert, ausgetauscht, und das in letzter Zeit immer rasanter. Die Vielfalt nimmt nicht nur gleichzeitig zu, sie setzt sich auch in den Dimensionen der Zeit durch. Eine Möglichkeit löst im Laufe der Zeit die andere ab.

Damit wechselt die Grundfrage einer Identität des Selbst von der Vielfalt zum Prozess der Veränderung. Mag es bei der reinen Vermehrung von Optionen doch noch um eine Form von Stabilität des Selbst über die Zeit hinweg gegangen sein, in der man immer mehr akkumulierte, was alles in einer Identität Platz haben sollte – so richtet sich nun der Fokus auf das veränderbare Selbst, das als Prozess gesehen wird, der sich selbst laufend organisiert (Zurcher 1977). Vermutlich verstärkt diese Tendenz wiederum die beklagten narzisstischen Aspekte der Identität: Wenn Zusammenhänge über die Zeit hinweg verloren gehen, dann wird der Selbstbezug zum obersten Maßstab und die Frage nach der sofortigen Erfüllung von Wünschen und Bedürfnissen noch virulenter.

Auch diese Phänomene erscheinen in der Kritik als defizitäre Anpassung persönlicher Identitäten an die immer unberechenbarer werdenden Anforderungen einer kapitalistischen Gesellschaft. Das wird in Sennetts Beschreibung des flexiblen Menschen (1998) deutlich. Im Vordergrund seiner Analyse steht das Gefühl des Verlustes, der durch die entstehende Illusion von Freiheit und Selbstbestimmung nicht ausreichend kompensiert wird. So spricht Sennett davon, dass die Qualität guter Arbeit nun nichts mehr mit den Eigenschaften eines guten Charakters zu tun habe. Die Devise: „In Bewegung bleiben" behindere jede längerfristige Ausrichtung in den verschiedenen Lebensbereichen. Vertrauen werde aufgelöst, Bindungen und Bindungsfähigkeit abgeschwächt und eine Haltung erzeugt, in der man nicht mehr bereit ist, Opfer zu bringen.

Außerdem bedrohe die Erfahrung einer zusammenhanglosen Zeit die Fähigkeit des Menschen, seinen Charakter zu einer durchhaltbaren Erzählung zu formen. Man könnte meinen, dass an die Stelle dieses Charakters die Ausprägung einer egoistischen, nur auf den eigenen Vorteil bedachten Haltung tritt. Schließlich zerstöre das ständige Risiko, dem die Personen nunmehr ausgesetzt sind, das Selbstvertrauen.

Diese Rede von der Auflösung stabiler Identität nimmt Maß an einer traditionellen Vorstellung von Identität, die getragen ist von inhaltlicher Kontinuität der Person über die Zeit, von stabilen Vernetzungen und bestenfalls langsam sich entwickelnden Werten – so als wären das notwendige Merkmale von persönlicher Identität.

Nun finden sich in der Literatur und mehr noch in der Trainingslandschaft positive Darstellungen und Bewertungen der neuen Anforderungen an persönliche und berufliche Identität. Wie unterscheiden sie sich von den kritischen Analysen?

Man kann sich des Eindrucks nicht erwehren, dass sie unter verändertem Vorzeichen dasselbe tun wie die Kritiker der genannten Entwicklung, auch wenn es wie das Gegenteil aussieht. Sie gehen mehr oder weniger ausgesprochen von denselben Voraussetzungen aus wie Sennett, also von den erhöhten Anforderungen an die Flexibilität des Menschen. Bloß heben sie anstelle des Verlustes die neue Freiheit des Selbst hervor. Der einigermaßen übertriebene Enthusiasmus, mit dem sie betonen, dass der Mensch sich jederzeit, wenn er nur will und von sich überzeugt ist, quasi aus dem Nichts neu schaffen kann, wirkt allerdings wie eine Überkompensation des von Sennett angesprochenen Verlustes. Auf eine versteckte Weise scheinen also auch sie die traditionelle Vorstellung von stabiler Identität der Person zugrunde zu legen. Aber sie wischen diese ihre, nie als solche ausgesprochene Grundlage mit einer starken Gegenbewegung weg. Es wirkt beinahe trotzig.

Man höre sich die in letzter Zeit weithin klingende Rede vom Empowerment der Person an. Man beachte den Boom der sog. Power-Workshops, in denen jeder Teilnehmer unter den begeisterten Zurufen der anderen lernt, dass ihm alles möglich ist, dass kein Hindernis seiner frei gewählten Selbstverwirklichung entgegensteht, vorausgesetzt, er vermag nur zu wollen. Man geht über glühende Kohlen, stellt sich auf einen Stuhl und lässt sich zurufen, man sei der Größte. Man übt sich in Bungeejumping usw.

Vermutlich liegt diesen Power-Versuchen, gerade weil sie so *powerful* daherkommen, das Gefühl von Ohnmacht und Ausgeliefertsein zugrunde, das Sennett beschreibt. Vielleicht kommt darin in abgewehrter Form ein ungestilltes Bedürfnis zum Ausdruck: das Bedürfnis, sich auf etwas verlassen zu können, das man nicht selbst hervorgebracht hat. Ist das nicht zu finden, so muss der verzweifelte Beweis erbracht werden, dass man es nicht braucht und dass man in der Lage ist, alles selbst zu schaffen. Erlebte Ohnmacht wird umgewandelt in den Anspruch der Allmacht.

In diesem Zusammenhang sei Fritz (1989) erwähnt, der sich mit dem schöpferischen Prozess beschäftigt: Man tut ihm sicher unrecht, wenn man ihn in die Reihe der Power-People einordnet. Denn seine Gegenüberstellung einer reaktiv-adaptiven und einer schöpferischen Lebenshaltung erscheint sinnvoll und nachvollziehbar: In der reaktiven Haltung sind wir motiviert mehr durch das, was wir nicht wollen, da wir ausgerichtet sind auf das Bewältigen von Problemen, auf das Beheben von Mängeln und das Beseitigen von Störungen. Wir merken dabei nicht, dass wir auf diesem Weg immer nur weitere Mängel und Probleme produzieren. In der schöpferischen Haltung hingegen sind wir motiviert durch das, was wir wirklich wollen, und können somit alle möglichen Mängel überwinden, ohne uns explizit mit ihnen beschäftigen zu müssen. In der schöpferischen Haltung brauchen wir gar nicht darauf aus zu sein, die Mängel zu beheben. Denn gegenüber der dominanten Ausrichtung unserer Bemühungen verlieren sie ihre Relevanz.

Diese Hypothesen decken sich weitgehend mit vielen lösungsorientierten Richtungen der systemischen Beratung.[1] Sie beschäftigen sich mehr mit den Ressourcen als mit den Defiziten.

Vermutlich kann man diese Betonung des Schöpferischen nicht auf einen Abwehrmechanismus reduzieren, der die erlebte Ohnmacht in phantasierte Allmacht verwandelt. Allerdings fällt auf, dass Fritz die reaktive Haltung eindeutig als negativ bewertet. Die schöpferische Haltung, die durch einen reinen Willens- und Entscheidungsakt eine Realität, die vorher nicht vorhanden war, sozusagen aus dem Nichts schafft, wird als unser eigentliches Wesen bezeichnet. Darin ähnelt der Ansatz von Fritz bei allen sonstigen Unterschieden doch den Power-Ansätzen: Die Dialektik von Abhängigkeit und Autonomie wird ganz in Richtung Autonomie aufgelöst.

Diese einseitige Betonung der Autonomie stellt vermutlich doch eine Reaktion dar auf die voranschreitende und sich beschleunigende Tendenz der Auflösung herkömmlicher Orientierungen. Denn auf Vorhandenes reagieren muss nicht immer nur heißen, auf Probleme zu antworten – es sei denn, das Vorhandene ist generell dem Verdacht ausgesetzt, ein Problem zu sein. Wenn es keine positiv besetzte Möglichkeit gibt, sich in eine vorgegebene Realität zu integrieren, dann erscheint es naheliegend, der Idee, sich aus dem Nichts zu schaffen, einen Glorienschein aufzusetzen. Das Buch von Fritz liefert subtile Hinweise, dass die ausschließliche Betonung des Schöpferischen als des wahren Selbst eine Überbetonung darstellt und daher doch als eine abwehrende Reaktion auf einen Verlust gelesen werden kann: Der Kontrast zwischen der mitreißenden Beschreibung des schöpferischen Potentials, der aufmunternden Darstellung der Schritte im schöpferischen Prozess, in dem man sich selbst hervorbringt – und den banalen Zielen, die in diesem Prozess realisiert werden sollen, ist sehr auffallend. Seine Beispiele sind ganz an den Mainstream angepasst. Es geht um beruflichen Erfolg, um Top-Positionen, um Gesundheit und langes Leben. Nebenbei erwähnt, propagiert er dies immer wieder verbunden mit Werbung für seine patentierten Veranstaltungen. Noch ein Kritikpunkt sei erwähnt, weil er im Folgenden wichtig werden wird: Das Schöpferische scheint sich bei ihm im geschaffenen Resultat zu erschöpfen.

Abschließend sei ein Identitätskonzept angeführt, das den Verlust an Orientierung anerkennt, ohne mit einer neuen Orientierung aufzuwarten, wie Fritz das versucht. Es erhebt vielmehr die Orientierungslosigkeit zur Tugend (Goebel & Clermont 1997). Es geht um eine individuell zusammengestellte Bastel-Biographie, und man kann sagen: Bastel-Identität. Sie bedient sich aller vorhandenen Möglichkeiten des Konsums, der Arbeit, der Technik usw., um Dinge zu tun, die man *mit dem ganzen Herzen* vertreten kann. Das ist etwas anderes, als etwas tun zu

---

1 Siehe hierzu auch Kapitel 3.5.

müssen, weil man es wirklich will. Vielmehr erscheinen alle Inhalte radikal austauschbar, auch die selbst gewählten. Das ganze Herz ist wichtig, nicht der Inhalt. Es scheint sich hier um einen Ansatz zu handeln, der eine Identitätsvorstellung enthält, die unter einer Bedingung heute brauchbar ist – der Beantwortung der Frage, was das ganze Herz sei.

Gemessen an den herkömmlichen Mitteln auf der Suche nach einer tragfähigen Identität (die auch bei Betonung des Schöpferischen als der neuen Wahrheit in Aktion sind) muss ein solches postmodernes Nicht-Konzept von Identität als extreme Verwahrlosung, Willkür und Ähnliches erscheinen: als besonders verwerfliche Reaktion auf die gesellschaftlichen Gegebenheiten, als resignativer Rückzug von der Frage nach dem wahren Selbst.

Uns erscheint es deshalb interessant, weil es von der Suche nach der wahren Identität und damit von der Angst, seine „Berufung" zu verfehlen (wie man diese Art der Unterwerfung unter die eine Wahrheit zu Zeiten ihrer religiösen Dominanz genannt hatte), entlastet: ein postmodernes Konzept, das getragen ist von der Überzeugung der Kontingenz aller möglichen Identitäten. Es betont ganz radikal die Vielfalt der Möglichkeiten statt der einen Wahrheit. Es vollzieht damit den Schritt von der einen Wahrheit zur Entscheidung noch konsequenter als die anderen erwähnten Konzepte. Wenn man die eine Wahrheit bloß finden und annehmen musste, so gilt es nun, die Entscheidung zu treffen. Aber man muss sie treffen, ohne sich mehr an einer Wahrheit orientieren zu können – im vollen Bewusstsein der Möglichkeit, dass es auch anders gehen könnte, dass es andere gleichwertige und gleich-gültige Alternativen gibt. Und obwohl sie gleich-gültig sind, wird damit doch nicht der Unverbindlichkeit und Willkür das Wort geredet. Denn es ist das ganze Herz, mit welchem die Entscheidung getroffen wird. Die Verbindlichkeit liegt im ganzen Herzen statt in der Wahrheit, die ihrerseits – wie immer sie auch aussehen würde – ohne das ganze Herz unverbindlich wäre.

7.2 Identität in Bewegung

Persönliche Identität war bis vor kurzem beinahe ausschließlich definiert durch berufliche Identität. Alle anderen Aspekte der Identität sind demgegenüber eher in den Hintergrund getreten: Ob jemand als ein Familienmensch, als Hobbytaucher, als sozial oder eher als asozial beschrieben wird, gibt uns mehr Auskunft darüber, wie er ist, als wer er ist. Will man wissen, wer jemand ist, so ist es wichtig zu erfahren, welchen Beruf er ausübt (Buchinger 1998a). Genauso wichtig allerdings, wenn nicht noch wichtiger als der erlernte Beruf ist die Position, die er in seiner Organisation einnimmt. Wir begegnen mit der Integration des Einzelnen in ein soziales System also einer engen Verbindung von Identität und Organisation. Ebenso, wie sich die traditionellen Vorstellungen von Organisation mehr oder weniger auflösen, geraten auch die traditionellen Vorstellungen von Identität in diesen Sog:[2] Es entstehen qualitativ neue Anforderungen (zumindest) an die berufliche Identität. Sie gerät in immer radikalerer Form selbst in Bewegung und ist einer

---

2 Siehe hierzu auch Kapitel 4, insbesondere 4.1 bis 4.3.

Entwicklung ausgesetzt, über die das Individuum nur sehr bedingt verfügt, deren Bewältigung aber von ihm verlangt wird. Gleichzeitig stehen zu dieser schwierigen Aufgabe immer weniger institutionelle Hilfen zur Verfügung. Denn die institutionell abgesicherten Formen von Organisation und damit von Identität haben längst begonnen, sich aufzulösen. Es bleibt in immer höherem Ausmaß dem Einzelnen überlassen, seine Identität oder vielmehr seine Identitäten kontinuierlich reflexiv zu gestalten. Der Zuwachs an Autonomie, der dabei anfällt, ist kein Grund, in Jubel auszubrechen. Er macht es vielmehr erforderlich, flexibel und sorgfältig auf die sich verändernden Anforderungen aus den relevanten Umwelten zu antworten. Autonomie heißt nicht, man könne tun, was man will. Autonomie heißt vielmehr: Keine vorgegebene Wahrheit, Regel, Norm bzw. institutionelle Vorgabe, an der man sich fraglos orientieren kann, nimmt der Einzelperson diese Aufgabe der Identitätsbildung ab. Zwar bleibt die Arbeit nach wie vor das wichtigste Kriterium von Identität, dennoch finden sich ebenso deutliche Anzeichen dafür, dass sich berufliche und persönliche Identität mehr und mehr zu entkoppeln beginnen bzw. in neuer und reflexiver Weise miteinander verbunden werden (Buchinger 1999a, Goebel & Clermont 1997), wie wir Anzeichen dafür gefunden haben, dass die herkömmlichen Vorstellungen von beruflicher Identität in eine Krise geraten sind. Wir sind hier mit einem anspruchsvollen Individualisierungsschub konfrontiert, der vielleicht gänzlich neue Vorstellungen von Identität nötig macht, die relativ wenig Ähnlichkeit besitzen mit dem, was bisher als Identität gegolten hat.

Phänomene und Gründe der Veränderungsdynamik

Wenn berufliche Identität (vielleicht noch definiert durch das kontinuierliche Innehaben eines und desselben Berufs) als einzige Grundlage einer stabilen persönlichen Identität angesehen wird, dann bedeutet Arbeitslosigkeit soviel wie Identitätsverlust. Heute stellt Arbeitslosigkeit nicht mehr ein vorübergehendes Phänomen dar, das man hinnehmen kann wie einen Unfall. Wir sind mit struktureller Arbeitslosigkeit konfrontiert. Nach der herrschenden Identitätsvorstellung muss man daher mit einem relativ hohen Anteil identitätsloser Bevölkerung rechnen. Das stellt nicht nur eine menschliche, sondern auch eine soziale Katastrophe dar – mit Sprengstoff vor allem für die verbleibenden und privilegierten Identitätsinhaber. Eine solche Identitätsvorstellung macht die Bewältigung struktureller Arbeitslosigkeit unmöglich. Denn wegen ihres Rechts auf (berufliche) Identität haben die Arbeitslosen auch das Recht, nur angemessene, sprich: identitätsstiftende Tätigkeiten im Sinn ihrer bisherigen beruflichen Identität anzunehmen. Das wiederum verdammt viele von ihnen zu Dauerarbeitslosigkeit und damit zu dauerhaftem Identitätsverlust. Bleibt man aber bei der genannten Identitätsauffassung und mutet den Arbeitslosen dennoch Tätigkeiten zu, die nicht ihrer „Identität" entsprechen (z. B. Gemeindearbeit), so kann es sich nur um so etwas wie die Therapie einer unheilbar bleibenden Krankheit handeln. Erst wenn es eine Vorstellung von sinn- und identitätsstiftenden Tätigkeiten gibt, die nicht identisch sein müssen mit der erlernten und früher ausgeübten beruflichen Tätigkeit, kann sich hier etwas verändern. Da Vollbeschäftigung nicht mehr so leicht zu erreichen ist, vielmehr die Wahrscheinlichkeit groß ist, dass sich die bisherige Tendenz aus strukturellen Gründen fortsetzt, beginnt langsam ein Umdenken. Zwar strebt man – wie immer, wenn sich eine gravierende gesellschaftliche Veränderung ankündigt – zunächst die Erhaltung des Status quo an, zielt also nur auf Wiederherstellung der Vollbeschäftigung ab, statt gleichzeitig den identitätsbildenden Stellenwert beruflicher Arbeit zu reflektieren und neu zu definieren. Doch die hektische Verstärkung und große Beschleunigung der Bemühungen um das Gewesene macht es als Gewesenes sichtbar, und die Veränderung zeigt sich hinter ihrer Abwehr: Die Arbeitslosen werden dazu angehalten, wechselnde Tätigkeiten, wenn auch nur kurzfristig, anzunehmen. Man kann das vielleicht weiterhin als therapeutische Maßnahme ansehen (die Krankheit bleibt), um die offizielle Vorstellung des berufstätigen Normalzustandes nicht aufgeben zu müssen. Aber die neue Zumutung deckt sich bereits mit dem, was beginnt, zum Standard in der Berufswelt zu werden, und sich auch in der rasanten Zunahme sog. prekärer Beschäftigungsverhältnisse zeigt: Jeder Berufstätige muss bereit sein, Tätigkeiten anzunehmen, die nicht mit seiner professionellen Identität zusammenhängen. Je nach Anforderung gilt es, die Tätigkeiten zu wechseln, etwas zu tun, was man nicht gelernt hat, und mehrmals etwas Neues zu lernen. Zunehmend wird es zum positiven Kriterium der Personalauswahl, über die entsprechende Flexibilität zu verfügen, Berufswechsel nicht nur passiv – als Notlösung zur Bewältigung der steigenden Arbeitsplatzunsicherheit – in Kauf zu nehmen, sondern sie vielmehr aktiv aufzusuchen und zu gestalten. Hier haben sich die Werte verändert: War noch vor einigen Generationen der mehrmalige Wechsel des Berufs im Laufe einer beruflichen Karriere wenn nicht ein schwerer Schicksalsschlag, so wahrscheinlich ein Zeichen von persönlicher Verwahrlosung, so wird heute die Fähigkeit verlangt, im Laufe eines beruflichen Lebens einschneidende berufliche Veränderungen mehrmals auf sich zu nehmen, ohne seine berufliche Identität, geschweige denn die persönliche Identität in Frage gestellt zu sehen oder gar einen Identitätsverlust zu beklagen. Sogar wenn der Beruf im Vordergrund persönlicher Identität bleibt, verlangt er einen anderen Zugang. Ist man angesichts dieser Entwicklung nicht in der Lage, sich von herkömmlichen Vorstellungen von beruflicher Identität zu verabschieden, so kann man nur den Verfall und die Auflösung beruflicher Identitäten beklagen.

All das verlangt also eine Lockerung der bisherigen Koppelung von beruflicher und persönlicher Identität. Zwar sind die Gründe für die Relativierung traditioneller beruflicher Identitäten in der Berufswelt und ihrer Dynamik zu suchen. Aber die Auswirkungen reichen bis in den Kern der persönlichen Identität. Um der tiefgehenden Verunsicherung begegnen zu können, gilt es, eine tragfähige persönliche Identität zu entwickeln, die nicht deckungsgleich mit der beruflichen Identität ist. Vielleicht werden in dieser persönlichen Identität berufliche Tätigkeiten in Zukunft nur eine und vielleicht gar nicht mehr die dominante Rolle spielen. Oft bleiben die Reaktionen aber in herkömmlichen Auffassungen befangen – auch dann, wenn sie der Entstehung neuer Formen beruflicher Identität das Wort reden. Man spricht von der Zunahme von Karrierebrüchen, hinter welchen man etwa die destruktive Dynamik des Turbokapitalismus vermutet. Aber man versucht, das Beste daraus zu machen. Man definiert den Berufswechsel als einschneidenden Prozess, zu dessen Bewältigung man professionelle Hilfestellungen anbietet, um Abschied und Trauer reflexiv zu begleiten und neue Orientierungen zu erleichtern. Zwar ist die reflexive Bewältigung solcher Phänomene immer sinnvoll, aber sie reicht nicht: Gelingt es nicht, darüber hinaus das traditionelle Konzept kontinuierlicher beruflicher Identität durch ein positiv besetztes neues Konzept abzulösen, so hilft man bloß, unvermeidliche Schicksale von Wechsel und Neuanfang zu mildern. Ist man aber bereit, die dahinter liegenden traditionellen Vorstellungen linearer identitätsbildender Berufskarrieren aufzugeben – was bleibt dann übrig? Man kann zumindest einen Schluss aus den bisherigen Überlegungen ziehen: Berufliche Identität ist nicht mehr eindeutig inhaltlich zu bestimmen. Sie ist nicht mehr ausschließlich gebunden an die Ausübung eines einmal erlernten Berufs, an die Zugehörigkeit zu einem „Berufsstand" oder einer Profession. Doch diese Erkenntnis allein schafft noch kein positives berufliches Selbstverständnis.

Balancing

Ging es vorhin um strukturelle Arbeitslosigkeit, Arbeitsplatzunsicherheit, die Auflösung herkömmlicher Berufsbiographien und häufigen Berufswechsel – so soll es nun um die Folgen einer kontinuierlichen erfolgreichen Karriere gehen.

In den meist hoch qualifizierten Bereichen, in denen berufliche Karriere immer noch stattfindet, steigt der Druck in den letzten Jahren enorm an. Erfolgreiche Spezialisten oder Führungskräfte werden im Laufe ihrer Karriere in eine Lage gedrängt, in der neben ihrem Beruf kaum mehr etwas Platz hat. Das führt zu einem Paradox: Der Erfolg bewirkt immer öfter sein Gegenteil. Die Konzentration aller Energie auf berufliche Identität und auf berufliche Karriere läuft heute immer mehr Gefahr, zur Unterbrechung, Störung oder zum Abbruch der Karriere zu führen. Sie erzeugt schleichend sich ankündigende Krankheiten, vielfältige psychische Belastungen, Burn-out oder sonstigen Verschleiß – Phänomene, bei denen sich herausstellt, dass die Kosten des Einsatzes nicht nur für die Einzelperson, sondern auch für die Organisation langfristig höher sind als der Nutzen.[3] Wir finden daher in den letzten Jahren ein steigendes Interesse der Organisationen an der Gesundheit ihrer qualifizierten Mitarbeiter. Es steht ganz im Zeichen ihres ureigensten ökonomischen Interesses und nicht etwa im Dienst der Humanisierung der Arbeitswelt.

Dabei begegnet uns wieder ein Paradox: Aus Interesse an der Arbeit achten die Organisationen (sehr selektiv und gezielt) auf das nicht arbeitsbezogene Leben ihrer Mitarbeiter. Vor allem auf den oberen Ebenen der Organisation, wo der Druck exponentiell steigt und die Ausfallkosten besonders hoch sind, nimmt diese Aufmerksamkeit langsam zu. Sie beschränkt sich nicht auf Fragen der Gesundheit im engeren Sinn (Ernährung, Sport usw.), sondern hat vielmehr zentrale Fragen der Identität im Sinn. Es geht um eine „Balance" zwischen beruflicher Identität und nicht beruflichen Aspekten der Identität. Im Dienst der Arbeit geht es um den Aufbau nicht arbeitsbezogener Gegenwelten zu dem Berufsleben. Im Dienst der beruflichen Identität erfährt die berufliche Identität ihre Relativierung.

Wir können das genannte Paradox vertiefen: Bemühungen um den Aufbau einer nicht beruflichen Gegenwelt gegen die Welt beruflichen Handelns werden ausschließlich im Dienste des beruflichen Handelns unternommen. (Es geht um die Absicherung seiner langfristigen Effizienz.) Sie werden aber nur dann erfolgreich sein, wenn sie nicht ausschließlich im Dienste des beruflichen Handelns stehen. Auch wenn die Entwicklung einer nicht beruflichen Identität ausschließlich im Dienst dieser beruflichen Identität vorgenommen wird, so kann sie nur entwickelt werden, wenn sie nicht ausschließlich der beruflichen Identität dient. Denn eine Gegenwelt ist nur dann möglich, wenn sie in sich einen Sinn hat. Was hier in

---

3 Siehe hierzu auch Kapitel 3.6.8 zu Arbeit und Gesundheit.

funktionalisierender Absicht angestrebt wird, kann nur realisiert werden, wenn dabei etwas entsteht, was nicht auf seine Funktionalität reduzierbar ist. Die reflexive Arbeit zum Balancing dieses Widerspruchs ist immer häufiger für die Erhaltung der Arbeitsfähigkeit nötig (Buchinger 1994a, b).

Rollenvielfalt und die Herstellung eines Enttäuschungsgleichgewichtes

Wer verantwortungsvolle Aufgaben erfolgreich wahrnimmt, für den erhöht sich der Druck nicht nur deshalb, weil ihm neue Aufgaben zuwachsen. Er muss, wie wir weiter oben an Hand der Frage der Führung dargestellt haben, mit Widersprüchen zwischen den Aufgaben rechen, die sich als Identitätswidersprüche niederschlagen. Das hängt damit zusammen, dass moderne Organisationen immer mehr teilautonome Subsysteme hervorbringen und in sich beherbergen.[4] Sie stehen in ihrer Arbeits- und Aufgabenlogik in Widerspruch zueinander, sind aber gleichzeitig voneinander abhängig. Erfolgreiche Mitarbeiter sind an den Schnittstellen zwischen diesen Subsystemen angesiedelt. Sie müssen einander widersprechende Aufgaben dauerhaft bewältigen. So ist eine Führungskraft zusätzlich zu ihrer mehr oder weniger aufwändigen Führungsaufgabe nach wie vor meist noch mit operativen Tätigkeiten im jeweiligen Beruf befasst.[5] Paradoxerweise ist sie das manchmal sogar noch mehr als vor ihrer Karriere. Denn nach dem Denken in alten Karrieremustern wird sie als bester Spezialist angesehen bzw. soll sie nun auch Vorbild sein. Also fühlt sie sich verpflichtet, etwa die schwierigsten Kunden zu betreuen oder die anspruchsvollsten Therapien oder chirurgischen Eingriffe vorzunehmen. Gleichzeitig soll die Führungskraft ihre Mitarbeiter so führen, dass diese die operativen Tätigkeiten möglichst allein verrichten können, d. h. fachliche Beratung, Motivation, Personalentwicklung, Teambuilding, Vertretung der Mitarbeiter nach oben und nach außen – all das gehört zur Tätigkeitspalette der Führungskraft. Dazu wird heute auch noch unternehmerisches Denken und Handeln von ihr verlangt, d. h. sie soll Visionen entwickeln, strategische Aufgaben wahrnehmen, die Vernetzung des eigenen Verantwortungsbereichs mit der ganzen Organisation besorgen, internes und externes Marketing betreiben usw. Erfolgreiche Mitarbeiter/innen haben also immer mehrere Rollen gleichzeitig wahrzunehmen, die alle verlangen, korrekt bedient zu werden – obwohl immer klarer wird, dass das unmöglich ist. Hier gilt es, ein Gleichgewicht herzustellen. Aber wie kann ein solches aussehen? Die Erfüllung der widersprüchlichen Aufgaben verlangt im Dienste der optimalen Wahrnehmung aller Rollen eine Äquidistanz zu ihnen allen – nicht um die Rollen etwa des Widerspruchs wegen loszuwerden –, sondern ganz im Gegenteil, um sie alle so korrekt wie möglich einnehmen zu können. Das Gleichgewicht, um das es hier geht, hat nichts mit der Herstellung einer Harmonie zwischen Kräften zu tun, die miteinander im Widerstreit liegen. Es handelt sich bestenfalls um ein dauerhaftes Enttäuschungsgleichgewicht: Es gilt, die Enttäuschungspriorität laufend zu wechseln. Zu den Widersprüchen in der Arbeit kommt noch der übergeordnete Widerspruch zwischen Arbeit und Privatleben (mit seinen eigenen vielfältigen Widersprüchen) hinzu. Und wenn ich, wie vorhin erwähnt, im Dienste der Bewältigung des wachsenden Arbeitsdrucks auch eine private Gegen-

---

4 Siehe hierzu auch Kapitel 4, insbesondere 4.1 bis 4.3.
5 Siehe hierzu Kapitel 4.4.1, insbesondere zu Führung und die Führungskraft als Coach.

welt gegen die Arbeit aufbauen soll, so führt das zum Aufbau mehrerer weiterer Rollen (Familie, Kinder, Freunde, Sport usw.). Damit werden die Anforderungen an das Herstellen eines Enttäuschungsgleichgewichts noch umfangreicher. Das dauernde Ausbalancieren wird zu der mühsamen Hauptaufgabe sowohl der beruflichen als auch privaten Identität.

Rollendistanz und die Folgen

An der Aufgabe des dauernden Ausbalancierens widersprüchlicher Teilidentitäten lässt sich die radikalste Folge der Auflösung herkömmlicher Identitätsvorstellungen illustrieren. Sie wird in der Beantwortung der folgenden Fragen liegen: Was heißt balancieren, wenn es bestenfalls die Kunst darstellt, das Ungleichgewicht immer wieder so zu verändern, dass alles zusammen nicht kippt? Die noch schwieriger zu beantwortende Frage lautet: Wer balanciert? Wer bin ich als der, der balanciert?

Fassen wir kurz zusammen: Berufliche Identität besteht immer weniger oder gar nicht mehr in einem inhaltlich bestimmbaren Tätigkeitsbereich. Sie besteht auch nicht in der Addition verschiedener Tätigkeiten und Tätigkeitsbereiche, sondern vielmehr in der Herstellung von Rollendistanz, Widerspruchstoleranz, Enttäuschungsgleichgewicht. Demgegenüber haben die jeweils inhaltlich zu erfüllenden Aufgaben nur mehr eine untergeordnete Bedeutung. Dennoch nimmt auch der durch sie erzeugte Druck (mit jedem Wissensfortschritt und jeder Rationalisierungsmaßnahme) kontinuierlich zu. Berufliche Arbeit wird in der Folge derart anspruchsvoll und raumgreifend, dass sie paradoxer Weise eine neue Aufgabe hervorbringt. Die berufliche – ja, wie soll man das nun nennen? – Nicht-Identität verlangt zu ihrer nachhaltigen Stabilisierung den Aufbau einer nicht-beruflichen Gegenwelt, einer nicht-beruflichen Identität. Diese Gegenwelt stellt eine Voraussetzung für die Aufrechterhaltung meiner beruflichen Nicht-Identität dar, ist sozusagen der dialektisch negative Teil von ihr. Sie spiegelt deren Dynamik: Auch meine „private" Identität besteht aus vielfältigen Widersprüchen und ihrem Enttäuschungsgleichgewicht, stellt also ebenso eine Nicht-Identität dar. Wenn aber beides nur möglich ist, weil ich „eigentlich" der bin, der all das miteinander ausbalanciert (d. h. immer wieder ein Gesamtenttäuschungsgleichgewicht herstellt), wer bin ich dann? Ist mein Berufsleben oder eher meine private Gegenwelt bestimmend für meine Identität? Oder wird beides gar relativiert durch die immer aufwändiger werdende Aktivität des „Ausbalancierens"? Bin ich vielmehr das balancierende Selbst, hinter dem die Teilidentitäten, die es in Ausgleich zu bringen hat, deshalb zurücktreten, weil deren Inhalte immer flüchtiger werden?

Man kann die Frage noch weiter führen. Das sog. „Ausbalancieren" wird immer mühsamer, das balancierende Selbst ist dauernd gefordert, braucht Energie und Kraft. War das früher kein Problem, so muss es nun mit steigender Beanspruchung eigens trainiert werden. Man muss also nach dem balancierenden Selbst greifen und es gezielt stärken, d. h. praktisch, es braucht Auszeiten, Freiräume, wo das balancierende Selbst nicht in regulärer Aktion ist, sondern sich für diese versucht, fit zu erhalten.

Wie ist das aber möglich? Wie kann ich dem balancierenden Selbst in selbstbewusster Reflexion nahetreten, um es durch gezielte Maßnahmen „fit" zu halten? Was wären das denn für Maßnahmen?

Im Versuch, diese Fragen zu beantworten, mache ich eine eigenartige Erfahrung: Immer wenn ich das balancierende Selbst stärken will, füge ich ihm unabsichtlich eine neue Aufgabe hinzu, für die es vermehrt Stärkung benötigt. Wie sieht das praktisch aus? Ich will mich von der Mühsal des Balancierens der einander widersprechenden Anforderungen erholen und tue etwas zur Entspannung, höre also z. B. Musik, weil mir das gut tut, oder betreibe Sport usw. Zu diesem Zweck muss ich Zeit, Freiraum und, je nachdem was ich tue, die entsprechende Musik oder die Sportausrüstung usw. organisieren. Doch damit füge ich den anderen Tätigkeiten, die ich balanciere, noch eine Tätigkeit hinzu, die nun auch noch mit ihnen balanciert werden muss. Unversehens habe ich somit im Versuch, dem balancierenden Selbst beizustehen, ein neues Teil-Ich aus ihm gemacht. Anstatt das balancierende Selbst von seiner Arbeit zu entlasten, habe ich ihm eine zusätzliche Arbeit verschafft.

Ich bin dabei dem Paradox begegnet, dass ich nach dem balancierenden Selbst greifen muss (es braucht Training, Pflege usw.), das aber nicht kann. Und umgekehrt, ich kann nicht nach ihm greifen, muss es aber dennoch weiter tun. Wenn ich es versuche, so verwandelt es sich unter meinem Zugriff – vor meinen Augen und doch unsichtbar – in ein neues Teil-Ich. Im Versuch, die Frage zu beantworten, hat sie sich also erneuert: Wer bin ich als balancierendes Selbst? Was ist diese Identität, mit der ich mich aus Überlebensgründen befassen muss, die mir aber entgleitet, wenn ich versuche, das zu tun? Wir werden zu ungewohnten Schlüssen kommen, wenn wir uns weiter mit diesen Fragen befassen, zu Schlüssen, die weitab zu liegen scheinen von dem, was uns brauchbar vorkommt zur Beantwortung von praxisrelevanten Fragen der Identität. Umso überraschender wird es sein, dass unsere Schlussfolgerungen sich als ganz besonders brauchbar erweisen werden, wenn wir uns ihnen stellen wollen.

Zunächst ist aber nicht auszuschließen, dass manchen Leser – angesichts derart eigenartiger Fragen nach irgendeiner ungreifbaren Meta-Identität – Skepsis befällt und ihm die Lust vergeht weiterzulesen. Handelt es sich bei unseren Überlegungen nicht um das angepasste Bemühen, einer destruktiven gesellschaftlichen Entwicklung nach- oder vielmehr vorauszueilen? Kann man nicht jetzt schon ahnen, dass wir versuchen, die sichtbare Erosion bewährter Identitätsbilder zu verklären, den zerstörenden Entwicklungen doch mit irgendeiner neuen, noch nicht genannten Identitätskonstruktion gerecht zu werden? Wäre es nicht besser, von der Zerstörung tragfähiger Identitäten zu sprechen und Bewusstsein zu fordern für die Destruktivität der gesellschaftlichen Entwicklung, die dazu führt? Dieser Einwand verdient es, genauer ausgeführt zu werden.

Persönliche Identität als Niederschlag gesellschaftlicher Entwicklung

Neue Identitätsbilder stellen also häufig Anpassungen an veränderte gesellschaftliche Lebensbedingungen dar. Das Problem ist, dass man diese Lebensbedingungen einfach unkritisch hinnimmt und sie dem Individuum zumutet, anstatt sich gegen sie zu stellen, wenn man den Eindruck hat, sie sind menschenfeindlich. Man übt Identitätsanpassung statt Kritik an einer gesellschaftlichen Entwicklung. Ziel sollte vielmehr der Versuch sein, eine destruktive gesellschaftliche Dynamik aufzuhalten und Alternativen zu ihr zu entwickeln, indem man sich auf das besinnt, was der Mensch zu einer tragfähigen Identität braucht.

Wir haben versucht anzudeuten, dass sich sowohl die kritisch beurteilten, als defizitär dargestellten neuen Formen von Identität als auch die positiven Konstruktionen neuer Identität, bei allen gravierenden Unterschieden, doch in einem Punkt gleichen. Ob sie nun, ausgesprochen oder nicht, als Antworten auf gesellschaftliche Entwicklungen gesehen werden, immer liegt ihnen, ausgesprochen oder nicht, ein Bild von „wahrer" Identität zugrunde. Es ist entweder in derjenigen Form von Identität zu finden, die dabei ist, sich aufzulösen, oder gerade im Gegenteil, in der als Lösung propagierten neuen Form. (Nur die erwähnte postmoderne Identitätsvorstellung, die wir im Folgenden unterstützen möchten, unterscheidet sich davon.)

Demgegenüber sei hier die Hypothese aufgestellt, dass es eine unabhängig von historischen Gegebenheiten vorhandene wahre Form der Identität nicht gibt. Es scheint, dass persönliche Identität, seitdem sie überhaupt in Erscheinung tritt und sich historisch entwickelt, immer nur als Reaktion auf gesellschaftliche Entwicklungen aufzufassen ist. Sie stellt immer ein Zeichen für die Zunahme gesellschaftlicher Komplexität dar. Immer liegt ihr dabei ein Verlusterlebnis zugrunde, und immer wird die Entwicklung jeder neuen Identitätsvorstellung aus der Sicht und mit den Beurteilungskriterien der sich auflösenden gesellschaftlichen Realität als Verfallserscheinung gesehen. Man kann versuchen, es so zu formulieren: Das Individuum und das entsprechend geltende Bild brauchbarer Identität stellen immer schon eine überforderte Instanz dar. Denn es ist die Schnittstelle, an der gesellschaftliche Widersprüche, die durch die Zunahme der Komplexität entstehen, sichtbar werden. Aber nicht nur das, sie sollen auch im Individuum vermittelt werden, ohne dass es der jeweils entstehenden Form von Identität wirklich gelingen könnte, die Widersprüche aufzulösen, zu kitten oder auch nur ausreichend zu besänftigen.

Doch mit dieser Hypothese allein ist der Einwand, wir würden unkritische Identitätsanpassung an destruktive gesellschaftliche Entwicklungen befürworten, nicht entkräftet. Man kann die Hypothese annehmen und dennoch der Meinung sein, dass die besondere Art von Widersprüchen, mit denen unsere Gesellschaft jüngst ihre Mitglieder belastet, die Entstehung und Aufrechterhaltung „normaler" Identitäten nicht mehr gestattet. Die mit der Vielfalt der Optionen mitgelieferte Orientierungslosigkeit, das Ausmaß geforderter Mobilität und Diskontinuität in Beruf und Beziehungsleben, die Fragmentierung der Person, die daraus folgende Oberflächlichkeit, der strukturelle Sog zur Entfaltung narzisstischer Charaktere, Verlust an Vertrauen und Selbstvertrauen, die Verleitung zu sofortiger Bedürfnisbefriedigung bei gleichzeitig höchsten Anforderungen an Selbstdisziplin – die Liste ließe sich fortsetzen –, all das überfordert die Autonomie der Person. Die Zunahme von Persönlichkeitsstörungen, die immer mehr um Fragen der Identität kreisen, und die Ausbreitung psychotherapeutischer Professionen können als Indiz dafür gesehen werden, dass hier etwas nicht in Ordnung ist.

Allerdings könnte man die seuchenartige Ausbreitung psychischer Störungen und der Psychotherapie auch anders verstehen. Sie könnte als Indiz für eine einschneidende Veränderung gelten: Identität ist heute radikal individualisiert – sowohl hinsichtlich ihrer Bildung als auch hinsichtlich ihrer Erhaltung, die anders als früher eine anspruchsvolle reflexive Aufgabe der Person darstellt. Der Einzelne ist damit gerade dann überfordert, wenn er Identität nicht als solche reflexive Daueraufgabe zu verstehen und zu bewältigen gelernt hat. Die Grundlagen der Identität werden nach wie vor in der Familie gelegt, die den Anforderungen an Identitätsbildung aber immer weniger gerecht werden kann. Es verhält sich damit möglicherweise ähnlich wie mit vielen anderen Funktionen, die einstmals im Rahmen der Familie erfüllt werden konnten, mit ihrer Ausdifferenzierung aber von professionellen Instanzen übernommen wurden. Schule, Berufsausbildung, Berufstätigkeit sind Beispiele dafür. Möglicherweise steht eine Professionalisierung der Elternrolle bevor, oder die weitere Auslagerung von Funktionen aus der Familie. Die Diskrepanz aber zwischen Anforderungen und Realität führt einerseits zu Störungen, wird andererseits immer mehr durch eine solche professionelle Instanz ausgeglichen. Psychotherapie und in ihrer Folge entstandene angrenzende Berufe haben also nicht nur therapeutische Funktion. Sie dienen auch dem Erwerb der entsprechenden selbstreflexiven Kompetenz, die zur Entwicklung und Aufrechterhaltung „normaler" Identität nötig geworden ist. Im zuletzt genannten Kontext spricht man weniger von Psychotherapie als von Selbsterfahrung.

Das leere Selbst

Wir sind davon ausgegangen, dass individuelle persönliche Identität nicht etwas ist, das rein psychologisch zu verstehen, also etwa in einer ewigen Natur der Psyche grundgelegt ist und sich durch die Psychogenese des Menschen mehr oder weniger naturwüchsig entfaltet, wenn man seine Entwicklung nur nicht stört. Sondern individuelle Identität entsteht erst, wenn sie gesellschaftlich gefordert ist. Sie verwandelt und entwickelt sich mit der Veränderung der an sie gestellten Anforderungen. Selbstverständlich muss es dazu psychische Bedingungen geben, „natürliche" Dispositionen des Menschen, welche die Entstehung der individuellen Person und der Ich-Identität möglich machen – Dispositionen, die im Laufe der Lebensjahre reifen und sich entsprechend der Anstöße aus ihren relevanten Umwelten unterschiedlich entwickeln können. Aber es ist die Besonderheit der gesellschaftlichen Anforderungen, die diese Dispositionen zur persönlichen Identität werden lassen. Besonders die Richtung, in welche sich diese Dispositionen entwickeln, werden von der jeweiligen Gesellschaft festgelegt.

Man vergleiche dazu Erdheims (1982) Unterscheidung von Gesellschaften mit kalter und solchen mit heißer Adoleszenz. Traditionsorientierte Gesellschaften nutzen die in der Adoleszenz reifenden psychischen Kräfte, um durch entsprechende Initiationsriten die Anforderungen des Stammes zu einem integrierten Moment der psychischen Struktur des Menschen werden lassen. Somit gewährleisten sie die Identität des Stammes über die Generationen hinweg durch die Integration seiner heranwachsenden Mitglieder. Kulturen mit heißer Adoleszenz, wie die unsere, nutzen dieselben psychischen Kräfte, um die Emanzipation des Individuums aus seiner Primärgruppe zu fördern. Mit der Zunahme gesellschaftlicher Komplexität wachsen die Anforderungen an Mehrfachzugehörigkeit, Individualisierungsschritte bestimmen das Schicksal der Identität.

Im Laufe dieses Prozesses verlangt eine Dialektik innerhalb der Identität unsere Aufmerksamkeit: Das Verhältnis von Aktivität des Vermittelns zwischen den einander widersprechenden Systemen einerseits, und dem Resultat dieser Vermittlung, also der teilweisen Zugehörigkeit zu jedem der Systeme andererseits. Wir stellen dazu folgende Hypothese auf: Zunächst liegt die vorrangige Bedeutung dieser Dialektik von Aktivität, welche die Zugehörigkeiten vermittelt (also vom selbstbewussten Ich), und den entstehenden Zugehörigkeiten (also etwa dem Familienmitglied, das zugleich auch Firmenmitglied ist usw.) auf dem erreichten Resultat der partiellen Integration. Die freie Aktivität des Ich, welche diese Integration ermöglicht, tritt demgegenüber in den Hintergrund. Im Laufe der gesellschaftlichen Entwicklung verändert sich dieses Verhältnis von Aktivität und Resultat schrittweise, bis es heute so aussieht, als läge die Priorität dieser Dialektik vielmehr in der Aktivität des Ich als im jeweiligen Resultat, zu dem die Aktivität führt:

Zwar verlangen die mit der Industrialisierung einsetzenden gesellschaftlichen Lebensbedingungen vom Individuum Mehrfachzugehörigkeit, aber wichtig ist eben die gelingende Zugehörigkeit zu jedem der Systeme, die in den weitesten Bereichen einer strengen institutionellen Regelung unterliegt. Trotz Doppelzugehörigkeit zu Familie und Betrieb kann sich das Ich seine Rolle in der Familie zunächst genauso wenig auswählen und selbst gestalten wie seine Rolle im Betrieb. Beide sind institutionell reglementiert und vorgegeben. Das Ich als autonome Instanz tritt relativ in den Hintergrund. Identität ist gelungene Mehrfachintegration, jede dieser Integrationen nach etablierten Normen: Die Stelle, die man in der Hierarchie einer Organisation einnahm, war in den meisten Details vorgegeben. Gehorsam, Pflichterfüllung, Pünktlichkeit waren die Tugenden, die gefordert waren. Auch die Rollen des Privatlebens waren im Großen und Ganzen auf eine bestimmte Form der „patriarchalischen" Familie zugeschnitten. Man konnte nicht ungestraft frei wählen, wie man sein Privatleben führen wollte. Uneheliche Kinder, Scheidung, Mehrfachheirat waren mit erheblichen sozialen Beeinträchtigungen verbunden. Männer, die nicht verheiratet waren, galten als Hagestolze, Frauen als alte Jungfern usw.

Die Verhältnisse in dieser Dialektik verändern sich heute. Prozesse der Entinstitutionalisierung[6] und die explodierende Entwicklung der Mehrfachzugehörigkeiten lösen die inhaltlichen Vorgaben für gelingende Identität auf: Das Ich ist nicht primär die Bedingung einer gelungenen Mehrfachintegration, die einmal pro Subsystem vorgenommen, ähnlich „ewig" hält wie in vorindividuellen Zeiten die Integration in den Stamm. Je flüchtiger die Integration, desto mehr verschiebt sich die Hauptaufgabe auf die laufende, weil laufend geforderte Aktivität der Ermöglichung und der Auflösung von Zugehörigkeit. Nicht die jeweilige Zugehörigkeit selbst ist das Ausschlaggebende, dazu ist sie zu flexibel geworden, und die Ansprüche an ihre Aufhebung und Neugestaltung sind zu dauerhaft. Die Mehrfachzugehörigkeit hat quantitativ zugenommen, und die Plätze, die man, wenn auch nur vorübergehend, in den jeweiligen Systemen einnehmen soll, sind immer weniger vorherbestimmt. Die Aktivität des Bestimmens nimmt zu und ist mehr gefordert denn je. Selbst inhaltlich nicht fassbar, ermöglicht sie inhaltliche Zugehörigkeit, die immer nur vorübergehend ist und immer wieder neu und anders hergestellt werden muss. Die Aktivität des Bestimmens genießt daher gegenüber den flüchtiger werdenden Resultaten die explizite Vorrangstellung in der Identität der Person. Nicht das einmal erreichte Resultat der Mehrfachzugehörigkeit, welches das Ich in seiner widersprüchlichen und Widersprüche vermittelnden Aktivität hervorbringt, steht mehr im Vordergrund, sondern gerade diese nicht greifbare Aktivität des Hervorbringens und Auflösens. All die schon genannten Anforderungen, die heute an Mitarbeiter gestellt werden, gehören hierher: Flexibilität, Mobilität, unternehmerisches Denken, selbstständige Ausgestaltung des eigenen Verantwortungsbereiches, Entwicklung von Visionen, Kreativität usw.

Noch scheint es allerdings ungewohnt, das, was sich hinter diesen Schlagworten versteckt, wenn sie denn Sinn haben sollen, als neue Form der persönlichen Iden-

---

6 Siehe hierzu auch Kapitel 4.1.

tität zu verstehen. Es ist ungewohnt, den Kern der Identität des Selbst in der Aktivität des Vermittelns, des Bestimmens und Auflösens von Bestimmtem zu suchen – unter relativer Vernachlässigung der daraus jeweils hervorgehenden Inhalte. Zwar muss es immer noch Resultate geben, sonst ist die Aktivität, die sie hervorbringen soll, selber nicht denkbar. Aber diese Resultate können der Identität nicht mehr die Stabilität geben, die es nach wie vor braucht. Stabilität innerhalb dieser Flexibilität liefert die Aktivität des Ich. Zu ihr wechselt der Fokus der persönlichen Identität.

Wie soll man sich also das Selbst, die Identität vorstellen, wenn sie keine inhaltlich fassbare Identität, wenn es kein inhaltlich beschreibbares Selbst mehr ist, wenn also die Inhalte und Resultate, derer es weiterhin bedarf, nicht mehr so sehr das identitätsbestimmende Moment sind? Gar nicht. Denn es ist, in dieser Radikalität vorgestellt, die Form des Selbst, seine reine leere Aktivität, zum dominanten Inhalt geworden: das leere Selbst. Im Zuge immer radikalerer Individualisierungsschübe scheinen wir bei ihm zu landen. Wir finden uns nicht nur mit der Ungreifbarkeit des Ortes konfrontiert, an dem wir angelangt sind, sondern darüber hinaus mit einem Paradox, das die Angelegenheit auch nicht verständlicher macht: Je radikaler wir zu dieser ganz besonderen individuellen Identität hingeführt werden, desto mehr scheint sie sich als nicht-individuelle „Instanz" zu erweisen. Denn als leeres Selbst unterscheidet sich kein Selbst vom andern. Was hat das für Implikationen für die zentrale Frage der Integration?

Das leere Selbst als unfassbar fassbarer Prozess

Wir haben vorher von der Balance der Teil-Ichs, und vom balancierenden Ich gesprochen und von der Notwendigkeit, sich mit diesem balancierenden Ich eigens reflexiv zu beschäftigen. Die Teil-Ichs nehmen zu an Quantität und an qualitativen Ansprüchen, es wird immer mühsamer, sie in einem laufend herzustellenden Enttäuschungsgleichgewicht über das balancierende Ich miteinander zu verbinden. Inhaltlich haben die Teil-Ichs sehr oft keine Verbindung mehr miteinander, stehen zueinander in vielfachem Gegensatz. (Wir kennen in diesem Zusammenhang die Rede vom fraktionierten, multiplen Selbst oder von der Patchwork-Identität.) Integration etwa im Sinne einer Abstimmung der einzelnen Teil-Ichs zu einer überblickbaren harmonischen Gesamtidentität aus einem Guss scheint nicht mehr möglich. Einheit erhält eine andere Dimension.

Auch wenn man, so wie wir es tun, vollmundig vom leeren Selbst spricht, als würde man von etwas sprechen, so macht man es damit zu einem neuen Inhalt, der es nicht ist und nicht sein kann. Es geht damit wie mit dem balancierenden Ich, dem man Kraft zu verschaffen versucht, weil es so sehr nach allen Seiten hin beansprucht ist, und das jedem Zugriff entwischt und sofort herab auf die Ebene der Teil-Ichs sinkt, die es doch miteinander vermitteln soll.

Es lässt sich schwer in Worte fassen, worum es hier geht. Genau genommen, versagt die Sprache an diesem Punkt, was uns nicht hindern darf, sie mit diesem Bewusstsein weiter zu verwenden, um etwas zu benennen, was man im Benennen immer schon verfehlt. Bestenfalls kann man mittels Worten auf etwas verweisen, das nicht mehr benennbar ist. Und man muss darauf verweisen, wiederum im gleichen Wissen, dass man sich im selben Dilemma befindet: Man verweist auf etwas, das man auch im Verweisen immer schon verfehlt hat, weil es genau genommen auch nicht auf sich verweisen lässt. Sogar wenn man darüber hinaus mittels entsprechender Aktivitäten, die uns diverse Traditionen zur Verfügung stellen, versucht, es *very sophisticated* als nicht erfassbar zu erfassen (sich versenken, meditieren), so macht man es damit leicht zu einem neuen Inhalt, der es nicht ist und nicht sein kann.

Der Prozess des Wechselns zwischen den immer umfangreicher und zugleich immer flüchtiger werdenden, wechselnden Teil-Ichs erweist sich heute als das leere Selbst. Und der dazugehörige Prozess des Wechselns zwischen Teil-Ichs und balancierendem Ich – das nicht als Gespenst neben den Teil-Ichs besteht und das wir, wie sich jetzt herausstellt, wenngleich zu Recht, so doch auch zu Unrecht als das leere Selbst etikettiert haben – ist das leere Selbst. Nur der ganze Zusammenhang, dieser ganze Prozess kann es sein. Dieser Prozess ist es – wenn man ihn so versteht, dass in jedem seiner Teile das Ganze enthalten und dennoch nicht enthalten ist – als ungreifbarer Prozess.

Mit anderen Worten, jeder Teil verlangt „durchgehende" Aufmerksamkeit in doppelter Hinsicht. Einmal als ungeteilte Aufmerksamkeit von Anfang bis Ende; das andere Mal Aufmerksamkeit, die durch jedes Teil-Ich ungeteilt hindurchgeht, zum nächsten Teil-Ich gelangt, wo es ihr ähnlich geht.

Wenn man ganz in jedem Teil-Ich vorübergehend versinkt, zeigt es von selbst seine Unendlichkeit, enthält alles in sich und zeigt seine Beschränktheit, weist über sich hinaus auf seine relevanten Umwelten, die, zum neuen Teil-Ich gemacht, ein Gleiches tun.

Alles, was unserer Gesellschaft als destruktive, identitätszerstörende Dynamik, wahrscheinlich nicht ganz zu Unrecht, vorgehalten wird, lässt sich im hier versuchten Kontext zumindest auch noch mit einem anderen Blick betrachten. Mobilität, Flexibilität, instabile, wechselnde Beziehungen, Auflösung von Identität als zusammenhängende Erzählung und die vermuteten Folgen von all dem vermögen ihre Bedrohung zu verlieren. Der flexible Mensch hätte sich der Aufgabe zu stellen, das Verhältnis von Stabilität und Flexibilität neu zu bestimmen, indem er die Flexibilität seiner Teil-Ichs auf der inhaltlich nicht fassbaren Stabilität des leeren Selbst ruhen lässt.

Identität als zusammenhängende Erzählung, soweit sie nicht ohnehin immer schon eine nachträgliche Konstruktion war (was stark anzunehmen ist), würde ihre Bedeutung einbüßen, weil der Zusammenhang der gleich-gültigen Inhalte nicht von primärer Relevanz wäre gegenüber der Aktivität des leeren Selbst, dessen Zusammenhang eben darin liegt, aktiv zu sein.

Auch Sennetts Rede von den oberflächlichen Beziehungen kann man unter dem Aspekt des leeren Selbst Folgendes entgegenhalten: Sind Beziehungen im Selbstbewusstsein des leeren Selbst hergestellt, so hat man mit ihm eine Ebene betreten, in der man sich nicht von den anderen unterscheidet, ohne deshalb regressiv mit ihnen zu verschmelzen – wenn es so etwas überhaupt gibt. Man kann daher von ihnen auch nicht getrennt werden. Das macht flexible Beziehungen als nicht oberflächliche Beziehungen möglich. Das macht es auch möglich, in wechselnden Gruppen unter wechselnder Besetzung rasch arbeitsfähig zu sein. Etwas, was man in der traditionellen Gruppendynamik noch als unsensible Störung der Gruppe durch die Organisation definiert hat, fällt nach Tieferlegung des Fundaments der Gruppe wie des Individuums nicht mehr ins Gewicht. Auch Mobilität vermag ihren Schrecken der Entwurzelung zu verlieren. Denn die Wurzeln des leeren Selbst liegen nicht so nahe an der Oberfläche, dass sie dieses Schicksal je erleiden könnten.

7.3 Identität in der Supervision

Zwar ist die Frage der Identität, wie wir gesehen haben, zu einem aktuellen Thema geworden, dessen sich die Sozialwissenschaften eifrig und kontrovers annehmen.

Aber es handelt sich dabei eben mehr um eine Frage, die immer differenzierter gestellt wird (Keupp & Höfer 1998). Ob die Suchbewegung (bereits) ausreichende oder verbindliche Antworten vorzuweisen hat, muss – wie gesagt – in Frage gestellt werden.

Wir sind mit einem radikalen Abschied von traditionellen Identitätsvorstellungen auch in den professionellen Tätigkeiten konfrontiert, einem Abschied, der derart radikal ist, dass man auf der Ebene, auf der sich der Verlust ereignet, vergeblich nach neuen Orientierungen sucht, die ihn kompensieren könnten.

Auch die Suche nach einer stabilen einigermaßen klaren supervisorischen Identität scheint also voller Hindernisse. Weder der Gegenstandsbereich noch die Methoden noch auch die institutionell betriebene Professionalisierung liefern ausreichend Auskunft.

Vom Gegenstandsbereich, von dem wir hier annehmen, dass er für die Identität der Supervision als eigenständiger Beratungsform von zentralerer Bedeutung ist als ihr Methodenrepertoire, ist mehr Klärungsbedarf als Klarheit für die Supervision zu erwarten.

Nun scheint es für die Identität der Supervision nicht von so großer Bedeutung, dass im Feld der Methoden, derer sie sich traditionell aus den anderen Beratungsformen bedient, laufend Neues angesagt ist. Wenn wir aber weiter unten genauer auf diese Frage eingehen, wird sich zeigen, dass sie ganz eigene Probleme für die supervisorische Identität stellt.

Auch die alte, für die supervisorische Identität nicht unbedeutende Frage, ob die Supervision einen eigenständigen autonomen Beruf mit professionellem Charakter darstellt oder eine – zwar professionell eigens ausgewiesene, aber doch im Rahmen anderer beratender Berufe anzusiedelnde – Funktion sei, hat keine allgemein gültige, im Feld der beratenden Berufe akzeptierte Antwort erfahren. Dies ist nicht geschehen, trotz supervisorischem Berufsverband, der zwar ein Berufsbild verabschiedet, in der Praxis aber eher die Funktion einer mächtigen Standesvertretung wahrnimmt, die recht erfolgreich hilft, den Zugang zum Markt abzusichern. Die „innere" Professionalisierung der Supervision hinkt nach wie vor der „äußeren" Professionalisierung nach (Buchinger 1999a). Diese „innere" Professionalisierung allein wäre aber in der Lage, wesentlich zu einer stabilen beruflichen Identität beizutragen.

Ebenso wenig hilft die Frage nach der Aufgabe, der Zielsetzung, der „Mission" oder, wenn man will, nach den Werten der Supervision hier weiter. Denn auch dazu finden wir sehr unterschiedliche Auffassungen: Dient die Supervision nun der Humanisierung der Arbeitswelt? Der steigenden Effizienz der Erledigung supervisionsfähiger Arbeit? Der Erweiterung der Handlungsmöglichkeiten des Supervisanden? Der Bewältigung von Arbeitsproblemen? Der Verbesserung von Arbeitsbeziehungen und der Erhöhung der sozialen Kompetenz? Oder dient sie etwa der Professionalisierung der Reflexion in den reflexiven Berufen und Tätigkeiten?

Vielleicht gehört die Suche nach einer stabilen beruflichen, nach herkömmlichem Muster gestrickten Identität, insbesondere im Feld der beratenden Berufe, ebenso der Vergangenheit an wie die Suche nach persönlicher, nach dem Muster traditioneller Lebensläufe gestrickter Identität?

Der Stellenwert der Methodenvielfalt für die supervisorische Identität

Die Methoden in der Supervision können wechseln, je nach Bedarf und Brauchbarkeit und vor allem je nach ihrer Entwicklung in den anderen Beratungsformen, aus denen die Supervision ihr Repertoire zusammenstellt.[7] Sie können wechseln, ohne dass die supervisorische Identität dadurch (mehr als) berührt wird.

Eine solche Auffassung hat weitreichende Folgen für die mögliche supervisorische Identität. Diese kann dann nicht auf die Ausübung eines bestimmten Handwerks und auf die Nutzung eines bestimmten Handwerkszeugs festgelegt oder aus diesem abgeleitet werden.

In einer Arbeit über berufliche Identität und deren Veränderung spricht Hege (1998) von einer Erosion des bisherigen supervisorischen Selbstverständnisses. Immer weniger sei im supervisorischen Alltag selbstverständlich. Sie hält das für eine Folge der Veränderung des Gegenstandes der Supervision: „Die Veränderungsprozesse im beruflichen Auftrag und der Organisation verlangen eine neue Balance zwischen der eigenen beruflichen Sozialisation und neuen Anforderungen" (Hege 1998: 87). Natürlich führt eine Veränderung im Gegenstand der Supervision (etwa in Folge der gravierenden Veränderungen, die Organisationen durchmachen, in denen die meiste supervisionsfähige Arbeit durchgeführt wird) auch dazu, dass neue Methoden übernommen werden müssen, die helfen, der Veränderung des Gegenstandes in der Supervision gerecht zu werden. Solche Methoden können wiederum nur übernommen werden, wenn sie in den anderen Beratungsformen (z. B. der Organisationsberatung) bereits entwickelt worden sind. Doch davon ist bei Hege nicht die Rede und soll es zunächst auch bei uns nicht sein. Gleichzeitig stellt Hege aber eine Frage, die nahelegt, dass es für supervisorische Identität doch nicht ganz gleichgültig ist, welche und wie viele Methoden und Verfahren angewendet werden: „Supervisorinnen lernen ständig weiter, aber wie viele neue Konzepte und Programme lassen sich tatsächlich verinnerlichen?" (Hege 1998: 88).

Die Frage impliziert einen besonderen Aspekt des supervisorischen Handwerkzeugs: Ebenso wenig wie es sich bei der Supervision um ein durch bestimmte Methoden definiertes Handwerk handelt, lassen sich die Methoden und Verfahren ihrerseits als Handwerkszeug verstehen, das man je nach Anforderung und Brauchbarkeit so zur Hand nimmt wie einen Schraubenzieher oder einen Hammer, die in einer vorbereiteten Werkzeugkiste für den Gebrauch bereitliegen. Anders als in der Supervision hat solches Werkzeug nur auf die Bearbeitung des Gegenstands einen Einfluss, bestimmt aber nicht seine Wahrnehmung bzw. die Einschätzung des zur Supervision vorgelegten Sachverhalts mit.

Die meisten der Verfahren, Methoden und Interventionstechniken, derer sich die Supervision bedient, sind im Kontext einer beraterischen oder therapeutischen Schule entstanden. Und jede dieser Schulen verfügt über ein eigenes Weltbild, eine eigene Auffassung der Realität, im Besonderen desjenigen Ausschnitts dieser Realität, den sie bedient, und dessen, was darin wirkt. Dementsprechend entwickeln die meisten Schulen ein eigenständiges Theoriegebäude und ein dazu pas-

---

7 Siehe hierzu auch Kapitel 5, insbesondere Kapitel 5.1.

sendes in sich ebenso zusammenhängendes Set von Methoden. Meist ist es auch eine Frage der persönlichen Haltung und Neigung, welche der Schulen man sich anschließt. So wird es etwa nicht ganz einfach sein, gleichzeitig Verhaltenstherapie, Psychoanalyse und systemische Beratung auszuüben.

Nimmt man nun einige der Methoden aus einem solchen Gesamtzusammenhang heraus und versucht, sie in einem anderen Kontext einzusetzen, wie das die Supervision tut, so kauft man meist den ganzen Systemzusammenhang zumindest implizit mit, unter Umständen, ohne dass es direkt auffällt. Die Methoden und Verfahren haben dabei einen Einfluss auf die Wahrnehmung der vorgelegten Realität.

Man kann sich insofern zwar entscheiden, etwa gruppendynamischer, psychoanalytischer, systemischer Supervisor zu sein, und damit versuchen, sich die von Hege gestellte Frage, wie viel Programme man denn verinnerlichen kann, und die darin angedeutete Problematik der Supervision zu ersparen. Man kann diese Entscheidung treffen, entweder weil einem das Gesamtsystem einer der Schulen am plausibelsten erscheint oder weil es einem sympathisch ist oder auch weil man seine primäre professionelle Sozialisation, die weit mehr getan hat, als nur die berufliche Identität auszubilden, in ihr erhalten hat. Die Entscheidung bleibt immer kontingent – oder altmodischer gesagt: Sie bleibt eine Glaubensentscheidung.

Identität der Supervision ist nicht Identität von Supervisorinnen und Supervisoren: Allgemeinheit versus radikale Individualisierung

Wir können aus dem Gesagten zunächst eine Konsequenz ziehen: Man kann nicht einfach von supervisorischer Identität sprechen, sondern man muss unterscheiden zwischen Identität der Supervision und Identität der Supervisorinnen und Supervisoren.

Zur Identität der Supervision gehört die Offenheit gegenüber allen möglichen Methoden aus allen möglichen Schulen und Feldern der Beratung, soweit sie geeignet sind, den Gegenstand der Supervision einer angemessenen Reflexion zuzuführen.[8] Angemessen heißt, dass alle notwendigen Dimensionen, die zur Erfassung der Dynamik der in der Supervision vorgelegten Arbeitssituation nötig und brauchbar sind, in die Reflexion einbezogen und zueinander in Beziehung gesetzt werden können.[9]

Hierbei handelt es sich um ein Unternehmen von einiger Komplexität, bei dem Anleihen aus den verschiedenen Beratungsformen von der Psychotherapie bis zur Organisationsberatung nützlich und unvermeidlich sind. Anlässlich der Heterogenität der Beratungsformen (von den in jeder der einzelnen Beratungsformen möglichen Schulen gar nicht zu sprechen) taucht die Frage wieder auf: Wie viel neue Konzepte und Programme lassen sich tatsächlich verinnerlichen?

Doch diese Fragen betreffen die Identität der Supervisorinnen und Supervisoren, die sich von der Identität der Supervision unterscheidet. Denn hier geht es um die Grenze der Integrationsfähigkeit einer Person. Man kann also annehmen, dass die Identität der Supervisoren, auch wenn sie versucht, dem von einer grundsätzlichen Methodenoffenheit getragenen Identitätsanspruch der Supervision gerecht zu wer-

---

8 Siehe hierzu auch Kapitel 5.1.
9 Zu den entsprechenden Qualitätskriterien von Supervision und Coaching siehe auch Kapitel 3.6.

den, ihre Grenze erfährt durch die besondere, der einzelnen Person entsprechende und von ihr getroffene Auswahl an Methoden und Verfahren. Die Identität der Supervisorinnen wird also immer auch das Resultat einer besonderen individuellen Methodenauswahl darstellen, ohne dass sie dadurch die Identität der Supervision verletzt.

Diese Kontingenz supervisorischer Identität scheint angesichts der professionellen Ausdifferenzierung der beratenden Berufe, die sowohl nach Beratungsformen als auch nach Schulen innerhalb der Beratungsformen stattgefunden hat, unvermeidlich. Radikale Individualisierung erfasst die Identität von Supervisorinnen und Supervisoren.

Von der Dominanz der Profession zu fach-, methoden- und professionsübergreifender Kooperation

Auch wenn man das Glück hat, seine erlernte Profession ausüben zu können, so ist man nicht – je qualifizierter die Tätigkeit, desto weniger – in der Lage, sie autonom und unabhängig auszuüben. Die Tendenz der weiteren Ausdifferenzierung und der Professionalisierung immer kleinerer Aspekte hoch spezialisierter Tätigkeiten, die für die steigende Effizienz unserer Berufswelt verantwortlich ist, verhindert das.

Die wachsende Interdependenz der um immer speziellere Inhalte und um kleinere Problemabschnitte herum ausdifferenzierten Professionen bringt Anforderungen mit sich, die vielen herkömmlichen Bedingungen der Professionalisierung widersprechen.

Aus ehemals eigenständigen Berufen werden abhängige, wo nicht untergeordnete – unter ein Gesamtkonzept, über das keine Profession verfügt, untergeordnete – Tätigkeiten. Interdependenz statt Eigenständigkeit der Professionen ist angesagt, oder, um hier noch einmal hervorzuheben, was wir weiter oben als eines der Qualitätskriterien guter Supervision und Beratung bezeichnet haben: Die Dominanz der Profession weicht der Organisation (ihrer Kooperation).[10] Psychotherapeut/innen und Organisationsberater/innen werden gut daran tun, zumindest in überschaubaren multimethodischen und multidisziplinären Teams ihren Beruf auszuüben, wollen sie mit ihrer Kompetenz nicht hinter den in diesen Berufen erreichten Differenzierungsgrad zurückfallen. Das verlangt einen neuen, sehr pragmatischen Zugang zu den eigenen handlungsleitenden Theorien und zum eingeübten Methodenrepertoire. Es gilt anzuerkennen, dass das Repertoire und die Theorien konkurrierender Schulen gleiche Gültigkeit beanspruchen wie die eigenen. Mehr noch, Kooperation mit diesen Konkurrenten ist angesagt – nicht nur pragmatisch, sondern auch, was die Entwicklung übergeordneter Theorien und Vorgehensweisen betrifft – ohne dass diese zur Gründung neuer (vielleicht mit dem beliebten Etikett „integrativ" versehener) Schulen führen soll.

Für das traditionelle Selbstverständnis der Professionen liegt damit eine paradoxe Situation vor – mit ebenso paradoxen Konsequenzen für die professionelle Identität. Bedeutete Professionalität bisher Handeln aus exklusiver beruflicher Identifikation mit Theorie- und Methodengebäuden der eigenen Profession, so verlangt die in den meisten Professionen mehr oder weniger um sich greifende Situation Identifikation und hochgradige Distanzierung zugleich. Multiprofessio-

---

10 Siehe hierzu auch Kapitel 3.6.7.

nelle Kooperation ist nur möglich, wenn man eine Professionalität entwickelt, welche diese Kooperation zum Gegenstand hat, vor der jede andere, und d. h. auch die eigene primäre Profession zur einer sekundären Sache wird, die man trotz höchster Identifikation mit ihr zur gemeinsamen Disposition stellt. Die eigene professionelle Identität ist in dieser Situation inhaltlich nicht mehr eindeutig bestimmbar – auch wenn sich das innerhalb der Professionen noch nicht ausreichend herumgesprochen hat. Sehen wir noch einmal genau hin.

Dialektik von Identifikation und Distanzierung in den Professionen

Dort also, wo die Professionen, um ihre eigene Professionalität nicht einzubüßen, beginnen, aufeinander angewiesen zu sein, sind sie mit einem tiefgehenden Paradox konfrontiert: Eine entsprechende Distanzierung von der eigenen Profession wird zur Voraussetzung einer dauerhaften Identifikation mit ihr. Denn ohne die durch diese Distanzierung ermöglichte Kooperation mit anderen Professionen endet die Möglichkeit, die Profession professionell auszuüben. Aber auch und gerade mit dieser Kooperation ändert sich der Charakter der Profession – sie wird, obwohl weiterhin unentbehrlich, wie gesagt, zu einer untergeordneten Sache; untergeordnet unter die Organisation der Kooperation der interdependenten Professionen.

Die Professionen werden nicht deshalb zum untergeordneten Prinzip gesellschaftlichen Handelns, weil sie etwa an Bedeutung verlieren würden. Im Gegenteil: Weil die Bedeutung der Professionen derart zugenommen hat, dass sie sich immer mehr ausdifferenziert und spezialisiert haben, haben sie weitgehend als einzelne ihre professionelle Autonomie verloren und sind häufig nur mehr in gut organisierter Kooperation miteinander handlungsfähig.

Die Probleme, mit denen die Professionen konfrontiert werden, haben die Spezialisierung der Methoden, mit deren Hilfe sie gelöst werden sollen, nicht mitgemacht: Sie sind heute meist umfassender als das hoch spezialisierte und deshalb eingeschränkte (in seiner Einschränkung allerdings wiederum äußerst wirksame) jeweilige professionelle Repertoire. In der Dialektik von Identifikation und Distanzierung sind die Professionen alle gleich und können daher ihren Unterschied gleichgültig (gleich gültig) bestehen lassen.

Ohne ein Verständnis dieser Dialektik wird es wahrscheinlich nicht gut möglich sein, multimethodische oder multiprofessionelle Kooperation herzustellen. Da dieses Verständnis aber meist jenseits der Gegebenheiten der Professionen liegt und sein Erwerb daher schwierig und mit dauerhaften reflexiven Leistungen verbunden ist, wird die Supervision zukünftig immer häufiger in diesem Zusammenhang beansprucht werden.

Ich habe den Verdacht, dass sie heute noch weit entfernt ist von einem angemessenen Verständnis dieser Problematik – nicht deshalb, weil sie selbst nicht professionell genug ist, sondern gerade deshalb, weil auch sie eine professionelle Tätigkeit ist und daher der hier angesprochenen Dialektik unterliegt. Auch die Supervision wird künftig nicht mehr in der Lage sein, die an sie herangetragenen Fragestellungen ohne fundierte Kooperation mit benachbarten Formen der Beratung professionell zu bearbeiten. Außerdem wird sie kaum ein Verständnis für Fragestellungen ihrer Klienten entwickeln können, denen sie sich selbst als professionelle Tätigkeit nicht gestellt hat.

Individuelle supervisorische Identität als Angelegenheit eines sozialen Systems (Organisation oder Team) interdependenter kooperierender Profis

In der Konsequenz unserer bisherigen Überlegungen drängt sich folgende Frage auf: Kann angesichts der zu bewältigenden Komplexität supervisorischer Fragestellungen, die sowohl durch die Entwicklung des Gegenstands der Supervision als auch der Methoden und Verfahren enorm angewachsen ist, ein einzelner Supervisor als Einzelner überhaupt noch professionell arbeiten? Oder geht das nur mehr in einem Team, in dem die Kompetenzen verteilt sind? Vielleicht kann supervisorische Identität nicht mehr einem einzelnen Profi zugesprochen, sondern nur mehr in einem Team verwaltet werden, in dem unterschiedliche, einander ergänzende Kompetenzen vertreten sind?

Die durch die angewachsene Komplexität von Gegenstand und Methoden der Supervision radikal individualisierten Identitäten von Supervisorinnen und Supervisoren scheinen zur Erhaltung der Professionalität eine Kollektivierung von supervisorischer Identität nach sich zu ziehen. Professionelle Identität hat vielleicht nur mehr das Team, die kleine Organisation, in der Kooperation zwischen Professionellen verwaltet wird. Oder vorsichtiger gesagt, professionelle Identität kann der einzelne Supervisor, die einzelne Supervisorin nur mehr aufrechterhalten in Zusammenhang mit einem Team interdependenter Kolleginnen und Kollegen. Es scheint sich abzuzeichnen, dass dort, wo die Vielfalt der brauchbaren Methoden und Verfahren die Grenze der individuellen Fassbarkeit übersteigt, die professionelle Identität, die dem *State of the Art* entspricht, nur mehr sinnvoll gewahrt werden kann, wenn sie gemeinsam verwaltet wird von Vertretern der professionellen Tätigkeit, die jeweils andere Schwerpunkte repräsentieren. Das ist insbesondere dann der Fall, wenn der Gegenstand die maßgeschneiderte Auswahl der Verfahren verlangt.

Zusammenfassend sind folgende Aspekte wichtig: Die professionelle Identität von Supervisoren kann also erstens nicht mehr als „Besitz" einer Einzelperson verstanden werden, den diese sich erwerben könnte durch Übereinstimmung mit der Identität der Supervision – also durch Konzentration auf den Gegenstand der Supervision einerseits, und durch die Verinnerlichung eines ausgewählten Repertoires von Methoden und Verfahren andererseits. Die professionelle Identität von Supervisoren scheint nur mehr in Kooperation von Vertretern anderer Methoden und Verfahren innerhalb und außerhalb der Supervision möglich. Sie ist Sache eines Kollektivs, eines multiprofessionellen Teams oder einer sonst wie organisierten multiprofessionellen Kooperation.

Die professionelle Identität von Supervisoren ist zweitens nicht mehr inhaltlich definierbar, etwa durch diese oder jene Arbeitsweise. Sie ist maßgeblich gekennzeichnet durch kollektive Selbstorganisation in einem Prozess, der getragen wird von einer miteinander geteilten Expertise des Nicht-Wissens.[11]

---

11 Siehe hierzu Kapitel 4.2.1.

Fazit: Identität als kommunikativer Prozess, nicht als individueller Besitz?

Identität, vor allem berufliche Identität, und in unserem thematischen Zusammenhang supervisorische berufliche Identität ist also fragwürdig. Die Frage nach ihr stellt sich, weil sich so leicht keine klare verbindliche Antwort darauf finden lässt. Die Frage stellt sich also möglicherweise dauerhaft. Wahrscheinlich ist das nicht nur in der Supervision der Fall, sondern auch in den benachbarten beratenden Professionen. Und sie verlangt dennoch nach einer Antwort. Wenn es nicht möglich ist, eine solche Antwort allgemein und für die professionelle Tätigkeit verbindlich zu finden, so gilt es, sie individuell, theoretisch unabgesichert, auf eigenes Risiko immer wieder reflexiv hervorzubringen. Daher wird zumindest die berufliche Identität vermehrt zum Thema supervisorischer Arbeit werden. Damit ist zunächst einmal weniger gemeint, dass Supervisoren an der Entwicklung und Formulierung ihrer professionellen Identität arbeiten, sondern dass die Klienten, die sich der Supervision unterziehen, dieses Thema in der Supervision weniger theoretisch als supervisorisch zur Bearbeitung vorlegen.

Damit befindet sich die Supervision hinsichtlich der Frage der professionellen Identität in einer eigenartigen Situation: Sie ist selbst eine professionelle beratende Tätigkeit, die zu ihrer Ausübung ihrerseits eine halbwegs gelungene professionelle Identität bedarf, eine Tätigkeit die aber immer schon ohne eine solche professionelle Identität mehr oder weniger erfolgreich ausgeübt wird. Gleichzeitig werden ihr in ihrer Ausübung Fragen der beruflichen Identität ihrer Klienten vorgelegt, die sie mit ihnen professionell klären soll.

Auch supervisorische Identität wird vermutlich mehr individuelle Aufgabe bleiben, als dass es dafür allgemeine theoretisch fundierte Lösungen gäbe (im Sinne herkömmlicher professioneller Identität). Daher wird auch supervisorische Identität vermehrt zum Gegenstand und Inhalt der Supervision werden, denn Supervision als reflexive professionelle Tätigkeit ist natürlich auch und ganz besonders supervisionsanfällig: Supervision braucht Supervision.

Die vorher beschriebene eigenartige Situation verschärft sich in unserem Fall: Woher nimmt der Supervisor, der einen Supervisor mit der Frage nach seiner supervisorischen Identität in Supervision hat, seine supervisorische Identität, die ihn befähigt, professionell zu arbeiten? Etwa aus seiner Supervision, bei einer Supervisorin, die mit ihm supervisorisch an seiner supervisorischen Identität arbeitet?

Ist es angesichts eines solchen unendlichen Regresses, der letztlich Supervision unmöglich machen würde, nicht doch sinnvoll, auch in der Theorie zumindest über Hypothesen zur beruflichen Identität in der Supervision zu verfügen? Oder muss man sich damit abfinden, dass supervisorische Identität (und vielleicht professionelle Identität in benachbarten Berufen auch) nur mehr miteinander herstellbar ist in einem unabschließbaren Prozess gemeinsamer Reflexion, in dem unterschiedliche individuelle Zugänge zur Frage beruflicher Identität sich in der gemeinsamen Arbeit miteinander in Beziehung setzen? Berufliche Identität also nicht mehr als Besitz, als irgendwie einmal hergestelltes Resultat, das der Ausübung der professionellen Tätigkeit zugrunde liegt, sondern Identität als Prozess, in dem deren Identitätsgrundlage im Laufe der Ausübung der professionellen Tätigkeit immer wieder miteinander hergestellt wird, ohne fixierbares Resultat? Und wäre das soeben Gesagte keine theoretische Aussage von handlungsleitender Bedeutung – auch wenn sie im herkömmlichen Sinn die Orientierung, die man über eine klare Identität zu erlangen versucht, nicht gibt, sondern eher eine dauerhafte Aufgabe formuliert?

8 Geschlecht, Geschlechterverhältnisse und Genderkompetenz

8.1 Hintergründe und theoretische Aspekte

Die Berücksichtigung der Themen Geschlecht[1] (Gender) oder der sozialen Geschlechterverhältnisse ist ebenfalls relativ neu in der Supervision, dem Coaching und der Organisationsberatung. Da sie sich genauso wie die Frauen- und Geschlechterforschung mit der Relevanz von Arbeit bzw. (beruflicher) Tätigkeit befassen, ist das eigentlich verwunderlich. Nicht von ungefähr entwickelten sich die feministische Theorie und die Diskurse in der Genderforschung entlang des Verhältnisses von Erwerbsarbeit und reproduktiver Arbeit. Profession und Geschlecht, die Vergeschlechtlichung von Professionen, die soziale Konstruktion von Zweigeschlechtlichkeit und die implizite Hierarchisierung sind eng miteinander verbunden (Wetterer 1992, 1995). Historisch hat sich in der Frauen- und Geschlechterforschung die Perspektive vom „weiblichen Defizit" über differenztheoretische Konzepte, z. B. das „weibliche Arbeitsvermögen" (Beck-Gernsheim 1976), hin zu „vielfältigen Verschiedenheiten" entwickelt (Wetterer 1999, 2005). Als Grundlage dient hier die Theorie der sozialen Konstruktion von Geschlecht, die sowohl die Geschlechter konstituierende Arbeitsteilung als auch die geschlechterdifferenten Zugangschancen mit der Hierarchisierung und Strukturierung in der Berufswelt erklärt. Die Differenzen unter Frauen und unter Männern werden heute als größer betrachtet als diejenigen zwischen den beiden Geschlechtern. Insofern ist es kein Zufall, dass sich Managing Gender und Diversity als Beratungskonzept auf dem Markt in einem Atemzug präsentieren.

In der Beratungstheorie wird so zunehmend die Relevanz der Faktoren Geschlecht bzw. der Geschlechtsverhältnisse beschrieben und deren Berücksichtigung in der Beratungspraxis gefordert (Scheffler 1996, 2000, 2005, Morgenroth & Negt 2000, Schiersmann & Thiel 2002, Prosiegel 2002, Hege 1991, Forum Supervision 1995, Supervision 2/2005, Jonas 1994, Dürmeier 1998, Klinkhammer 2004).

---

1 Mit Geschlecht wird hier das sozial konstruierte Geschlecht im Sinne des angloamerikanischen Verständnisses von Gender bezeichnet und beide Begriffe synonym verwendet. Weitere Definitionen zu Gender siehe www.genderkompetenz.info.

Spätestens seit dem EU-Aktionspropramm[2] sind zahlreiche Beratungsfelder und supervisionsrelevante Tätigkeiten mit Gender Mainstreaming konfrontiert: z. B. die Personalentwicklung oder Projekte, Forschungen und Bildungsveranstaltungen, die finanzielle Zuwendungen durch die öffentliche Hand erhalten (Gender-KompetenzZentrum 2005).[3] Die Auseinandersetzung mit Gender und Geschlechterverhältnissen ist auch in der Qualitätsentwicklung von Supervision und in der Beratungspraxis unumgänglich. Ihre Berücksichtigung stellt für Supervisor/innen auf verschiedenen Ebenen eine Herausforderung dar:

- Reflexion eigener Erfahrungen, Haltungen, Überzeugungen und Verständnisse im Hinblick auf Geschlecht und Geschlechterverhältnisse
- Eigenes Beratungs-Konzept zu Gender und Gender Mainstreaming
- Geschlechterspezifische Erwartungen an Supervisor/innen durch Kund/innen
- Wissen um genderspezifische Konfliktkonstellationen bei Führungskräften
- Geschlecht und Geschlechterverhältnisse auf den verschiedenen Ebenen der Beratung

Im gesamten Beratungsprozess wirken die Haltung, der Ausbildungshintergrund, die Berufsbiographie der Berater/innen und insbesondere die von ihnen benutzten Konzepte und Verfahren als Wahrnehmungsfilter und Brillen generell mit. Supervisor/innen müssen sich insofern mit ihren eigenen (berufs-)biographischen Erfahrungen, Haltungen, Überzeugungen und Verständnissen im Hinblick auf Geschlecht und Geschlechterverhältnisse auseinandersetzen. Denn wie auch immer das subjektive Gender-Verständnis von Supervisor/innen ist, es wirkt in Beratungsprozessen (unbewusst) und zumindest im Hintergrund mit. Supervisor/innen können in ihrer Rolle nicht genderneutral sein, selbst wenn sie dies wollten: Sie werden vom Klientensystem im Hinblick auf Geschlecht und Geschlechterverhältnisse wahrgenommen z. B. als Vorbild oder Modell. Ebenso ist Gender einer

---

2 Das Konzept des Gender Mainstreaming wurde von der Europäischen Kommission (Council of Europe 1998) im Vierten Aktionsprogramm der Gemeinschaft zur Chancengleichheit von Männern und Frauen als zentrale Strategie aufgenommen. Der Vertrag von Amsterdam, der seit dem 01.05.1999 in Kraft ist, schreibt mit Bezug auf Artikel 2, 3 EG-Vertrag vom 02.10.1997 die Chancengleichheit und das Gender Mainstreaming fest. Der neue Artikel 13 ermöglicht die Umsetzung von Maßnahmen zur Bekämpfung der Diskriminierung und zur Gleichbehandlung von Frauen und Männern.
Die Bundesregierung hat ebenfalls im Jahr 1999 den Beschluss gefasst, nach dem Gender Mainstreaming als durchgängiges Leitprinzip dient und der Geschlechteraspekt auf allen Ebenen, in allen Konzepten, Programmen und Maßnahmen berücksichtigt sein soll. Dies soll einen grundlegenden und dauerhaften Kulturwandel initiieren statt der Durchführung nur punktuell oder zeitlich begrenzter Maßnahmen. Dabei handelt es sich um komplexe Organisationsentwicklungsprozesse, für die die geeigneten Instrumente erst relativ neu oder noch zu entwickeln sind. Dieser Aufgabe widmet sich z. B. das mit Bundesmitteln geförderte GenderKompetenzZentrum, Berlin.
3 Siehe dazu die Beiträge der Fachtagung „Instrumente zur Umsetzung von Gender Mainstreaming" am 28.02.05 in Berlin zur Personalentwicklung von Neuper und Pravda, zu Zuwendungen von Ahren & Geppert, Jahn sowie von Hayn (GenderKompetenzZentrum, 2005).

der vielen Filter bei der sozialen Wahrnehmung und Bewertung sozialer Prozesse durch die/den Supervisor/in selbst. Auf der interaktiven Ebene geschieht hier das, was in der feministisch-konstruktivistischen Theorie als „doing gender" bezeichnet wird: „We can never ever do not gender" (West & Zimmermann 1991). Gender wird in alltäglichen und sich wiederholenden Handlungen sozial konstruiert und damit das soziale System der Zweigeschlechtlichkeit sowie die implizite Hierarchie entlang des sozialen Merkmals Geschlecht konstruiert und rekonstruiert. Dabei geht es nicht um das bloße Erfüllen von Rollenvorgaben oder Differenzen.

Supervisor/innen und Coaches benötigen zudem in der Beratung ein Gender und Geschlechterverhältnisse berücksichtigendes Konzept. Sie können Auftraggeber/innen und Kund/innen in ihrem Beratungskonzept explizit anbieten, die Genderperspektive in den Beratungsprozess einzubeziehen, gendersensitiv vorzugehen, Gender Mainstreaming-Prozesse zu gestalten oder zu begleiten. Sie gewährleisten dadurch Strukturqualität für Supervision und Coaching im Kontext von Gender Mainstreaming. Verknüpft sind damit eine bewusste Haltung im Umgang mit Geschlecht und Geschlechterverhältnissen, genderspezifische Methodenkenntnisse und theoretisches Wissen um diese Themen, also Genderkompetenz:

1. „Genderkompetenz meint, ein Grundwissen über die gesellschaftlichen Strukturdaten, differenziert nach Geschlecht
2. Wissen und Wahrnehmung in Bezug auf die soziale und kulturelle Konstruktion von Geschlecht, von ‚doing gender' und dessen Auswirkungen auf Kommunikation und Struktur der Organisation
3. Beachtung der Ergebnisse und Erfahrungen genderbezogener Forschung und Einbeziehung in den Supervisionsprozess
4. Wissen über das persönliche Geschlechterkonzept und seine Auswirkungen auf den eigenen Lebensentwurf und die eigene berufliche Praxis
5. Handlungskompetenz als Prozess- und Verfahrenswissen im Umgang mit Menschen. Sie umfasst die Umsetzung von Ergebnissen aus der genderbezogenen Forschung, sowie deren geschlechtsbewusste Reflexion
6. kontextbezogenes Detailwissen zum Aufgabenfeld" (Scheffler 2005: 23).

Als Querschnittsaufgabe werden Supervisor/innen – ob sie dies wollen oder nicht und unabhängig davon, ob sie in ihrem Beratungsprofil genderspezifischen Themen explizit Bedeutung geben oder nicht – mit Prozessen, Instrumenten zur Umsetzung und Konflikten um Gender-Mainstreaming und mit Gender als sozialem Merkmal konfrontiert. Eine professionell adäquate Beratungshaltung ist insofern unumgänglich. Mittlerweile wird Genderkompetenz und die Berücksichtigung von Gender in Beratungsprozessen auch von Seiten der Berufsverbände als Querschnittsaufgabe und Qualitätskriterium eingestuft. Beispielsweise im „Entwurf eines Genderleitbildes der Deutschen Gesellschaft für Supervision" wird konstatiert, dass jeder supervisorische Beratungsprozess auch Gender-Fragen beinhaltet (DGSv 2006). Qualitätsmanagement bedeutet auch, im Beratungsprozess, in der Struktur, im Konzept und in der Erlebnis- und Erfahrungsqualität gleichermaßen Gender zu berücksichtigen (Scheffer 2005).

Eine künftige Aufgabe für Supervisor/innen besteht deshalb darin, Gender und Geschlechterverhältnisse im Beratungskonzept auch in ihren professions- und feldspezifischen Besonderheiten zu berücksichtigen.[4]

8.2 Gender und Beratungspraxis

In der Praxis macht es einen großen Unterschied, ob Beratungsanliegen und -aufträge z. B. für Teamsupervision mit oder ohne Fokus auf Geschlecht und Geschlechterverhältnisse formuliert werden. Bei Aufträgen, die explizit auf Themen zu Gender oder Gender Mainstreaming abzielen, sollte bereits zu Beginn Transparenz zum eigenen begrifflichen Gender-Verständnis, zu Beratungskonzept und -haltung erfolgen, um Missverständnissen vorzubeugen oder Projektionen zu begegnen. Ansonsten besteht das Risiko, dass das Verständnis von Gender sozusagen antiquiert auf homogene Gruppen von Männern und Frauen reduziert oder stereotyp (miss-)verstanden wird. Werden Gender-Themen oder Gender Mainstreaming erst im laufenden Beratungsprozess relevant, ist spätestens dann diese Transparenz vonnöten. Zu bedenken ist dabei auch, dass Themen um Gleichstellungspolitik und Geschlechterwissen – insbesondere für die jüngere Generation – generell nur äußerst schwierig zu vermitteln sind (Wetterer 2005).

Supervisor/innen sollten bei Supervisionsprozessen, in denen Themen zu Gender oder Gender Mainstreaming in den Mittelpunkt der Aufmerksamkeit geraten oder kontraktiert werden, zudem auf eine emotional angespannte und intensive Psycho- und Gruppendynamik vorbereitet sein. Denn hintergründig geht es auch um organisatorische, gruppenspezifische oder persönliche Machtdefinitionen, um Geschlechterdiskriminierung und um die Bedeutung von Sexualität in Organisationen.[5] Auch hier bürgt die Kooperation in einem multiprofessionellen und vor allem auch geschlechtsgemischten Beraternetz für Beratungsqualität.

Wie wichtig die theoretische Konzeption und deren konkrete Umsetzung in der Supervision sein kann, wird z. B. durch die von Wetterer (2005) formulierte Kritik an der Wirkung von Gender Mainstreaming-Prozessen deutlich. Sie kritisiert, dass Gender Mainstreaming-Prozesse wegen gleicher Zielsetzungen oft mit Gleichstellungspolitik gleichgesetzt werden, aber aufgrund der unterschiedlichen Entstehungskontexte teils differente Wirkungen und Konnotationen haben: Wetterer sieht in der Umsetzung des Gender Mainstreamings das Risiko, dass sozusagen durch die Hintertür der Differenzansatz wieder implementiert wird:[6] Zwar zielt

---

4 Wie dies beispielsweise für die Profession Wissenschaft und den Hochschulbereich aussehen kann, siehe Klinkhammer (2004).

5 Die enge Verbindung zwischen Macht in Organisationen und Sexualität im Kontext der Geschlechterverhältnisse wurde z. B. in Studien zu sexueller Belästigung am Arbeitsplatz (Meschkutat, Stackelbeck & Langenhoff 2002) oder zu „Sexualität und Herrschaft in Organisationen" (Rastetter 1994) nachgewiesen.

6 Sie betont, dass Gender Mainstreaming aus der Tradition des New Public Managements stammt, in dem die Ökonomie und Betriebswirtschaftslehre vorherrschen und in dem es um eine effektivere Nutzung der weiblichen Potenziale geht.

auch Gender Mainstreaming mit dem Bezug auf Theorie des Konstruktivismus und das „doing gender", also der sozialen Konstruktion der hierarchisierten Geschlechterverhältnisse, darauf ab, diese sozialen Prozesse bewusst zu machen und die damit verbundenen ungleichen Chancen abzubauen. Jedoch werden hier eher die Unterschiede zwischen Männern und Frauen fokussiert und damit vielleicht eher das Gegenteil erreicht, also Differenzen und Ungleichheiten verfestigt.

Geschlechterspezifische Erwartungen an Supervisor/innen durch Kund/innen

Auf Seiten der Kund/innen wirken – über die soziale Wahrnehmung der Person und Rolle der Supervisorin oder des Supervisors hinaus – insbesondere mit deren Geschlecht verbundene Erwartungen mit. So stellen verschiedene Studien differenzierte Erwartungen bei Kunden und Kundinnen im Hinblick auf das Geschlecht von Supervisor/innen fest: Frauen erwarten von einer Supervisorin insbesondere Kompetenz und eine Modellfunktion. Bei Supervisoren suchen sie eher eine Anerkennung ihrer eigenen Rolle als erwerbstätige Frau. Für Männer ist bei einem Supervisor insbesondere dessen Kompetenz von Bedeutung, wohingegen sie bei Supervisorinnen eher Bestätigung und Anerkennung erhoffen (Conen 1993, Möller & Märtens 1999: 111 zit. nach Conen 1993).

Wissen um genderspezifische Konfliktkonstellationen bei Führungskräften

Schreyögg stellt zwischen Männern und Frauen in der Coaching-Praxis mit Führungskräften deutliche thematische Unterschiede und damit unterschiedliche Anliegen, Schwerpunkte und Konfliktpotentiale fest (Schreyögg 2002): Im Coaching von Frauen rückt der doppelte Lebensentwurf, also berufliche Karriere und (potentielle) Mutterschaft, in den Mittelpunkt. Nach Haindl (2004) sind in der gendersensitiven Supervision die Schnittstelle zwischen Privatleben und Beruf sowie die gesellschaftliche und politische Ebene generell zu berücksichtigen. Weibliche Führungskräfte, die Frauen führen, haben nach Schreyögg mit einer grundlegend anderen Organisationskultur zu tun als in geschlechtsgemischten oder männlichen Gruppen. In Frauenmilieus ist vorherrschendes Prinzip, von allen geliebt werden zu wollen. Zudem treten immer wieder Tendenzen der Entprofessionalisierung und unausgesprochene Rivalitäten auf, gegen die weibliche Führungskräfte sich der Autorin zufolge adäquat abgrenzen sollten.

Im Gegensatz dazu spielen bei männlichen Führungskräften von rein männlichen Arbeitsgruppen formale ebenso wie informelle Machtstrukturen eine große Rolle, durch die Rivalitäten mit der Führungskraft ausgetragen werden.

Für Führungskräfte in geschlechtsgemischten Arbeitskontexten rät Schreyögg in konkurrierenden Situationen zwischen den Geschlechtern, eine ausgleichende und beide Gruppen gleichermaßen berücksichtigende Haltung einzunehmen, um einerseits gegen den Verdacht der Parteilichkeit mit dem eigenen Geschlecht und andererseits deeskalierend zu wirken. Frauen, die eine rein männliche Arbeitsgruppe führen, verfügen nach Schreyögg wegen der damit oft verbundenen problematischen Konstellationen über eine stabile Persönlichkeit und kommen meist mit Psychotherapie nahen Themen aus dem Privatleben ins Coaching. Eine psychotherapeutische Qualifikation des oder der Coach ist dann günstig.

An Männer, die in weiblich dominierten Berufen z. B. im sozialen Bereich soziali-
siert sind und deshalb über entsprechende Empathie für die Situation von Frauen
verfügen, die Frauengruppen führen, werden als Führungskraft genau gegenteilige
Erwartungen gestellt: nämlich einen eher männlich geprägten Führungsstil zu
zeigen. Dies verursacht Konflikte besonderer Art. Die Berücksichtigung der von
Schreyögg zusammengestellten genderspezifischen Erfahrungen ist – wie genderspezifische Erkenntnisse generell – gleicherweise relevant wie riskant: Supervisor/
innen können durch deren Kenntnis einerseits die Konfliktsituation rasch erkennen
und entsprechend intervenieren. Andererseits gilt es, wachsam zu sein, dem Einzelfall unvoreingenommen zu begegnen und geschlechterstereotype Zuordnungen
nicht zu reproduzieren. Da Supervisor/innen jedoch genau darin geübt sind und
einer ihrer grundständigen Kompetenzen in der Inszenierung von Multiperspekti-
vität besteht, bieten Supervision und Coaching die große Chance, Bewusstsein für
die individuelle genderspezifische (Arbeits-)Situation und für subjektive Bedürfnisse in ihrer soziostrukturellen Genese von und Verstrickung mit den Geschlechterverhältnissen herzustellen und damit zu einem individuellen wie strukturellen
Wandel in Richtung Chancengleichheit und Gleichberechtigung von Männern
und Frauen beizutragen.

8.3 Geschlecht und Geschlechterverhältnisse in den verschiedenen Ebenen der Beratung[7]

Der Faktor Geschlecht wirkt sowohl in der Arbeitswelt, in der professionellen
Entwicklung Einzelner und von Gruppen als auch im supervisorischen Beratungsprozess immer mit. Insofern haben Supervisand/innen Selbstkonzepte hinsichtlich
ihrer beruflichen (Geschlechts-)Identität, die z. T. unbewusst verinnerlicht sind,
präreflektiv oder sehr differenziert sowie bewusst reflektiert sein können. Diese
Selbstkonzepte können sich dabei parallel zur berufsbiographischen oder organisationalen Entwicklung wandeln.

Auf der Ebene der Person hat die Sensibilität in der Wahrnehmung und bei der
Konstruktion von Gender vielschichtige Bedeutung. Supervisor/innen können darin unterstützen, Gender als Analysekategorie z. B. für die eigene berufliche Situation oder berufliche Interaktionen zu nutzen, wie an nachfolgenden Beispielen
deutlich wird. Dies setzt allerdings eine kritische Selbstreflexion der Supervisor/
innen im Hinblick auf ihre (Berufs-)Biographie, ihre eigenen Positionen und ihre
Überzeugungen zu Geschlecht und den Geschlechterverhältnissen in der Postmoderne voraus.

Aus der Biographie- und der psychologischen Kindheitsforschung ist mittlerweile gut belegt, welchen lebenslangen und persönlichkeitsbildenden Einfluss Erfahrungen der frühen Sozialisation in Kindheit und Jugend haben. Die biographi-
sche Arbeit ist auf der Ebene der Person ein möglicher Ansatzpunkt zur
Selbstreflexion von Gender ebenso wie der beruflichen Identität, der individuellen

---

7 Siehe hierzu auch Kapitel 3.6.1 bis 3.6.5.

Ressourcen und Entwicklungspotentiale. Die aus der Kindheit internalisierten und heute noch wirksamen Beziehungsmuster zwischen den Supervisand/innen und ihren Eltern können sich beim Aufbau sozialer Beziehungen und bei der Gestaltung beruflicher Interaktionen auswirken. Diese Beziehungsmuster (zwischen Tochter bzw. Sohn und Vater und zwischen Tochter bzw. Sohn und Mutter) können im Berufsleben z. B. in hierarchischen Beziehungen reproduziert werden. Sie wirken so bei der Konstruktion über- bzw. untergeordneter Geschlechterverhältnisse mit. Hier besteht die Möglichkeit, sich dieser alten und aktuell noch wirkenden genderspezifischen Beziehungsmuster bewusst zu werden und somit Veränderungen zu ermöglichen.

Es kommt häufig vor, dass Supervisand/innen berufliche Probleme, Krisen oder Karrierebrüche mit Defiziten ihrer Person oder ihres Geschlechts erklären – hier findet sich sozusagen die Defizittheorie auf der Ebene des Subjektes wieder. In ähnlicher Weise kann der oftmals biologistisch begründete Differenzansatz Frauen subjektiv als Erklärung eigener beruflicher Probleme dienen und etwa mit hormonellen Prozessen in Schwangerschaft oder Menopause in Verbindung gebracht werden. Andererseits können Männer überzeugt sein, im sozialemotionalen Bereich, in ihrer Sozialkompetenz geschlechtsbedingte Defizite zu haben. Bei beiden aufgeführten subjektiven Erklärungsansätzen ist es wichtig, dies in der Supervision oder im Coaching gendersensitiv zu hinterfragen, den Blick auf die Vielfalt der Einflussfaktoren von beruflichen Situationen, Problemen, Krisen oder Karrierebrüchen wieder zu weiten und den subjektiven professionellen Handlungsspielraum auszudehnen.

Ein weiteres Beispiel: Frauen müssen ihre im Vergleich zu Männern hierarchisch oftmals niedrigere berufliche Position anders als Männer mit ihrem beruflichen Selbstverständnis in Einklang bringen und in ihrer (beruflichen) Identität verankern. Unbewusst erleben Frauen dies als individuelles Versagen, als Misserfolg oder Scheitern, auch wenn es Ausdruck von Ungleichbehandlung ist. Andererseits erleben Männer die Unterbrechung der Berufstätigkeit wegen Erziehungszeiten oft kritischer als Frauen. In beiden Fällen kann es also entlastend sein, verschiedene Erklärungsansätze anzubieten und den Blick zu weiten auf organisatorische, strukturelle, politische, kulturelle und individuelle Prozesse, die gleichzeitig ablaufen und sich gegenseitig beeinflussen und verstärken. Dadurch kann der Tendenz des Subjektes zur Individualisierung und „Schuldzuschreibung" im Fall des Erlebens von „Versagen" oder „Scheitern" entgegengewirkt werden. Je mehr Bewusstsein das Subjekt für die Grenzen, aber auch Möglichkeiten des eigenen Handelns gewinnt, umso größer werden der individuelle Handlungsspielraum und die Bewältigungskompetenz. Damit ist auch Erlebnis- und Erfahrungsqualität (Haindl 2004) und wiederum auch Ergebnisqualität einer gendersensitiven und an Gender Mainstreaming orientierten Beratung verbunden. Eine in diesem Sinne personbezogene Beratung kann auch zu veränderten Geschlechterverhältnissen auf der interaktionalen und organisationalen Ebene führen.

Auch die berufliche Tätigkeit des Kunden und ihre Eigendynamik spielt eine Rolle. Sowohl Professions- als auch Genderforschung markieren große Differenzen und Hierarchien zwischen einzelnen Professionen und Tätigkeiten entlang der Kategorie Geschlecht (Heintz u. a. 1997). Professionen und professionelle Tätigkeiten sind vergeschlechtlicht. Beispielsweise gelten die Altenpflege oder die Vor- und Grundschulerziehung – wie viele soziale Bereiche – als fast reine Frauendomänen. Nach wie vor sind frauendominierte Bereiche geringer dotiert als männerdominierte Berufe. Von einem gleichen Anteil von Frauen wie Männern in Top-Führungspositionen sind wir noch weit entfernt. Entsprechend werden berufliche Tätigkeiten implizit entlang tradierter und lange als bereits überholt erhoffter geschlechterstereotyper Bewertungen als weiblich oder männlich eingestuft und gestaltet: Reproduktive Arbeit wie Erziehung oder Pflege gilt tendenziell als weibliche Tätigkeit, technische Aufgaben oder Führungsfunktionen vor allem großer Konzerne eher als männlich. Selbst innerhalb von Professionen sind genderspezifische Spezialisierungen die Regel: In der Medizin ist der Frauenanteil in der Pädiatrie sehr hoch, in der Chirurgie der Männeranteil; bei den Fachanwälten ist der Frauenanteil im Familienrecht sehr hoch, im Steuerrecht ist der Anteil der Männer deutlich höher usw. Vor diesem Hintergrund wird deutlich, dass diese eher verdeckte geschlechtsspezifische Zuordnung von professionellen Tätigkeiten bei der Selbstreflexion von Kund/innen über ihre beruflichen Tätigkeiten äußerst relevant und gendersensitiv zu bearbeiten sind.

Gender wird in (beruflichen) Interaktionen innerhalb von Organisationen konstruiert. Dies zu berücksichtigen, bedeutet Prozess-, Erlebnis- und Erfahrungsqualität zu gewährleisten (Scheffler 2005). Viele empirische Studien und theoretische Konzepte weisen darauf hin, dass es eine sich gegenseitig bedingende Wechselwirkung zwischen Subjekt und Organisation gibt, die sich in und durch Interaktionen manifestiert (Wimbauer 1999, Allmendinger u. a. 1999, Bourdieu 1992, 1997a, 1997b, Schultz 1991).

Das „doing gender" beschreibt, dass Gender in alltäglichen und sich wiederholenden Interaktionen und Handlungen sozial konstruiert wird und damit das soziale System der Zweigeschlechtlichkeit sowie die implizite Hierarchie entlang des sozialen Merkmals Geschlecht konstruiert und rekonstruiert werden. Scheffler zeigt auf, was Supervision in diesem Kontext leisten kann:

„Mit ... gelebter Zweigeschlechtlichkeit in Arbeitsvollzügen ist man konfrontiert, und während man daran arbeitet, stellt man sie gleichzeitig entweder her oder man sorgt in irgendeiner Weise für ihr Fortbestehen. Eine Reflexionshaltung der supervisorischen Position ist es, zu thematisieren, wie Frauen sich als Mitglieder eines Teams und Inhaberinnen einer Position präsentieren und gleichzeitig ihrer Geschlechtsidentität nicht verlustig gehen; in metakommunikativem Sinne können die Interaktionen fokussiert, die Modi der Bewältigung bewusst gemacht werden" (Scheffler 2000: 190).

Supervisorische Interventionen dieser Art bei Interaktionen z. B. in Teams – die für Männer wie Frauen gleichermaßen gelten – stellen eine große Herausforderung für Supervisor/innen dar. Supervisor/innen benötigen hier eine auf Gender bezogene allparteiliche und mediative Haltung und Bewusstheit und Transparenz der eigenen Parteilichkeit.

Die Gestaltung von Gender Mainstreaming-Prozessen, das Managing von Gender & Diversity ist eine Querschnittsaufgabe innerhalb von Organisationsentwicklungsprozessen: Gender ist eine soziale Strukturkategorie und soziale Systeme und Organisationen sind vergeschlechtlicht. Gender Mainstreaming zielt insbesondere auf die Ebene der Organisation ab: Es geht um einen Wandel der Organisationskultur im Hinblick auf die Wahrnehmung der organisationsinternen Geschlechterverhältnisse und deren Konstruktion in und durch die Organisation. Es geht also nicht darum, die Kultur der Zweigeschlechtlichkeit und die damit verbundenen Hierarchisierungen innerhalb von Organisationen zu zementieren, sondern im Gegenteil: Bei aller Akzeptanz und Wertschätzung bestehender, historisch konstruierter Unterschiede zwischen den Geschlechtern geht es darum, Gender als Analysekategorie zu nutzen, um das vorherrschende auf Geschlechterstereotypen basierende „doing gender" offen zu legen und zu transformieren. Hier könnte es aufgrund vielfältiger Abspaltungen und Verleugnungen von Vorteil sein, den Ansatz der „Lerngeschichte" der Organisation mit einzubeziehen (Fatzer 2007).

Die Wechselwirkung zwischen Subjekt und Organisation und die Bedeutung der Organisationskultur wird von Schultz (1991) durch den Prozess der Akkulturation und ihren Kulturbegriff beschrieben: Sie zeigt auf, wie sich die Mehrheitskultur auf das Subjekt, in diesem Fall auf Wissenschaftlerinnen, auswirken. Das Zusammenwirken von Geschlecht und Organisation wird auch im *embedded approach* (Wimbauer 1999) beschrieben: Die Verstrickung von individuellen Lebensläufen und strukturellen Bedingungen geschieht im sozialen Raum, also innerhalb der Organisation. Beide Konzepte stellen fruchtbare Ansätze insbesondere zur Organisationsberatung, aber auch zum Coaching und zur Supervision dar. Im Einzelsetting kann der subjektiven Verstrickung des Lebenslaufes einer Supervisandin mit den strukturellen Bedingungen der Organisation, in der sie tätig ist, nachgegangen werden und die Selbstreflexion in Richtung der Veränderung vom subjektiven Verhalten im speziellen organisatorischen Kontext gelenkt werden. In der Supervision könnten auch die Erkenntnisse von Wimbauer (1999) relevant sein, wonach Gleichstellung und gleiche Integration von Männern und Frauen wettbewerbsbedingt und eher möglich ist in Organisationen, die wenig hierarchisch, dynamisch und kompetitiv sind. Diese Erkenntnisse könnten Supervisandinnen z. B. bei karriererelevanten Entscheidungen nützlich sein. Auch die Frage, welchen Preis Supervisand/innen für die Karriere bereit sind zu zahlen, indem sie sich an männliche Arbeitsnormen angleichen, also z. B. die Karriere an erste Stelle setzen und Zeit für Familie und soziales Leben zurückstellen, oder welche Präferenzen sie diesbezüglich setzen möchten, ist hier für Männer wie für Frauen gleichermaßen von Bedeutung: Work-Life-Balance ist – wie aufgezeigt – eines der supervisorisch neuen Themen.

Eine weitere, für gendersensitive Supervision, Coaching und Organisationsberatung sehr fruchtbare Theorie ist der Habitusansatz von Bourdieu (1983, 1992, 1997a, b, Bourdieu et al. 1997). Ähnlich wie im biographischen Ansatz bietet der Habitusansatz die Möglichkeit, Bewusstheit für die Auswirkungen der sozialen Herkunft und die Kräfte des „Feldes" auf die Karriere zu entwickeln. Die für viele Frauen in Führungspositionen typische Situation, die einzige Frau in einem Männergremium zu sein, und das sich daraus ergebende Gefühl des Behagens oder Unbehagens an diesem Platz können z. B. Aufschluss über den von Bourdieu beschriebenen „Platzierungssinn" geben. Das Bewusstsein für die Kräfte des Feldes, in dem sich Supervisand/innen bewegen, kann ihnen helfen zu verstehen, warum sie trotz ihrer objektiv nachweisbaren Leistungen, Qualifikationen und ihrer Machtposition das Gefühl haben, nicht anerkannt zu sein. Diese Erkenntnis könnte zu der Überlegung darüber führen, wie sich ihre „soziale Herkunft" als „soziales und kulturelles Kapital" auf ihre berufliche Position auswirkt, und darüber, ob ihr Unwohlsein mehr mit Sympathien für ihre Person als Person zu tun haben oder mit unbewussten und inkorporierten Kräften in ihrer Person und im Umfeld. Dies kann entlastend wirken oder zur Arbeit am eigenen Auftreten führen. Das Gefühl des subjektiven Unwohlseins oder Versagens kann somit in einem soziostrukturellen Kontext interpretiert werden, was ermöglicht, anders damit umzugehen. Der Habitusansatz bietet viele Möglichkeiten, z. B. den Körper, den „Habitus" als verinnerlichte inkorporierte und oftmals unbewusste Haltung in den Beruf einzubeziehen und zu verändern.

Die ebenfalls von Bourdieu beschriebene Verleugnung und Abwertung der biologischen und sozialen Reproduktionsarbeit, die Frauen zugewiesen wird, kann viele Konflikte um Karriereeinbußen bei Mutterschaft und Vaterschaft erklären, ohne diese auf rein biologische Funktionen zu reduzieren. Ein weiterer und wesentlicher Ansatzpunkt zu Supervision und Coaching ist die von Bourdieu im Habitusansatz beschriebene Beteiligung – von Frauen ebenso wie von Männern – an der Herstellung „männlicher Herrschaft". Hier wird der den Frauen oftmals zugeschriebene soziale Opferstatus überwunden und die aktive Rolle als Subjekt im sozialen Prozess beschrieben.

Diese theoretischen Konzepte können als „Brillen" benutzt werden, um die von Supervisand/innen in die Beratung eingebrachten Aufträge, Themen und Problemstellungen in einem ersten Schritt differenzierter zu sehen. Im zweiten Schritt können sie auch der Supervisandin oder dem Supervisanden als perspektivisch unterschiedlich wirkende „Brillen" zur Wahrnehmung und Interpretation angeboten werden, um im Reflexionsprozess im dritten Schritt entsprechend vielfältige Bewältigungsansätze und Handlungsalternativen durchdenken zu können. Diese „Brillen" können also einmal zum Blick sozusagen nach Außen, der Wahrnehmung und Interpretation des Feldes, der soziostrukturellen Arbeitsbedingungen, des Habitus der Kolleg/innen, der Arbeitsatmosphäre usw. benutzt werden. Sie können jedoch auch zur Selbstwahrnehmung des Subjektes dienen, also der Fragestellung, wie ein/e Supervisand/in sich selbst vor dem Hintergrund einer bestimmten Theorie wahrnimmt, z. B. den eigenen Habitus im Kontext der Habitustheorie.

Literatur

Adorno, T et al. (1950): *The Authortiarian Personaltiy.* New York: Harper and Row.

Allmendinger J et al. (1999): *Eine Liga für sich?* Berufliche Werdegänge in der Max-Planck-Gesellschaft. In: Neusel A, Wetterer A (Hg.) (1999): Vielfältige Verschiedenheiten. Geschlechterverhältnisse in Studium, Hochschule und Beruf. Frankfurt a. M.: Campus, S. 193–220.

Altes Testament, zweites Buch Moses 20.4.

Aristoteles (1956): *Nikomachische Ethik.* Paderborn.

Baecker D (1999): *Organisation als System.* Frankfurt: Suhrkamp.

Bamberg E, Ducki A, Metz A-M (Hg.) (1998): *Handbuch Betriebliche Gesundheitsförderung.* Arbeits- und organisationspsychologische Methoden und Konzepte. Verlag für angewandte Psychologie.

Bartsch-Backes G (2001): Grenzgänge zwischen Supervision und Organisationsberatung. In: *Supervision* 2001/1.

Beck U, Giddens A, Lasch S (1996): *Reflexive Modernisierung.* Frankfurt: Suhrkamp.

Beck-Gernsheim E (1976): *Der geschlechtsspezifische Arbeitsmarkt.* Zur Ideologie und Realität von Frauenberufen. Frankfurt.

Bertelsmann Stiftung und Hans Böckler Stiftung (Hg.) (2003): *Abschlussbericht der Expertenkommission Betriebliche Gesundheitspolitik.* Gütersloh/Düsseldorf, Oktober 2003.

Billmeier R et al. (2005): *Der Beginn von Coaching-Prozessen.* Vom Fall zum Konzept. Bergisch-Gladbach: EHP.

Bourdieu P (1983): Ökonomisches Kapital, kulturelles Kapital, soziales Kapital. In: Kreckel R (Hg.): *Soziale Ungleichheiten.* (Soziale Welt Sonderband 2) Göttingen, S. 183–198.

Bourdieu P (1992): *Homo academicus.* Frankfurt a. M.: Suhrkamp.

Bourdieu P (1997a): Männliche Herrschaft revisted. In: *Feministische Stud*ien Heft 2, S. 88–98.

Bourdieu P (1997b): Die männliche Herrschaft. In: Dölling I, Krais B (Hg.): *Ein alltägliches Spiel.* Geschlechterkonstruktion in der sozialen Praxis. Frankfurt a. M.: Suhrkamp, S. 153–117.

Bourdieu P, Dölling I & Steinrücke M (1997): Eine sanfte Gewalt. Pierre Bourdieu im Gespräch mit Irene Dölling und Margareta Steinrücke. In: Dölling I, Krais B (Hg.): *Ein alltägliches Spiel.* Geschlechterkonstruktion in der sozialen Praxis. Frankfurt a. M.: Suhrkamp, S. 218–230.

Buchinger K (1980): Die Hierarchie als Bedingung pathologischer Kommunikation. In: *Gruppendynamik* 11, S. 344–364.

Buchinger K (1983): Die Balint-Methode in der Ärztefortbildung. In: *Wiener klinische Wochenschrift,* S. 465–469.

Buchinger K (1984): Die psychosoziale Situation aus der Sicht des Team-Supervisors. In: *Gruppendynamik.* Jg. 15, S. 299–312.

Buchinger K (1988a): Widersprüche in Organisationen. In: *Zeitschrift für systemische Therapie* 6, S. 25—266.

Buchinger K (1988b): Der systemische Ansatz in der Beratung von Institutionen im Gesundheitswesen. In: Reiter L, Brunner E & Reiter-Theil S (Hg.): *Von der Familientherapie zur systemischen Perspektive*. Berlin: Springer, S. 159–172.

Buchinger K (1989): Teamsupervision in Institutionen. In: *Gruppenpsychotherapie und Gruppendynamik*. 24, S. 1–14.

Buchinger K (1990): Balintgruppe – Gruppensupervision – Teamsupervision: Indikation und Methode. In: Pühl H (Hg.): *Handbuch der Supervision*. Beratung und Reflexion in Ausbildung, Beruf und Organisation. Berlin: Wissenschaftsverlag, S. 131–148.

Buchinger K (1991a): Organisationsbewusstsein – Eine neue Anforderung an Manager. In: Meryn S (Hg.): *Strategien für ein persönliches Gesundheitsmanagement*. München: Quintessenz Verlag, S. 172–188.

Buchinger K (1991b): Organisationsbewusstsein und innerbetriebliche Selbstreflexion oder: Organisationen müssen radikale strukturelle Veränderungen bewältigen. In: *Gruppendynamik* 22, S. 391–414.

Buchinger K (1991c): Der paranoide Firmenchef. Organisationsberatung, gruppendynamisch oder systemisch. In: *Gruppendynamik* 21, S. 60–68.

Buchinger K (1992a): Ist Teamsupervision Organisationsberatung? Zur Professionalisierung von Selbstreflexion. In: Wimmer R (Hg.) (1992): *Organisationsberatung*. Wiesbaden, S. 151–169.

Buchinger K (1992b): Das Erstinterview an der Klinik für Tiefenpsychologie, oder: Organisation und fachliche Entwicklung – ein zirkulärer Prozess. *Psychologie in der Medizin*, 3, S. 4–5.

Buchinger K (1992c): Eine Organisation hält sich für eine Gruppe und ein anderer Fehler des Supervisors. In: Brandau H (Hg): *Supervision in systemischer Sicht*. Salzburg: Mueller.

Buchinger K (1993a): Die Bedeutung psychoanalytischer Konzepte für die Supervision. In: *Supervision* 23, S. 36–46.

Buchinger K (1993b): Zur Organisation psychoanalytischer Institutionen. In: *Psyche* 47, S. 31–70.

Buchinger K (1994a): *Balancing*. Ein ausbaufähiges Konzept. Unveröffentlichtes Manuskript. 30 Seiten. Gekürzte Fassung in. *Hernsteiner* 2/94.

Buchinger K (1994b): Warum die Psychosomatik kein Renner wird. Systemzwänge in der Medizin. *Gynäkologische Rundschau* 34, S. 236–244.

Buchinger K (1994c): Konfliktmanagement heute: Ich-Autonomie genügt nicht. Leider. In: *Hernsteiner* 3/1994, S. 11–15.

Buchinger K (1994d): Aus dem Bekannten das Unbekannte entwickeln. In memoriam Hans Strotzka. 10 Seiten, unveröffentlichtes Manuskript.

Buchinger K (1995): Wissenschaftstheoretische Grundlagen der Psychotherapie. In: Frischenschlager O et al.: Lehrbuch für psychosoziale Medizin. Berlin: Springer, S. 75–79.

Buchinger K (1996a): Autonomie und Abhängigkeit in der Lehrsupervision. In: *Lehrsupervision* DGSv, Köln. 16 Seiten.

Buchinger K (1996b): Die Differenzierung des „Institutionellen Faktors" in der Organisationssupervision. *Supervision* 29, S. 40–51.

Buchinger K (1997a): Wohin geht die Supervision. In: Luif I (Hg.): *Supervision: Tradition, Ansätze und Perspektiven in Österreich*. Wien: Orac, S. 69–76.

Buchinger K (1997b): Die politische Dimension der Supervision. In: Fatzer G (Hg.): *Jahrbuch für Supervision* 1997.

Buchinger K (1997c): Zur Institutionenfeindlichkeit in der Lehrsupervision. In: Forum Supervision 5, S. 80–91.

Buchinger K (1998a): *Supervision in Organisationen*. Heidelberg: C. Auer.

Buchinger K (1998b): Organisation und die „Expertise des Nicht-Wissens". In: Dalheimer V, Krainz E & Oswald M (Hg.): *Change Management auf Biegen und Brechen?* Revolutionäre und evolutionäre Strategien der Organisationsveränderung. Wiesbaden: Gabler, S. 39–65.

Buchinger K (1998c): Veränderungen in der Arbeitswelt – Veränderungen in der Supervision. In: Hausegger T (Hg.): *Supervision – den beruflichen Alltag professionell reflektieren*. Innsbruck: Studien-Verlag, S. 23–36.

Buchinger K (1998d): Warum die Psychosomatik kein Renner wird. Systemzwänge in der Medizin. In: *Psyche*, 6, S. 572–597.

Buchinger K (1999a): *Die Zukunft der Supervision*. Heidelberg: C. Auer.

Buchinger K (1999b): Teamarbeit in Organisationen. In: *Gruppendynamik*. Jg. 30. 1/1999.

Buchinger K (1999c): Zeitwidersprüche in der Familie. In: Kirsch R, Tennstedt F (Hg.): Engagement und Einmischung. S. 203–221.

Buchinger K (1999d): *Des Kaisers neue Kleider – Eine Interpretation*. Vorgesehen für Freie Assoziation.

Buchinger K (1999e): *Macht und Ohnmacht interner Beratung*. Unveröffentlichtes Manuskript. 12 Seiten.

Buchinger K (2000a): Skizzen zur Frage der Identität. In: *Gruppendynamik und Organisationsberatung* 4, S. 383–407.

Buchinger K (2000b): Identität – Flexibilität – Gegenwelten. Perspektiven für die Supervision. In: Heidlinger A, Peukert M & Wustinger R (Hg.): *Der Arbeit nach! Supervision im Zugzwang*. Innsbruck, Wien, München: Studienverlag, S. 80–92.

Buchinger K (2000c): *Zur Koevolution von Person – Gruppe – Organisation*. Thesenpapier für Reader zur Gruppendynamik. 12 Seiten.

Buchinger K (2001a): Woran erkennt der Kunde einen guten Supervisor? In: *Systeme* Jg. 15, 1/2001.

Buchinger K (2001b): Feedback als Steuerungsinstrument in Organisationen. In: Slembeck Geissner (Hg.): *Feedback*. St. Ingbert: Röhrig Univ. Verlag.

Buchinger K (2002a): Supervision in Wirtschaftsorganisationen. In: *Supervision* 2/2002, S. 47–54.

Buchinger K (2002b): Buchrezension: Kernberg, Otto.F.: Ideologie, Konflikt und Führung. Psychoanalyse von Gruppenprozessen und Persönlichkeitsstruktur. In: *Psyche* 56, S. 481–484.

Buchinger K (2002c): Risiko und Erfolgsfaktoren von Familienunternehmen. In: Forumsletter 01/2002.

Buchinger K (2002d): Teamarbeit – Organisation – Gruppendyndamik. Buchmanuskript.

Buchinger K (2003a): Identität in der Supervision: Der Einfluss der neuen Methoden und Verfahren. In: *Supervision* 2/2003, S. 72–80.

Buchinger K (2003b): Teamarbeit und der Stellenwert der Gruppendynamik.

Buchinger K (2003c): Die Situation des Mystikers ohne Mystik.

Buchinger K (2004a): Psychoanalyse oder Systemtheorie – eine unangemessne Frage. In: *Supervision,1*, S. 40–48.

Buchinger K (2004b): Gruppenarbeit und Teamarbeit in Organisationen. Ideologie und Realität. In: Velmering CO, Schattenhofer K & Schrapper C (Hg.): *Teamarbeit, Konzepte und Erfahrungen*. Juventa.

Buchinger K (2004c): Im Anfang war die Tat. Die historische Dimension in Freuds Religionskritik. In: *Freie Assoziation* 7/1/2004. Festschrift zur Emeritierung von D. Ohlmeier.

Buchinger K (2004d): Protokoll einer Lehrsupervision. In: Ein Fall im professionellen Dialog. Ehmer S (Hg): *Beiträge zur Supervision*. Bd. 14. Universität Kassel.

Buchinger K (2004e): Vom Nutzen systemischer Konzepte für die Supervision.

Buchinger K (2005a): Geschäftsfeld Supervision. In: Mohe M (Hg): *Innovative Beratungskonzepte*. Leonberg: Rosenberger Fachverlag.

Buchinger K (2005b): Die Zukunft der Supervision zwischen Person und Organisation. *Verbändeforum Supervision*, Köln.

Buchinger K (2006): Ethik in der Beratung. In: Heintel P, Krainer L & Ukowitz M (Hg.): *Ethik in der Beratung*. Praxis, Modelle, Dimensionen. Berlin: Leutner.

Buchinger K (2007): „Entinstitutionalisierung" und ihre Folgen für Personen und soziale Systeme. In: Lang F., Sidler A. (Hg.): Psychodynamische Organisationsanalyse und Beratung. Gießen: Psychosozial Verlag.

Buchinger K, Schober H (2006): *Das Odysseusprinzip*. Leadership revisited. Klett-Cotta.

Buchinger K, Götz K (2003): Coaching. Ausgangspunkte, Gegenstände und Methoden. In: Götz K (Hg.): *Human Resource Development*, Band 2. München 2003, S. 33–51.

Buchinger K, Ehmer S (2005): Supervision und Coaching – von Gleichem zu Unterschiedlichem und umgekehrt. In: *Supervision* 4/2005. S. 25–27.

Combe A, Helsper W (Hg.) (1996): Pädagogische Professionalität. Frankfurt: Suhrkamp.

Conen ML (1993): Frauen und Männer in Supervision – Welchen Unterschied macht das? In: Neumann-Wirsing H, Kersting H: *Systemische Supervision oder Till Eugenspiegels Narreteien*. Schriften zur Supervision 4, S. 205–224.

Corssen J (2004): *Der Selbst-Entwickler*. Das Corrsen-Seminar. Wiesbaden: Marixverlag.

Council of Europe (1998): *Gender Mainstreaming*. Konzeptueller Rahmen. Methodologie und Beschreibung bewährter Praktiken. Schlussbericht über die Tätigkeit der Group of Specialists on Mainstreaming. EG-S-MS(98)2 German Version, Strasbourg, Juni 1998.

Davis S, Meyer C (2000): *Das Prinzip Unschärfe*. Niederhausen/Ts.

Deutsche Gesellschaft für Supervision (2006): *Entwurf eines Genderleitbildes der Deutsche Gesellschaft für Supervision*. Köln: www.dgsv.de, Oktober 2006.

Dürmeier W (1998): Wie kann Supervision zur beruflichen Qualifizierung von Frauen beitragen? In: *Supervision* 33, S. 60–78.

Elias N (1983): *Engagement und Distanzierung*. Frankfurt: Suhrkamp.

Elias N (1987): *Die Gesellschaft der Individuen*. Frankfurt: Suhrkamp.

Erdheim M (1982): *Die gesellschaftliche Konstruktion von Unbewußtheit*. Frankfurt a. M.: Suhrkamp.

Fatzer G (2007) (Hg.): *Organisationsentwicklung für die Zukunft*. Ein Handbuch: Bergisch Gladbach: EHP.

Fatzer G, Rappe-Giesecke K & Looss W (2002): *Qualität und Leistung von Beratung*. Bergisch-Gladbach: EHP.

Forum Supervision 1995

Freitag-Becker E, Rudolph C & Klinkhammer M (2005): Von der Stressbewältigung zur betrieblichen Gesundheitsförderung. In: *Forum Supervision*, Heft 25, S. 96–110.

Fritz R (1989). *The Path of Least Resistance*. New York: Fawcett Columbine.

Gehlen A (2005): *Urmensch und Spätkultur*. 6. Auflage. Klostermann.

GenderKompetenzZentrum (Hg.) (2005): Fachtagung Instrumente zur Umsetzung von Gender Mainstreaming (Materialien) am 28.02.05 Berlin.

Gergen K (1996): *Das übersättigte Selbst*. Heidelberg, C. Auer.

Giesecke M, Rappe-Giesecke K (1997): *Supervision als Medium kommunikativer Sozialforschung*. Frankfurt a. M.: Suhrkamp.

Goebel J, Clermont C (1997): *Die Tugend der Orientierungslosigkeit*. Berlin: Volk u. Welt.

Gross P (1994): *Die Multioptionsgesellschaft*. Frankfurt a. M.: Suhrkamp.

Haindl K (2004): Genderkompetenz in der Supervision oder der Tanz der Geschlechter ins 21. Jahrhundert. In: Das gepfefferte Ferkel. Online Journal für systemisches Denken und Handeln. Aachen.

Hammer M, Champy L (1995): *Business Reengineering* (3. Auflage). Frankfurt, New York: Campus.

Hege M (1991): Frauen in der Supervision. In: *supervision* 20, S. 1–20.

Hege M (1998): Überlegungen zur beruflichen Identität und deren Veränderung in Non-for-profit-Organisationen. In: *Supervision* 33, S. 78–88.

Heintel P (1996): *Gruppe und Komplexitätsbewältigung*. Klagenfurt. Unveröffentlichtes Manuskript.

Heintel P, Krainz E (1994): *Projektmanagement: Eine Antwort auf die Hierarchiekrise?* Wiesbaden.

Heintel P, Götz K (2000): *Das Verhältnis von Institution und Organisation.* Zur Dialektik von Abhängigkeit und Zwang. Hampp, Mering.

Heintz B et al. (1997): *Ungleich unter Gleichen:* Studien zur geschlechtsspezifischen Segregation des Arbeitsmarktes. Frankfurt a. M./New York: Campus.

Ilmarinen J, Tempel J (2002): *Arbeitsfähigkeit 2010.* Was können wir tun, damit Sie gesund bleiben? Hamburg: VSA.

Jonas M (1994): Soziale Frauenräume in der Supervisionsausbildung. In: *Forum Supervision* 4, S. 54–69.

Kant I (1956): *Grundlegung zur Metaphysik der Sitten.* Werke Band 4. Wiesbaden.

Keupp H (2004): Identitätsarbeit und Wertorientierung in einer globalisierten Netzwerkgesellschaft. In: *Supervision* 2004/3, S. 28–41.

Keupp H, Höfer R (Hg) (1998/2): Identitätsarbeit heute. Frankfurt: Suhrkamp.

Keupp H, Höfer R (1997): *Identitätsarbeit heute.* Klassische und aktuelle Perspektiven der Identitätsforschung. Frankfurt a. M.: Suhrkamp.

Klinkhammer M (2004): *Supervision und Coaching für Wissenschaftlerinnen.* Wiesbaden: VS Verlag für Sozialwissenschaften. Dissertation.

Klinkhammer M (2005): Supervision für Hochschullehrerinnen und Hochschullehrer: Beratungsbedarf kontra Beratungsbedürfnis? In: *Supervision* 1/2005, S. 60–64.

Klinkhammer M (2006): Brauchen Wissenschaftler/innen (k)eine Beratung? Supervision und Coaching für Wissenschaftler/innen. In: *Personal- und Organisationsentwicklung in Einrichtungen der Lehre und Forschung (PE-OE),* 2/2006. Universitätsverlag Webler.

Klinkhammer M (2007): Perspektivwechsel durch (Selbst-)Reflexion. Supervision und Coaching im Kontext der Hochschullehre. In: Behrend B, Voss HP & Wildt J: *Neues Handbuch Hochschullehre.* Berlin: Raabe, L 3.4/1–30.

Koal I, Bruchhagen V & Höher F (Hg.) (2002): *Vielfalt statt Lei(d)tkultur Managing Gender & Diversity.* Münster.

Konas E (2001): Coaching. In: *Systeme* 1/2001.

Köstenbaum P (1991): *Leadership.* The Inner Side of Greatness. San Francisco (Jossey Bass).

Kühl S (2006): *Das Scharlatanerieproblem.* Coaching zwischen Qualitätsproblemen und Professionalisierungsbemühung. 90 kommentierte Thesen zur Entwicklung des Coachings. Eine Studie i. A. der Deutschen Gesellschaft für Supervision e. V. Köln.

Lasch C (1979).*The Culture of Narcissism.* New York: Norton.

Linneweh K (2002): *Stresskompetenz.* Weinheim: Beltz.

Marcuse H (1994): *Der eindimensionale Mensch.* Dtv.

Mensch, Arbeit, Organisation. *Supervision* 3/2005 zu Arbeit und Gesundheit.

Meschkutat B, Stackelbeck M & Langenhoff G (2002): *Der Mobbing-Report.* Repräsentativstudie für die Bundesrepublik Deutschland. Dortmund/Berlin, (Schriftenreihe der Bundesanstalt für Arbeitsschutz und Arbeitsmedizin.

Milgram S (1974). Das *Milgram-Experiment.* Reinbeck/Hamburg: Rowohlt.

Morgenroth C, Negt O (2000): Erosionskrise und Geschlechterverhältnis. In: Pühl H (Hg.): *Supervision und Organisationsentwicklung 2.* Berlin: Leske + Budrich, S. 32–51.

Neuberger O (1990): *Führen und geführt werden.* Stuttgart.

Nozick R (1991): *Vom richtigen, guten und glücklichen Leben.* Hamburg.

Prosiegel I (2002): Gender-Mainstreaming – Ein Prinzip auch in der Supervision? In: *DGSv-aktuell* 3/2002, S. 22–24.

Pühl H (1999): Organisationsentwicklung und Supervision: Konkurrenten oder zwei Seiten einer Medaille? In: Pühl H (Hg.): *Supervision und Organisationsentwicklung.* Opladen

Pühl H (Hg.) (1994): *Handbuch der Supervision.* Berlin.

Rappe-Giesecke K (1999): Zwischen Autonomie und Vernetzung – die Schaffung eines Beratungssystems. In: *Supervision* 36/1999.

Rastetter D (1994): *Sexualität und Herrschaft in Organisationen.* Eine Geschlechtervergleichende Analyse. Opladen.

Riesman D, Denney R & Glazer N (1967): *Die einsame Masse.* Reinbeck/Hamburg: Rowohlt.

Scala K, Großmann R (1997): *Supervision in Organisationen*. Weinheim u. München, Juventa.

Schardt C, Schwendenwein J (1998): Zur Professionalisierung interner Beratung durch Supervision. In: Dalheimer V, Krainz E & Oswald M (Hg.): *Change Management auf Biegen und Brechen*. Wiesbaden.

Scheffler S (1996): Organisationskultur in Frauenprojekten. In: Pühl H (Hg.): *Supervision in Institutionen*. Frankfurt a. M., S. 226–241.

Scheffler S (2000): Supervision und Geschlecht – Kritische Anmerkungen aus sozialpsychologischer Sicht. In: Pühl H (Hg.): *Supervision und Organisationsentwicklung 2*. Berlin: Leske + Budrich, S. 181–195.

Scheffler S (2005): „Frauenwelten – Männerwelten" in der Supervision. In: Verbändeforum Supervision (Hg.): *Die Zukunft der Supervision zwischen Person und Organisation*. Neue Herausforderungen – neue Ideen. Vorträge der Tagung des Verbändeforums Supervision am 26./27.11.2004 in Montabaur. (www.dgsv.de/pdf/Verbaendeforum.pdf), S. 23–28.

Schiersmann C, Thiel HU (2002): Mann oder Frau – spielt das (noch) eine Rolle beim Führen oder Beraten? In: *Supervision 3/2002*, S. 19–23.

Schreyögg A (1995): *Coaching*. Frankfurt.

Schreyögg A (1998): *Coaching*. Eine Einführung für Praxis und Ausbildung. Frankfurt a. M.: Campus.

Schreyögg A (2002): *Konflikt-Coaching*. Anleitung für den Coach. Frankfurt a. M.: Campus.

Schülein JA (1987): *Theorie der Institution*. Eine dogmengeschichtliche und konzeptionelle Analyse. Wiesbaden: VS Verlag für Sozialwissenschaften.

Schultz D (1991): *Das Geschlecht läuft immer mit ...* Die Arbeitswelt von Professorinnen und Professoren. Pfaffenweiler.

Schwarz G (1985): *Die heilige Ordnung der Männer*. Patriarchat und Gruppendynamik. Opladen: Westdeutscher Verlag.

Schwarz G (1996): Utopien der Arbeit. In: *Hernsteiner 1996*, Heft 1, S. 9–14.

Schwarz G (1999): *Konfliktmanagement*. Wiesbaden. 4. Auflage.

Schwarz G et al. (Hg.) (1993): *Gruppendynamik – Geschichte und Zukunft*. Wien: Universitäts-Verlag.

Senge PM (1996): *Die fünfte Disziplin*. Kunst und Praxis der lernenden Organisation. Stuttgart: Klett-Cotta.

Sennett C (1998): *The Corrosion of Character*. New York: Norton.

Sennett R (2006): *Der flexible Mensch*. Berlin: Berliner Taschenbuch Verlag.

Sievers B (1977): *Organisationsentwicklung als Problem*. Stuttgart.

Supervision als angewandte Psychoanalyse, *Supervision 1984/6*.

Supervision als Organisationsberatung, *Supervision 1985/7*.

Supervision, Mensch. Arbeit, Organisation 2/2005 Gender-Perspektiven.

Von Foerster H (1990): Kausalität, Unordnung, Selbstorganisation. In: Kratky KW, Wallner F: *Grundprinzipien der Selbstorganisation*. Darmstadt, Wissenschaftliche Buchgesellschaft, S. 77–95.

Weick K (1985): *Der Prozess des Organisierens*. Frankfurt.

Weigand W (1984): Von den Schwierigkeiten der Supervision in pädagogischen Arbeitsfeldern. In: *Supervision, 5/1984*.

Weigand W (1994): Teamsupervision: Ein Grenzgang zwischen Supervision und Organisationsberatung. In: Pühl H (Hg.): *Handbuch der Supervision 2*. Berlin.

Weigand W (1987): Zur beruflichen Identität der Supervision. In: *Supervision 11*. S 19–35.

Welsch W (1991): *Unsere postmoderne Moderne*. Acta Humaniora. Weinheim.

West C, Zimmermann DH (1991): Doing Gender. In: Lorber J, Farell S (Hg.): *The Social Construction of Gender*. Newbury Park, London New Delphi, S. 13–37.

Wetterer A (1992) (Hg.): *Profession und Geschlecht*. Über die Marginalität von Frauen in hochqualifizierten Berufen. Frankfurt/New York: Campus.

Wetterer A (Hg.) (1995): *Die soziale Konstruktion von Geschlecht in Professionalisierungsprozessen*. Frankfurt a. M.: Campus Verlag.

Wetterer A (1999): Theoretische Entwicklungen der Frauen- und Geschlechterforschung über Studium, Hochschule und Beruf – ein einleitender Rückblick. In: Neusel A, Wetterer A (Hg.): *Vielfältige Verschiedenheiten*. Geschlechterverhältnisse in Studium, Hochschule und Beruf. Frankfurt a. M.: Campus, S. 15–34.

Wetterer A (2005): Wissenstransfer Gender Lectures. Gleichstellungspolitik und Geschlechterwissen – Facetten schwieriger Vermittlungen. In: Vogel U (Hg.): (2005): *Was ist weiblich, was ist männlich?* Aktuelles zur Geschlechterforschung in den Sozialwissenschaften. Bielefeld, Kleine Verlag, S. 48–70 (auch veröffentlicht durch GenderKompetenzZentrum, Berlin).

Wimbauer C (1999): *Organisation, Geschlecht, Karriere*. Fallstudien aus einem Forschungsinstitut. Opladen: Leske + Budrich.

Wimmer R (2004): *Organisation und Beratung*. Systemtheoretische Perspektiven für die Praxis. Heidelberg: C. Auer.

Wimmer R (1993): Zur Eigendynamik komplexer Organisationen. In: Fatzer G (Hg): *Organisationsentwicklung für die Zukunft*. Köln.

Wimmer R (1996): Die Zukunft von Führung. *Organisationsentwicklung* 4/1996.

Wimmer R (1998): Das Team als besonderer Leistungsträger in komplexen Organisationen. In: Ahlmeyer HW, Königswieser R (Hg): *Komplexität managen*. Strategien, Konzepte, Fallbeispiele. Wiesbaden: Gabler.

Wimmer R (Hg.) (1992): *Organisationsberatung*. Wiesbaden.

Wittgenstein L (1989): *Vortrag über Ethik*. Frankfurt.

Zurcher JR (1977): *The Mutable Self*. L. A.: Sage.

Über die Autoren

Prof. Dr. Kurt Buchinger, Universitätsprofessor für Organisationsberatung an der Universität Kassel. Organisationsberater, Gruppendynamiker, Psychoanalytiker, Supervisor.
Kontakt: www.kurt-buchinger.at

Dr. Monika Klinkhammer, Erziehungs- und Sozialwissenschafterin, Dipl.-Pädagogin, Dipl.-Supervisorin, zertifizierte Gestalttherapeutin. Freiberufliche Tätigkeit als Supervisorin, Coach, Trainerin und Referentin u. a. zu Supervision und Coaching von Wissenschaftler/innen, Betriebliche Gesundheitsförderung und Begleiteter Umgang.
Kontakt: Monika.Klinkhammer@t-online.de oder www.MonikaKlinkhammer.de

Personenverzeichnis

A

Adorno 157
Ahren 182
Allmendinger 188
Aristoteles 138

B

Baecker 19
Bamberg 49
Bartsch-Backes 107
Beck 19
Beck-Gernsheim 181
Bertelsmann Stiftung 49
Billmeier 55
Bourdieu 188 f.
Buchinger 12, 25 ff., 31, 46, 48, 52,
    62, 71, 89, 91 f., 101, 111, 113, 125,
    127 f., 138, 150, 159, 162 f., 166,
    174

C

Champy 87
Clermont 161, 163
Combe 125
Conen 185
Corssen 11
Council of Europe 182

D

Davis 107
Denney 157

DGSv 183
Ducki 49
Dürmeier 181

E

Ehmer 31
Elias 91, 124, 157
Erdheim 170

F

Fatzer 52, 189
Freitag-Becker 48
Freud 143, 157
Fritz 160

G

Galilei 98
Gehlen 64
GenderKompetenzZentrum 182
Geppert 182
Gergen 158
Giddens 19
Giesecke 19
Glazer 157
Goebel 161, 163
Götz 26, 65
Großmann 27
Gross 158
Grossmann 113

H

Hammer 87
Hans Böckler Stiftung 49
Haindl 185, 187
Hayn 182
Hege 175, 181
Heintel 65, 75, 81, 103
Heintz 187
Helsper 125
Höfer 19, 51, 174
Horkheimer 157

I

Ilmarinen 49

J

Jahn 182
Jonas 181

K

Kant 147
Keupp 19, 51, 174
Klinkhammer 48, 181, 184
Konas 29
Köstenbaum 88
Krainz 81, 103
Kühl 30

L

Langenhoff 184
Lasch 19, 158
Linneweh 49
Looss 52

M

Marcuse 158
Märtens 185

Meschkutat 184
Metz 49
Meyer 107
Milgram 157
Möller 185
Morgenroth 181

N

Negt 181
Neuberger 104
Nozick 139

P

Prosiegel 181
Pühl 106, 123

R

Rappe-Giesecke 19, 52, 113
Rastetter 184
Riesman 157
Rudolph 48

S

Scala 27, 113
Schardt 113
Scheffler 181, 183, 188
Schiersmann 181
Schreyögg 29, 185
Schülein 63
Schultz 188 f.
Schwarz 51, 104
Schwendenwein 113
Senge 19, 88, 107
Sennett 64, 159
Sievers 104
Stackelbeck 184

T

Tempel 49

Thiel 181

V

von Förster 32, 72, 159

W

Weick 107
Weigand 26, 106

West 183
Wetterer 181, 184
Wimbauer 188 f.
Wimmer 19, 80, 88
Wittgenstein 139

Z

Zimmermann 183
Zurcher 159

Stichwortverzeichnis

A

Abhängigkeit 147, 158, 161
Abhängigkeitsverhältnis 140
Abwehr 29
Adoleszenz 170
Akkulturation 189
Anliegen 46 f., 55, 149
Anschlussfähigkeit 25
Arbeit 23, 26, 48, 92, 164
Arbeitsauftrag 55
Arbeitsbeziehungen 32
Arbeitsbezogenheit 39
Arbeitsfähigkeit 48, 50, 122
Arbeitslosigkeit 163
Arbeitszufriedenheit 28
Aufgabenwidersprüche 49
Auftrag 30, 38, 119
– heimlicher 46
– verdeckter 55, 153
Auftraggeber 55
Auftragsgestaltung 46, 152
Ausbildungssupervision 22
Autonomie 23, 51, 69, 83, 88, 98, 104, 109, 145 f., 158, 161, 163
Autopoiesis 132
autoritärer Charakter 157

B

Balance 172
balancieren 167
Balancing 23, 109, 165 f.
Balancing (work-life) 49
Basiskompetenzen 70 f.
Bastel-Identität 161
Begrenzung 129 ff.

Beobachtung 132, 145
Berater 147, 150, 152, 155
Berater/innen 18, 149, 182
– Professionalität 148
Beratung 17, 23, 25, 84, 138 ff.
– Bedarf 28
– Definition 142 ff.
– Ebenen 186 ff.
– Gegenstand 143, 146
– Verständnis 142 ff.
Beratungsanliegen 184
Beratungsauftrag 154
Beratungsbedarf 84
Beratungsformen 18, 21, 25 f., 28, 30, 34, 46, 58, 106, 110, 125, 127, 146, 148, 176
Beratungshaltung 183
Beratungskompetenz 17
Beratungskontext 46
Beratungsmarkt 25, 30
Beratungssystem 132 f.
Beratungstheorie 52, 181
Beratungsziele 129, 147, 149
Berufsverbände 106, 125, 174, 183
Betriebliche Gesundheitsförderung 48
Beziehungen 16
– berufliche 52
Beziehungsarbeit 31
Beziehungsdynamik 128
Burn-out 48, 165
Business-Reengineering 87

C

Change-Manager 107
Changemanagement 113
Coach 23

– Auswahl 52
Coaching 15, 23 ff., 29, 106, 108,
   127, 146, 153, 155, 185
– Definition 28 ff.
– Professionalisierung 89
– Qualitätskriterien 39 ff.
– Rahmenbedingungen 55 ff.
Controlling 53

D

das Gute 66, 138 ff.
Defizite 37, 40
Dezentralisierung 84, 104
Diagnose 36, 44, 51, 113, 124, 129
diagnostizieren 113
Dialog 134 ff.
Differenzansatz 187
Diplom-Supervisor 126
Distanz 24
Distanzierung 124, 178
Diversity 146
doing gender 183, 185, 188 f.
doppelte Kontingenz 132 f.
Dreieckskontrakte 53, 55

E

education permanente 153
Ehe 63, 67
Eigendynamik 23
– berufliche 40 ff.
– berufliche Interaktion 39, 42
– berufliche Tätigkeit 187
– Klientensysteme 143
– Organisation 39, 43, 83, 93, 117 f.
– organisatorische 18
– Person 40
Einzelsupervision 111, 127
Eklektizismus 127
embedded approach 189
Empowerment 160
Entinstitutionalisierung 19, 33, 62 ff.,
   154, 171
Enttäuschungsgleichgewicht 109,
   166 f.
Erstgespräche 53

Eskalation 45
Ethik 50
ethische Dimensionen 138 ff.
Eudaimonia 139
Expertise des Nicht-Wissens 71 ff.,
   136, 146, 179

F

Fachberatung 16, 143
fachliche Beratung 166
Fall 27, 119
Fall- und Teamsupervision 14
Fallsupervision 22, 114 ff.
Familie 93 ff., 115, 117, 146, 170 f.,
   189
Feld 126, 140
Feldkompetenz 22
flexible Menschen 159, 173
Fortbildung 25, 120, 153
Freiheit 75
Führen 21, 121
Führung 31, 82, 104 ff., 166
Führungskraft 21, 29, 60, 73, 78, 88,
   100, 102, 104, 107, 109, 166, 185
Führungskraft als Coach 89, 108 f.
funktionale Ausdifferenzierung 77,
   81 ff., 99, 104, 141
Funktionalität 50
Funktionsträger 94, 99
Fürsorgerin 17

G

Gefühl 42, 72, 135, 144
Gegenwelten 49 f., 109, 165, 167
Gender 23, 51
Genderkompetenz 181 ff.
Gender Mainstreaming 182
Geschlecht 181 ff.
Geschlechterverhältnisse 51, 181 ff.
Gesellschaft 62, 113, 132, 157, 170
Gesprächsführung 39
Gesundheit 23, 48, 165
Gesundheitswesen 66 f.
Grenzen 46

Gruppen 26, 76, 78 ff., 92, 115, 117, 173
Gruppendynamik 14, 33, 59, 77, 79, 89, 112
Gruppendynamiker 46
Gruppenphänomene 80
Gruppenzugehörigkeit 77

H

Habitusansatz 189
Haltung 31, 49, 67, 69, 91, 93, 110, 112, 120, 131, 135, 138, 146, 154, 160, 176, 190
Handlungsalternativen 36, 82
Handlungsfähigkeit 38, 44, 61, 138, 143, 149
Handlungskompetenz 45
Handlungsmöglichkeiten 80, 146
Handlungsorientierung 40, 136
Handlungsschritte 31, 47
Handlungsspielräume 124
helfende Berufe 28 f., 38, 115 ff., 150
Herz 161
Hierarchie 43, 64 ff., 74 f., 77, 95
Hierarchiekrise 20, 75 ff., 103 ff., 116
Humanisierung 16
Humanisierung der Arbeitswelt 165

I

Ich 171
Identität 49, 71, 156 ff.
– berufliche 17, 19, 49 f., 116, 162 ff., 187
– Literatur 156 ff.
– persönliche 91, 93, 158, 162 ff.
– professionelle 105
– subjektive 63, 66
– supervisorische 60, 134 ff., 180
– virtuelle 91
Indikation 47
Inhalt 31
Inhaltssicherheit 68
Institution 14, 62 ff.
Institutionalisierung 24, 65
– Dynamik 65 ff.

institutioneller Faktor 15, 21, 114 ff.
Institutionsfeindlichkeit 117
Insuffizienzgefühle 101
Interaktion 27, 42, 114 f., 188
– berufliche 16, 18, 20 f.
Interdependenz 20, 23, 44, 177
Interventionen 34, 72, 133 f., 149, 155

K

Karrierebrüche 164
kategorischer Imperativ 147
Kernkompetenzen 87
Klienten 19 f., 22, 28, 37 f., 43 ff., 52, 123, 146, 148
Klientensystem 24, 38, 89, 143, 149, 152, 182
Kommunikation 18, 63, 76, 82, 94, 136
Kompetenz 20, 63, 105, 120, 122, 129, 152
– fachliche 20
– kommunikative 24
– organisatorische 24
– professionelle 45, 91
– selbstreflexive 170
– soziale 20, 35, 103, 106, 108
– Supervisoren 35 ff.
Komplexität 19, 23, 36, 39, 44, 72 ff., 79, 81, 91, 103, 122, 132 f., 149, 153, 169, 179
Konfliktbewältigung 82
Konflikte 18, 21, 40 f., 44, 50 f., 76, 78, 83, 97, 104, 120 f., 123, 135, 146, 152, 154, 185 f.
Konfliktmanagement 23, 51, 69, 76, 146
Kontingenz 80, 132, 162
Kontrakt 55, 118
– formaler 56
– Phase 55
– psychologischer 55
Kontraktphase
– Stolpersteine 58
Kontrolle 17, 73 ff., 116
Kooperation 82, 122, 184

- fach-, methoden- und professions-
übergreifende 177
- fachübergreifende horizontale 122
- methodenübergreifende 20
- multiprofessionelle 46 ff. 177 ff.
- professionsübergreifend 49
Kooperationsbereitschaft 40
Koordination 24
Kosten 25, 56
Krise 75, 100
Kultur 41
- patriarchalisch-hierarchische 64 f.
Kunden 49, 52, 185
- Tätigkeit 40 ff.

L

Leadership 88, 107 ff.
Lebensplanung 23
leeres Selbst 91, 170 ff.
Leitbilder 96
Leitungssupervision 15, 21 f.
Loyalität 81, 99, 109
Lösungsansätze 23
Lösungsorientierung 29

M

Management 80, 84
Manager 29, 92 ff.
Managing Diversity 181
Managing Gender 181
Markt 23 f., 30, 82, 181
Masterstudiengang 126
Matrixorganisation 84
Mediation 134 ff.
Mehrfachidentitäten 23, 49
Mehrfachzugehörigkeit 99, 171
Menschen 42, 64, 77, 92, 94, 116 f.,
139, 147, 159, 170
- Kleingruppenwesen 95 ff.
Meta-Identität 168
Methoden 15, 59, 74, 125 ff., 140,
153, 174 f., 178 f.
Methodenkompetenz 144
Methodenvielfalt 31, 175 f.
Milgram-Experiment 157

Missbrauch 58, 151
Mitarbeiter 83, 96, 100, 108, 166,
171
Mitarbeitergespräch 82
Moderation 21
Motivation 82
multiprofessionell 184

N

Nachfrage 22 f.
Narzissmus 158
Netzwerk 110
Neugier 38, 144
Neurose 67
Nicht-Trivial-Maschinen 32
Nikomachische Ethik 138

O

Offenheit 74
Organisationen 19, 26 f., 41, 62 ff.,
188
- Dynamik 124
- lernende 43, 88, 108
- schlanke 86
Organisationenfeindlichkeit 41
Organisationsberater 46, 84
Organisationsberatung 15 f., 21 f., 35,
39, 47, 59 f., 83 f., 86, 106 ff., 123,
146, 153, 155, 189
- systemische 27
Organisationsbewusstheit 92 ff.
Organisationsbewusstsein 19, 79,
98 ff.
Organisationsdynamik 18, 130
Organisationsentwicklung 85, 104 ff.
Organisationsfeindlichkeit 115 f.
Organisationskultur 60, 189
Organisationssupervision 22
Organisationsverständnis 101
Outsourcing 86

P

Patchwork-Identität 172

Person 15, 18, 24, 26 f., 33, 39 f., 44, 62, 65, 146, 186
Personalentwicklung 53
pfuschen 46, 126
Platzierungssinn 189
politische Dimensionen 138, 150 ff.
Professionen 177
– Ethik 140 ff.
projektive Identifikation 129
Projektmanagement 81, 122
Prozess 25, 68, 71 f., 85, 136, 155, 180
Prozesskompetenz 68
Prozessorientierung 110
Prozesssicherheit 68
psychische Belastungen 48, 165
Psychoanalyse 33, 66, 128 ff., 156 f., 176
psychoanalytisch 125
– Konzepte 128
Psychotherapie 59, 125, 128, 169

Q

Qualitätsmanagement 26 ff.

R

Reflexion 12, 16, 18, 41, 43, 49
Reflexionsbedarf 20 f., 48, 63, 102 f., 105, 113
Reflexionshilfe 24, 29, 33
reflexive Berufe 19, 129
Reflexivität 17 f., 21 f., 33
– primäre 18 f., 102
– sekundäre 19, 102
– tertiäre 19, 102
Religion 66, 141
Resonanzphänomen 129
Ressourcen 24, 51, 69, 134, 161, 186
ressourcenorientiert 45, 134
Ressourcenorientierung 30, 37, 51, 109, 124
Rollen 17, 154, 171
– Distanz 99 f., 154, 167 f.
Rollenflexibilität 99 f.
Rollenkonflikt 17, 100

Rollenvielfalt 166 f.
Rollenwiderspruch 13, 19 ff., 34, 49, 104 f.

S

Schuld 44, 83
Schuldgefühle 101
Schuldiger 65
Schuldzuschreibungen 40, 187
Schulen 125 ff., 175 f.
Schweigepflicht 56
seelische Phänomene 131
Selbst 143, 158 f., 162, 167
Selbsterfahrung 79, 127, 170
Selbsterkenntnis 145
Selbstorganisation 21, 34, 45, 50, 63, 78, 132 f.
Selbstreferenz 132 f.
Selbstreflexion 12, 109, 143
– berufliche 19, 22
– organisatorische 150, 153
selbstreflexiv 16
Selbststeuerung 74
Selbstverständnis 74
– berufliches 17
– professionelles 29, 138
– supervisorisches 175
Setting 15, 25, 31, 39, 55, 60, 107, 114, 151
Sinn 50
Sozialarbeit 12 f., 19, 22, 61
– Professionalisierung 13 ff., 17, 34
soziale Systeme 33, 52, 62 ff., 93, 116, 134 ff., 146, 188
sozialer Nachhinkeffekt 91, 157
Sozialisation 98, 122, 150, 186
Sozialkompetenz 187
State of the Art 144, 147, 179
steuern 73, 79
Steuerung 20 f., 33, 72 ff., 76 ff., 88, 93, 103
Stress 48
Supervisand 42, 118, 187
Supervision 24, 146, 153
– Abgrenzung 12 ff., 31
– Anforderungen 110 f.
– Aufgabe 36

- Ausbildung 60, 126
- Ausdifferenzierung 20 f.
- Changemanagement 112
- Definition 28, 59
- Entwicklung 12 ff., 113
- Funktionen 111 ff.
- Gegenstand 14, 22 f., 26 ff., 37, 46, 59, 114, 125 ff., 179
- Geschichte 12 ff., 28 ff.
- Grenzen 25, 58, 129
- Identität 156 ff.
- Kompetenzen 120 ff.
- Markt 16, 48, 58, 113, 174
- Organisationen 21, 35, 89, 113 ff.
- Organisationsberatung 106, 112
- Pfusch 39
- Prinzip 39 ff.
- Professionalisierung 12, 18, 21 f., 30, 46, 89, 102, 174
- Professionalität 47, 133
- Qualität 37
- Qualitätskriterien 39, 177, 182
- Rahmenbedingungen 55 ff.
- Schulen 59
- Selbstverständnis 155
- Tätigkeiten 32 ff.
- Vorgehen 44, 47
- Weiterentwicklung 20
- wirtschaftliche Bedeutung 25
- Ziel 38, 50
Supervisor 23, 42 f., 45, 47, 89, 123, 127, 131, 182, 185
- Auswahl 52
- Haltung 37 ff., 188
- Identität 137, 176, 179
- Kompetenz 120, 186
- Qualitätskriterien 48
Symptome 44, 123, 130 f.
System 24, 72, 75
- soziales 43
Systemaufstellung 134 ff.
systemisch 125
- Beratung 33, 131 ff., 161, 176
- Therapie 33
Systemtheorie 96, 132, 144

T

Tabu 21, 43, 64, 69, 86, 105, 145
Team 26, 119
- multiprofessionelles 179
Teamarbeit 20, 76 ff., 81 f., 88, 110 f.
Teamfähigkeit 112
Teamsupervision 15, 20, 22, 112 ff.
- Methoden 123 f.
Teilidentitäten 167
Themenkompetenz 23, 48 ff.
Training 84
Trivialmaschine 72, 75

U

Übergangsphasen 70, 98
Übertragung 42
Umwelten
- relevante 77, 144, 149, 163

V

Veränderung 20, 23 f., 68, 70, 91, 159, 163, 169
- Arbeitswelt 21 f., 48
- Organisation 19, 27, 87, 74 ff., 108
Veränderungsdynamik 101
Verfahren 134
Vernetzung 76, 136
Viereckskontrakte 53
Visionen 87, 109, 166
Vorgesetzte 18, 20 f., 78, 81, 103

W

Wahrheit 64 f., 67, 70, 80, 82, 84, 139 f., 147, 154, 159, 162 f.
Wahrnehmung 68, 80, 97, 120, 132, 176, 182, 190
Wandel 62 ff.
Werte 51, 63, 65, 69, 92, 98 f., 145, 157, 164
Wettbewerb 29

Widersprüche 17, 65 ff., 76, 78 f., 81,
    97, 99, 104, 123 f., 131, 143, 146,
    149, 154, 166, 169, 171
– organisatorische 21, 44 f., 60
Widerspruchsfreiheit 68
Widersprüchlichkeit 108
Widerstand 25, 118, 134, 149, 153
Wirtschaft 28 ff.
Wirtschaftsunternehmen 101 ff.
Wissensmanagement 110

Work-Life-Balance 189

Z

Ziele 60, 72 ff., 138 f., 143, 148, 151
Zielsetzung 121
Zielvereinbarung 56
Zukunft 48, 68, 109, 113
Zwischenvorgesetzte 100